21 世纪土木工程学术前沿丛书

市政工程与基础工程建设研究

李海林　李　清　著

哈爾濱工程大学出版社
Harbin Engineering University Press

内容简介

本书系统地论述了市政工程与基础工程的基本概念、基本原理、设计计算和施工方法等相关知识，主要内容包括市政工程项目的范围管理、工程勘察、工程招标管理、设备材料采购管理、工程施工、工程验收、建设项目竣工档案管理、基础工程设计的原则及要求、浅基础设计、桩基础设计、沉井基础、地基处理等。本书在阐述基本理论知识的基础上，注重实践应用，内容与现行规范一致，叙述上力求简明扼要、重点突出。

本书可作为高等院校土木工程类专业本科教材，也可作为道路桥梁与渡河工程、市政工程等专业的教材，同时可供从事土木工程设计、施工等工作的工程技术人员参考使用。

图书在版编目(CIP)数据

市政工程与基础工程建设研究 / 李海林，李清著. —哈尔滨：哈尔滨工程大学出版社，2019.7
(21世纪土木工程学术前沿丛书)
ISBN 978-7-5661-2302-2

Ⅰ. ①市… Ⅱ. ①李… ②李… Ⅲ. ①市政工程-基础设施建设-研究 Ⅳ. ①TU99

中国版本图书馆CIP数据核字(2019)第149031号

选题策划 刘凯元
责任编辑 马佳佳
封面设计 李海波

出版发行 哈尔滨工程大学出版社
社　　址 哈尔滨市南岗区南通大街145号
邮政编码 150001
发行电话 0451-82519328
传　　真 0451-82519699
经　　销 新华书店
印　　刷 北京中石油彩色印刷有限责任公司
开　　本 787 mm×1 092 mm　1/16
印　　张 13.75
字　　数 362千字
版　　次 2019年7月第1版
印　　次 2019年7月第1次印刷
定　　价 58.00元
http://www.hrbeupress.com
E-mail:heupress@hrbeu.edu.cn

前　言

近年来,我国工程建设事业蓬勃发展,市政工程与基础施工技术日新月异,新的技术标准与规范不断更新,这些都对市政工程与基础工程理论研究提出了更高的要求。本书参照国家最新颁布的规范,结合多所院校的现行教学大纲,确立了下列编写原则:内容安排上力求少而精,突出理论够用、注重实践的特点;取材上确保在高级应用型人才培养的基础上,尽可能地融合有关的新理论、新知识、新方法,注重理论知识与实践技能的紧密结合;叙述上力求简明扼要、深入浅出、概念准确、严谨;图、表、实例与文字叙述紧密配合,使读者易于理解、便于学习。本书具有以下特点:

(1)在介绍基本理论的同时,加强了设计计算;

(2)为了加强学生对知识的理解和巩固,部分章节增加了案例分析,理论与实践并重;

(3)与国家最新规范同步,紧跟工程建设前沿,力求反映本学科国内外新技术、新发展。

全书共计十四章:第一章至第四章为使用者提供了从事项目管理的理念及方法,包括项目管理对象的界定、项目分解方法、项目目标策划等内容;第五章至第十章为使用者提供了从事项目管理的全过程实务指导,包括各个阶段的目标、责任、任务及流程,并针对主要任务设计了统一的文档模板,规范化、标准化的项目文档管理及报告系统,解决了如何沿着既定路径,高效实现项目目标的问题;第十一章论述了基础工程的设计内容和原则,基础工程的设计等级和要求,地基基础设计的极限状态及作用效应组合等;第十二章论述了浅基础设计,并对无筋扩展基础,钢筋混凝土条形基础、筏形基础、箱型基础的构造及设计计算进行了详细的阐述;第十三章在论述桩基础基本概念、适用条件和基本类型的基础上,分析了单桩的工作性能,从桩基竖向承载力、水平承载力、桩基沉降及承台设计等方面对桩基础设计进行了全面的阐述;第十四章论述沉井基础的类型和构造,并阐述了沉井基础的施工和设计计算。

由于笔者水平有限,加之撰写时间仓促,书中难免存在不妥和疏漏之处,恳请广大读者批评指正。

著　者

2019 年 5 月

目　录

第一章　市政工程项目的范围管理 …… 1
第一节　概述 …… 1
第二节　项目范围确定 …… 1
第三节　项目结构分析 …… 3
第四节　项目范围控制 …… 5
第二章　项目管理的目标规划 …… 7
第一节　项目目标的策划 …… 7
第二节　进度目标规划 …… 7
第三节　投资目标规划 …… 9
第四节　质量目标规划 …… 12
第五节　健康安全及环境规划 …… 17
第六节　风险目标规划 …… 21
第三章　项目管理的组织策划 …… 26
第一节　策划的思想及原则依据 …… 26
第二节　项目管理任务 …… 26
第三节　项目管理职能分工 …… 29
第四节　项目管理组织系统 …… 32
第四章　项目合同策划及管理 …… 34
第一节　合同管理的目标 …… 34
第二节　项目采购模式 …… 34
第三节　合同管理 …… 36
第五章　工程勘察、设计管理 …… 44
第一节　工程成果与目标 …… 44
第二节　责任 …… 45
第三节　项目管理方的任务 …… 45

第四节　流程图 …… 50
第五节　核心工作说明 …… 53
第六章　工程招标管理 …… 56
第一节　工程成果与目标 …… 56
第二节　责任 …… 56
第三节　任务 …… 57
第四节　流程图 …… 58
第五节　核心工作说明 …… 61
第七章　设备材料采购管理 …… 63
第一节　工作成果与目标 …… 63
第二节　责任 …… 63
第三节　任务 …… 64
第四节　流程图 …… 66
第五节　核心工作说明 …… 68
第八章　工程施工管理 …… 70
第一节　工作成果与目标 …… 70
第二节　责任 …… 71
第三节　任务 …… 71
第四节　核心工作说明 …… 74
第九章　工程验收、移交阶段管理 …… 80
第一节　工作成果与目标 …… 80
第二节　责任 …… 80
第三节　任务 …… 81
第四节　核心工作说明 …… 83
第十章　建设项目竣工档案管理 …… 90
第一节　竣工档案管理的要求 …… 90
第二节　工程竣工资料的构成 …… 91
第十一章　基础工程设计的原则及要求 …… 99
第一节　基础工程概述 …… 99
第二节　基础工程的设计等级及基本要求 …… 100
第三节　地基基础设计中的两种极限状态 …… 103
第四节　地基基础设计的作用效应组合 …… 104
第五节　地基变形特征指标及其允许变形值 …… 106

第十二章　浅基础设计 …… 109
第一节　浅基础设计概述 …… 109
第二节　基础材料和基础类型 …… 110
第三节　基础埋置深度的确定 …… 114
第四节　地基承载力 …… 117
第五节　基底尺寸的确定 …… 119
第六节　软弱下卧层承载力验算 …… 121
第七节　沉降量计算和稳定性验算 …… 122
第八节　地基、基础与上部结构的相互作用 …… 124
第九节　无筋扩展基础设计 …… 125
第十节　扩展基础设计 …… 126
第十一节　柱下钢筋混凝土条形基础设计 …… 129
第十二节　柱下十字交叉条形基础设计 …… 131
第十三节　筏形基础设计 …… 132
第十四节　箱形基础设计 …… 137
第十五节　减少不均匀沉降的措施 …… 142
第十三章　桩基础设计 …… 145
第一节　桩基础概述 …… 145
第二节　桩基础的类型及质量检验 …… 147
第三节　竖向载荷作用下单桩的工作性能 …… 152
第四节　单桩竖向承载力确定 …… 157
第五节　桩基竖向承载力 …… 163
第六节　桩的水平承载力计算 …… 167
第七节　桩基沉降验算 …… 170
第八节　桩基础与承台设计 …… 174
第九节　桩基础设计实例 …… 182
第十四章　沉井基础 …… 186
第一节　沉井基础概述 …… 186
第二节　沉井类型及基本构造 …… 186
第三节　沉井施工 …… 190
第四节　沉井设计与计算 …… 195
第五节　其他深基础简介 …… 205
参考文献 …… 209

第一章　市政工程项目的范围管理

一般意义上讲，项目范围是指项目产品所包括的所有工作及产生这些产品所必需的全部过程。项目前期的策划阶段，非常重要的任务就是确定项目范围及在如何实施这些内容成果方面达成共识。

第一节　概　　述

一、基本概念

市政工程项目的范围管理是指通过明确项目有关各方的职责界限，为满足项目的各项使用功能，对项目实施应包括的具体工作进行定义和控制，以保证项目管理工作的充分性和有效性，从而顺利完成项目各项目标。项目范围管理是项目管理的基础工作，并贯穿于项目的全过程。

二、范围管理的目的

项目范围管理的目的主要有以下三个方面：

(1)在项目前期策划阶段，按照项目目标、实施方式及其他相关要求明确应该完成的工程活动，并对之进行详细定义；

(2)在项目实施过程中，在预定的项目范围内，有计划地进行各项工程活动的开展和实施，既不多余也不遗漏；

(3)范围管理的根本目的是实现项目目标。

三、范围管理的内容

项目范围管理主要包括项目范围的确定、项目的结构分析、项目范围的控制三个过程。在不同的项目实施阶段，管理的内容不同，有着各自特点。

第二节　项目范围确定

项目实施前，应提出项目范围说明文件，作为进行项目设计、计划、实施和评价的依据。确定项目范围是指明确项目的目标和可交付成果内容，界定项目的总体范围，并形成书面文件。在项目的策划文件、项目建议书、设计文件、招标文件和投标文件中均应包括对工程项目范围的说明。

一、项目范围确定的依据

(1)项目目标的定义或范围说明文件。
(2)环境条件调查资料。
(3)项目的限制条件和制约因素。
(4)同类项目的相关资料。

二、项目范围确定的影响因素

(一)承包模式

在招标文件中业主提出“业主要求”,主要描述业主所要求最终交付工程的功能,相当于工程的设计任务书。“业主要求”从总体上定义工程的技术系统要求,是工程范围说明的框架资料。

(二)合同条款

由合同条款定义的工程施工过程责任,如承包商的工程范围包括拟建工程的施工详图设计、土建工程、项目的永久设备和设施的供应、安装、竣工保修等;由合同条款定义的承包商合同责任产生的工程活动,如为了保证实施和使用的安全性而进行的试验研究、购买保险等。

(三)因环境制约产生的活动

因环境制约产生的活动,如由于市政工程施工现场环境、法律等产生的项目环境保护工作,为了保护周边的建筑,或为保护施工人员的安全和健康而采取的保护措施,以及为运输大件设备要加固通往现场的道路等。这些活动都将对项目范围的确定产生一定的影响。

三、市政工程项目范围确定的程序

一般来说,市政工程项目范围的确定应按照以下程序进行:
(1)项目目标的分析。
(2)项目环境的调查与限制条件分析。
(3)项目可交付成果的范围和项目范围确定。
(4)对项目进行结构分解工作。
(5)定义项目单元。
(6)项目单元之间界面的分析,包括界限的划分与定义、逻辑关系的分析、实施顺序的安排。

四、市政工程项目范围确定的内容

(一)界定项目

项目的界定,首先要把一项任务界定为项目,然后再把项目业主的需求转化为详细的工作描述,而描述这些工作是实现项目目标所不可缺少的。

(二)确定项目目标

明确项目目标的制定主体。不同层次目标的制定主体是不同的,市政项目总体目标一般由项目发起人或政府主管部门确定,而项目实施中的某项工序的目标,则可以由相关实施人或组织来确定。描述项目目标必须明确、具体,尽量进行定量描述,保证项目目标容易理解,并使每个项目管理组织成员能够据此确定个人的具体目标。

(三)界定项目范围

界定项目范围是指要确定实现项目目标必须完成的工作,经过项目范围的界定,可以把有限的资源用在完成项目所必不可少的工作上,确保项目目标的实现。形成项目范围说明书。

项目范围说明书说明了为什么要进行这个项目,明确了项目目标和主要可交付成果,是项目实施管理的基础。其编写基础主要为成果说明书,成果是指任务委托者在项目结束或项目某阶段结束时要提交的成果,对于这些成果必须有明确的要求和说明。

市政工程项目范围说明书的内容主要包括项目合理性说明、项目成果的简要描述、可交付成果清单和项目目标。

(四)市政工程项目范围确定的方法

(1)成果分析。通过成果分析可以加深对项目成果的理解,确定其是否必要、是否多余以及否有价值,它包括系统工程、价值工程和价值分析等技术。

(2)成本效益分析。

(3)项目方案识别技术。泛指提出实现项目目标方案的所有技术。在这方面,管理学已经提出了许多现成的技术,可供识别项目方案。

(4)领域专家法。可以请相关专家对各种方案进行评价,任何经过专门训练或具备专门知识的集体或个人均可视为该领域内专家。

(5)项目分解结构。

第三节　项目结构分析

项目管理人员应根据项目范围说明文件进行项目的结构分析。项目结构分析包括项目分解、工作单元定义、工作界面分析等内容。

一、项目分解

项目分解的意图在于把一个复杂的系统逐层逐级分解至工作单元,形成由一系列树形结构图或项目工作任务表组成的分级的项目结构体系,然后把项目的目标分解到项目结构体系中,并进行编码,从而建立项目的目标体系。项目管理可以利用这种方法把对整个项目目标的控制分解到对各个子对象的目标控制上,并且从各个分解的层面上获得项目实施的有关信息,作为进一步进行项目活动、文档、合同编码的基础。

项目分解应符合的要求主要为内容完整,不重复,不遗漏;一个工作单元只能从属于一个上层单元，每个工作单元应有明确的工作内容和责任者，工作单元之间的界面应清晰；项目分解应有利于项目实施和管理，便于考核评价。项目分解一般有结构分解和过程分解两种方法。

1. 项目结构分解方法

项目结构分解是把一个大型复杂的工程按结构分解为各项目标易于管理和控制、资源易于计算的单元。项目结构分解的方法有按建设期进行分解、按建筑单体进行分解和按楼层进行分解。

2. 项目过程分解方法

项目过程分解是按项目实施的先后顺序把项目管理的工作进行分解。项目过程分解与项目结构分解一起可成为项目目标管理与控制的基础。

3. 工作单元定义

工作单元是项目分解的最小单位，每一个工作单元应该相对独立、内容单一、易于采购和成本核算与检查。各个工作单元之间的工作界面应该清晰明确，以减少项目实施过程中的协调工作量。工作单元描述应该非常具体，以便承担者能够明确自己的任务、目标和责任，也便于监督和考核。工作单元的内容应该包括工作范围、质量要求、费用预算、时间安排、资源计划和组织责任等。

项目分解的成果是形成项目工作分解结构，对于分解后的每一个单元都要按一定的原则和方法进行编码，这些编码的全体称为编码系统。编码系统同项目工作分解结构本身一样重要，根据一定的原则形成规范的编码体系，有利于在项目策划和实施的各阶段完成对于各工作单元的查找、变更、费用计算、时间安排、资源分配、质量检验等各项工作。

4. 工作界面分析

工作界面是指各个工作单元之间的衔接，或称为接口部位，即工作单元之间发生的相互作用、相互联系。工作界面分析是指对界面中的复杂关系进行分析。工作界面分析应达到下列要求：

(1)工作单元之间的接口合理，必要时应对工作界面进行书面说明；

(2)在项目的设计、计划和实施中，注意界面之间的联系和制约；

(3)在项目的实施中，注意变更对界面的影响。

许多市政工程项目规模大，牵扯面广，在此类项目的管理之始，进行科学的界面分析和设计非常重要，这也符合项目管理集成化、综合化的发展趋势。进行市政工程项目的界面分析应遵循以下原则：

(1)保证系统界面之间的相容性，使项目内不同工作单元之间能够顺畅衔接；

(2)保证项目系统的完整性，防止工作内容或质量责任划分不清的状况出现；

(3)对项目系统内各个界面进行定义，以便在项目实施过程中保持界面清晰，尤其是当工程发生变更时应特别注意这些变更对界面的影响；

(4)在界面处设置检查验收点、里程碑、决策或控制点，并采取系统方法从组织、管理、技术、经济、合同等各方面主动进行界面分析；

(5)注意不同界面之间的联系和制约，解决界面之间的不协调、障碍和争执，采取比较主动积极的态度管理界面之间的关系。

第四节　项目范围控制

项目组织应严格按照项目的范围和项目分解结构文件进行项目的范围控制。项目的范围控制是指保证在预定的项目范围内进行项目的实施,对于项目范围的变更进行有效控制,以保证项目系统的完备性和合理性。

一、市政工程项目范围控制的要求

(1)项目组织要保证严格按照项目范围文件实施(包括设计、施工和采购等),对项目范围的变更进行有效的控制,保证项目系统的完备性。

(2)在项目实施过程中,应经常检查和记录项目实施状况,对项目任务的范围(如数量)、标准(如质量)和工作内容等的变化情况进行控制。

(3)项目范围变更涉及目标变更、设计变更、实施过程变更等。范围变更会导致费用、工期和组织责任的变化,以及实施计划的调整、索赔和合同争执等问题发生。

(4)范围管理应有一定的审查和批准程序及授权。特别要注重项目范围变更责任的落实和影响的处理程序。

(5)在工程项目的结束阶段,或整个工程竣工时,在将项目最终交付成果(竣工工程)移交之前,应对项目的可交付成果进行审查,核实项目范围内规定的各项工作或活动是否已经完成,可交付成果是否完备或令人满意。

二、市政工程项目范围变更管理

(一)项目范围变更管理的概念

项目范围变更是指在实施合同期间项目工作范围发生的改变,如增加或删除某些工作等。项目范围变更管理是指对造成范围变更的因素施加影响,以确保这些变化给项目带来益处,并确定范围变更已经发生,以及当变更发生时对实际变更进行管理。项目范围变更管理必须与其他的控制过程(如进度控制、费用控制、质量控制等)相结合才能收到更好的控制效果。

(二)项目范围变更管理的要求

(1)项目范围变更要有严格的审批程序和手续,必要时要报上级主管部门审核。

(2)项目范围变更后应调整相关的计划。

(3)对重大的项目范围变更,应提出影响报告。

三、项目范围变更管理的依据

(一)工作范围描述

工作范围描述是项目合同的主要内容之一,它详细描述了完成工程项目需要实施的全部工作。

（二）技术规范和图纸

技术规范规定了提供服务方在履行合同义务期间必须遵守的国家和行业标准以及项目业主的其他技术要求。技术规范优先于图纸，即当二者发生矛盾时，以技术规范规定的内容为准。

（三）变更令

变更的第一步是提出变更申请，变更申请可能以多种形式发生：口头或书面的，直接或间接的，以及合法的命令或业主的自主决定。变更令可能要求扩大或缩小项目的范围。

（四）工程项目进度计划

工程项目进度计划既定义了工程项目的范围基准，同时又定义了各项工作的逻辑关系和起止时间（即进度目标）。当工程项目范围发生变更时，必然会对进度计划产生影响。

（五）进度报告

进度报告提供了项目范围执行状态的信息。例如，项目的哪些中间成果已经完成，哪些还未完成。进度报告还可以对可能在未来引起不利影响的潜在问题向项目管理班子发出警示信息。

四、项目范围变更控制系统

项目范围变更控制系统规定了项目范围变更应遵循的程序，它包括书面工作、跟踪系统以及批准变更所必需的批准层次。市政工程范围变更控制系统应融入整个项目的变更控制系统。当在某一合同下实施项目时，范围变更控制系统还必须遵守项目合同中的全部规定。

第二章　项目管理的目标规划

第一节　项目目标的策划

市政工程项目完成立项，确定实施之后，项目管理人员首先应结合项目投资方要求和项目特点，运用科学原理和方法，进行项目目标的再论证和分解，报投资方及有关部门批准后作为项目实施的目标和依据。

项目目标策划是指在项目立项完成，确定正式启动之后，通过调查、收集和研究项目的有关资料，运用组织、管理、技术、经济等手段和工具，对项目实施的内容、项目实施的目标进行系统分析、细化，形成项目实施的总体目标；进行投资目标分解和论证，编制项目投资总体规划；进行进度目标论证，编制项目建设总进度规划；进行项目功能分解、建筑面积分配，确定项目质量目标，编制空间和房间手册等。即确定项目实现的内容，以指导后续可行性研究和设计、施工等工作，并使得后续的项目管理工作更加科学和有效。

第二节　进度目标规划

一、策划

（一）论证项目总进度目标及分目标

建设项目总进度目标指的是整个项目的进度目标，它是在项目决策阶段进行项目定义时确定的。在根据建设项目总进度目标实施控制前，首先应分析和论证目标实现的可能性。若建设项目总进度目标不可能实现，则项目管理者应提出调整建设项目总进度目标的建议，提请项目决策者审议；若建设项目总进度目标可行，则在此基础上进一步细化分解，获得各级分目标，并编制项目总进度规划。

（二）进度管理模式

进度管理的模式为项目管理方主导下的项目前期、设计、招标、施工过程的集成进度管理模式，采取层次管理的方法进行。

(1)项目管理方负责制定和管理总进度规划或称为一级进度计划，该计划主要包括项目实施的总体部署、总进度规划、各子系统进度规划、确定里程碑事件、总进度目标实现的条件和应采取的措施等内容。

(2)各类承包商负责制订和管理框架进度计划或称为二级进度计划，框架进度计划将整个项目计划划分成若干个进度计划子系统。

(3)各分包商负责制订和管理单体进度计划或称为三级进度计划,单体进度计划将每一个进度计划子系统基于每个项目单体分解为若干个子项目进度计划。

(4)作业层负责制订和管理作业进度计划或称为四级进度计划,作业进度计划将每个单体计划分解为若干个分部、分项进度计划。

(三)建立进度管理控制系统

进度管理控制系统主要由进度管理的计划系统、检查系统、调整系统三大部分组成。从制订进度计划、实施进度统计、确定进度差异、分析差异原因到制定措施、组织协调,是个动态控制和重复循环的过程。

二、方法及措施

(一)进度总目标的论证

建设项目总进度目标的论证应涵盖从设计前准备阶段、设计阶段、招标阶段到移交阶段的工作进度,不同阶段之间是有机组合而不是简单的叠加关系。

(二)分级、分层次的进度计划方法

进度计划管理,从管理幅度的角度和实际操作的角度出发,应采用分层管理的原则。以适应决策层、管理层、实施层的不同需要,下一级项目进度计划以上一级进度计划作为进度控制标准。项目总进度计划偏重控制,后两级进度计划偏重实施。

(三)进度计划的编制方法

1. 项目总进度计划的编制

根据方案设计编制框架性项目合同网络图后编制初始版本,建筑安装工程施工总承包商、合同开工日期、竣工日期已确定后编制正式版本,根据项目实际进度进行调整优化。项目总进度计划适宜采用里程碑法编制。

2. 项目框架进度计划的编制

项目框架进度计划基于项目总进度计划编制,主要的时间节点完全相互对应。由各承包商编制,适宜采用网络计划法编制。

三、控制

(一)进度检查的方法

在网络计划的执行过程中,必须建立相应的检查制度,定时、定期地对计划的实际执行情况进行跟踪检查,收集反映实际进度的有关数据。但收集反映实际进度的原始数据量大面广,必须对其进行整理、统计和分析,形成与计划进度具有可比性的数据,以便在网络图上进行记录。根据记录的结果可以分析判断进度的实际状况,及时发现进度偏差,为网络图的调整提供信息。

(二)网络计划检查的主要内容

网络计划检查的主要内容包括关键工作进度、非关键工作进度及时差利用情况、实际

进度对各项工作之间逻辑关系的影响、资源状况、成本状况及存在的其他问题。

(三)对检查结果进行分析判断

通过检查分析网络计划的执行情况,可为计划的调整提供依据。

(四)进度计划的调整与优化

进度计划的调整与优化是实施进度控制的重要一步,由于项目进度计划是事前编制的,随着项目的实施,客观条件不断变化,各种干扰因素也会不断增加,所以进度计划的编制不是一劳永逸的,应随着客观条件的变化不断修正。

进度计划的调整与优化必须遵循"适时""适量"的原则。所谓"适时",就是指项目管理人员必须在适当的时间决定是否调整进度计划,以确保项目各参与方有时间并有能力接受和实施新的进度计划。所谓"适量",就是指项目管理人员必须严格把握进度计划的调整量,尽可能使该调整对工程质量、投资以及其他目标的正面影响最大化、负面影响最小化。具体实施时,可以运用 Project 和 P3 等软件对进度计划进行调整和优化。

第三节 投资目标规划

一、策划

(一)投资管理目标

论证建设项目投资总目标及分目标,制定投资规划。在建设项目的实施阶段,通过投资规划与动态控制,将实际发生的投资额控制在投资的计划值以内,合理使用人力、物力、财力,以实现业主的要求、项目的功能、建筑的造型和结构的安全、材料质量的优化。

(二)费用构成及分解

建设项目投资主要由工程费用和工程建设其他费用所组成,如图 2 - 1 所示。

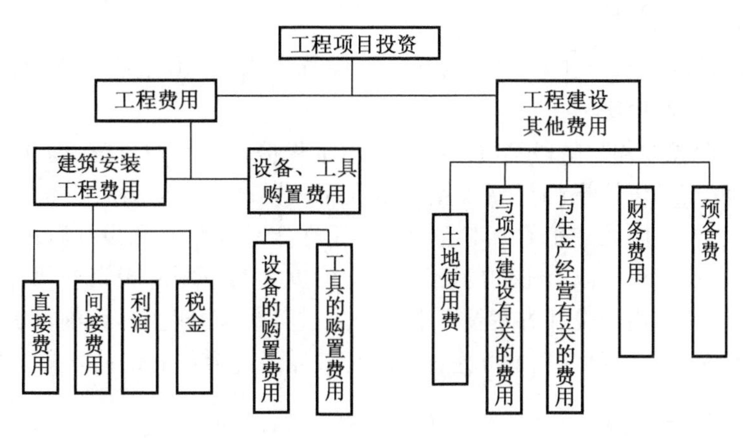

图 2 - 1 工程项目投资费用

（三）投资管理任务

投资管理要注意建设阶段与投资控制依据相结合。

（1）在设计准备阶段，通过对投资目标的风险分析、项目功能与使用要求的分析和确定，编制建设项目的投资规划，用以指导该阶段的设计工作以及相应的投资控制工作。

（2）在工程设计阶段，以投资规划控制方案设计阶段和初步设计阶段的设计工作，编制设计概算。以投资规划和设计概算控制施工图设计阶段的设计工作，编制施工图预算，确定工程承包合同价格等。

（3）在工程施工阶段，以投资规划、施工图预算和工程承包合同价格等控制工程施工阶段的工作，编制资金使用计划，以作为施工过程中进行工程结算和工程价款支付的计划目标。

（4）在整个工程实施期，利用各类投资数据和现金流等措施，严格控制设计变更、施工变更以及由变更引起的索赔和反索赔等。

（四）投资管理编码系统

投资控制工作的核心是投资数据比较。比较投资数据是发现投资偏差、采取纠偏措施的根本手段。为完成不同阶段投资数据之间的比较（如估算和概算之间的比较），以及不同版本之间的比较，对投资目标进行分解与编码，有利于投资目标的细化与明确，也有利于不同投资数据之间的比较。市政项目管理手册的投资分解和编码可以参照《建设工程工程量清单计价规范》（GB 50500—2013）执行。

二、方法及措施

项目前期和设计阶段是建设项目投资控制的重要阶段。其中，方案设计是确定建设项目的初始内容、形式、规模、功能和标准等的阶段，此时，对其某一部分或某一方面的调整或完善将直接引起投资数额的显著变化。因此，应加强方案设计阶段的投资控制工作，通过设计方案竞赛、设计方案的优选和调整、价值工程和其他技术经济方法，选择确定既能满足建设项目的功能要求和使用要求，又可节约投资的设计方案。

（一）价值工程方法

价值工程的目的是研究工程项目的最低寿命周期费用，可靠地实现使用者所需的功能，以达到最合理的性价比。

尽管在产品形成的各个阶段都可以应用价值工程提高产品的价值，但在不同的阶段进行价值工程活动，其经济效果的提高幅度却是大不相同的。一旦设计图纸已经完成，产品的价值就基本决定了，因此应用价值工程的重点是在产品的研究和设计阶段。同一建设项目、同一单项或单位工程可以有不同的设计方案，也就会有不同的投资费用，通过价值工程方法的应用，论证拟采用的设计方案技术上是否先进可行，功能上是否满足需要，经济上是否合理，使用上是否安全可靠等，最终选择出综合效益最为合理的设计方案。

（二）限额设计方法

在设计阶段对投资进行有效的控制，需要从整体上由被动反应变为主动控制，由事后核算变为事前控制，限额设计就是根据这一思想和要求提出的设计阶段控制建设项目投资的一种技术方法。

采用限额设计方法，就是要按照批准的可行性研究报告及投资估算控制初步设计；按照批准的初步设计和设计概算控制施工图设计，使各专业在保证达到功能要求和使用要求的前提下，按分配的投资限额控制工程设计，严格控制设计的不合理变更，通过层层控制和管理，保证建设项目投资限额不被突破，最终实现设计阶段投资控制的目标。

三、控制

（一）动态控制原理

随着建设项目的不断进展，大量的人力、物力和财力投入项目实施之中，此时应不断地对项目进展和投资费用进行监控，以判断建设项目进展中投资的实际值与计划值是否发生了偏离，如发生偏离，须及时分析偏差产生的原因，采取有效的纠偏措施。必要的时候，还应对投资规划中的原定目标进行重新论证。从工程进展、收集实际数据、计划值与实际值比较、偏差分析和采取纠偏措施，又到新一轮起点的工程进展，这个控制流程应当定期或不定期的循环进行，如根据建设项目的具体情况可以每周或每月循环地进行这样的控制流程。

按照动态控制原理，建设项目实施中进行投资的动态控制过程，应做好以下几项工作：

（1）对计划的投资目标值的论证和分析。由于主观和客观因素的制约，建设项目投资规划中计划的投资目标值有可能难以实现或不尽合理，需要在项目实施的过程中，或合理调整，或细化和精确化。

（2）收集有关投资发生或可能发生的实际数据，及时对建设项目进展做出评估。

（3）比较投资目标值与实际值，判断是否存在投资偏差。这种比较也要求在建设项目投资规划时就对比较的数据体系进行统一的设计，从而保证投资比较工作的有效性和效率。

（4）获取有关项目投资数据的信息，制订反映建设项目计划投资、实际投资、计划与实际投资比较等的各类投资控制报告和报表，提供作为进行投资数值分析和相关控制措施决策的重要依据。

（5）投资偏差分析。若发现投资目标值与实际值之间存在偏差，则应分析造成偏差的可能原因，制订纠正偏差的多个可行方案。经方案评价后，确定投资纠偏方案。

（6）采取投资纠偏措施。按确定的控制方案，可以从组织、技术、经济、合同等各方面采取措施，纠正投资偏差，保证建设项目投资目标的实现。

（二）分阶段设置控制目标

由于工程项目的建设过程周期长、投资大和综合复杂的特点，投资控制目标并不是一成不变的，因此投资的控制目标需按建设阶段分阶段设置，且每一阶段的控制目标是相对而言的，随着工程项目建设的不断深入，投资控制目标也逐步具体和深化。

前一阶段目标控制的结果就成为后一阶段投资控制的目标，每一阶段投资控制的结果就成为更加准确的投资的规划文件，其共同构成建设项目投资控制的目标系统。从投资估算、设计概算、施工图预算到工程承包合同价格，投资控制目标系统的形成过程是一个由粗到细、由浅到深和准确度由低到高的不断完善的过程，目标形成过程中各环节之间应相互衔接，前者控制后者，后者补充前者。

（三）注重主动控制

当一个建设项目产生了投资偏差，或多或少会对工程的建设产生影响，或造成一定的经济损失。因此，在经常大量地运用投资被动控制方法的同时，也需要注重投资的主动控制问题，将投资控制立足于事先主动地采取控制措施，以尽可能地减少以避免投资目标值与实际值的偏离。

（四）采取多种有效措施

要有效地控制建设项目的投资，应从组织、技术、经济、合同与信息管理等多个方面采取措施，尤其是将技术措施与经济措施相结合，是控制建设项目投资最有效的手段。

（五）立足全寿命周期成本

建设项目投资控制，主要是对建设阶段发生的一次性投资进行控制。但是，投资控制不能只是着眼于建设期间产生的费用，更需要从建设项目全寿命周期内产生费用的角度审视投资控制的问题，进行项目全寿命的经济分析，使建设项目在整个寿命周期内的总费用最小。

第四节　质量目标规划

一、策划

市政工程项目类型多样，施工工艺复杂，建设周期长，容易受自然环境影响等特点决定了市政工程项目的质量管理工作比一般的工程项目以及工业产品生产的质量管理复杂。

（一）工程质量目标系统

市政工程项目的质量目标不仅要看建设期，而且还要看使用期，即考虑项目的全寿命分析，而且质量目标不是一个单一的目标，有总体目标、设计质量目标、土建施工安装目标、材料设备质量目标等，自身构成一个系统，其中以总体质量目标为核心，总体质量目标往往以合同质量目标条款形式表现，所有其他的质量目标都不能和总体目标相抵触。

（二）建立质量管理体系

质量管理体系是项目质量管理的总系统，它由五个分体系构成，如图 2－2 所示。

1. 质量管理的组织体系

质量管理人员（质量经理、质量工程师）在项目经理的领导下，负责质量计划的制订和监督检查质量计划的实施。项目部应建立质量责任制和考核办法，明确所有人员的质量职责。

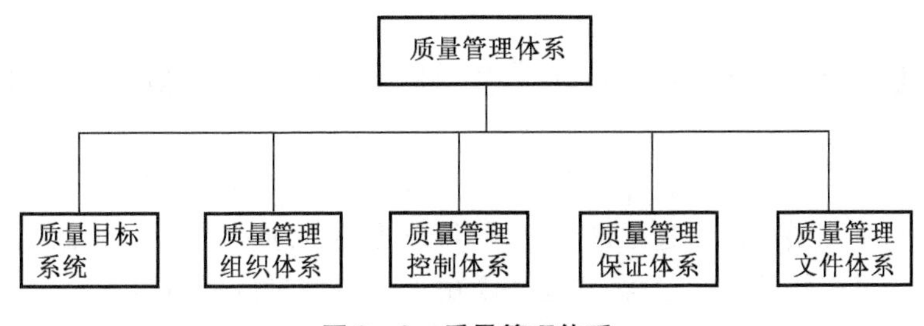

图 2－2　质量管理体系

2. 质量管理的控制体系

项目的质量控制应对项目所有输入的信息、要求和资源的有效性进行控制,确保项目质量输入正确和有效。

明确规定项目各个部门、各个环节的质量管理职能、职责、权限。建立一套灵敏、高效的质量信息管理系统,规定质量信息反馈、传递、处理的程序和方式,保证整个项目部的信息全面、及时、准确。

3. 质量管理的保证体系

质量管理是专业项目管理公司的生命线,根据 ISO 9000 族标准中所表达的新的质量管理思想来看,质量保证体系的设计目的是质量管理从单纯追求实物质量到追求质量保证能力。专业项目管理应该从提高质量保证能力的角度来看待质量保证体系的建立,而不能把这部分当成质量管理的负担。

4. 质量管理文件体系

质量管理的文件体系架构采取逐层推进的模式。质量管理文件体系主要包括质量手册、质量计划、程序文件、质量记录体系。项目管理公司在项目初始就应该参照质量管理相关标准编写质量手册,然后根据质量手册的要求以及项目具体情况制订质量计划和质量管理程序,最后根据项目的质量管理计划和程序确定项目的质量记录体系。

质量手册:提供给组织内部和外部的,描述关于质量管理体系的信息文件。

质量计划:描述质量管理体系如何应用于特定项目的文件。

程序文件:提供如何完成活动的一致的信息的文件。

质量记录体系:记录已完成的前动或结果的文件。

二、方法及措施

(一)质量管理原则

1. 以业主为中心

项目依存于业主。因此,项目管理人员应理解业主当前的和未来的需求,满足业主要求并争取超越业主期望。

2. 项目经理的作用

项目经理将项目的目标、环境统一起来,并创造使项目组成员能够充分参与实现项目质量目标的环境。

3. 全员参与

各级人员是项目管理的成功之本,只有他们的充分参与,才能使他们发挥各自的才干,从而为项目带来最大的收益。

4. 过程方法

将相关的资源和活动作为过程进行管理,可以更高效地得到期望的结果。过程方法的原则不仅适用于某些较简单的过程,也适用于由许多过程构成的过程网络。在应用于质量管理体系时,2000 版 ISO 9000 族标准建立了一个过程模式。此模式把管理职责,资源管理,产品实现,测量、分析与改进作为体系的四大主要过程,描述其相互关系,并以顾客要求为输入,提供给顾客的产品为输出,通过信息反馈来测定的顾客满意度,评价质量管理体系的业绩。

5. 管理的系统方法

针对设定的目标,识别、理解并管理一个由相互关联的过程所组成的体系,有助于提高组织的有效性和效率可参照。ISO/DIS 9001 贯标体系列出的建立和实施质量管理体系的步骤。

6. 持续改进

持续改进是组织的一个永恒的目标。

7. 基于事实的决策方法

对数据和信息的逻辑分析或直觉判断是有效决策的基础。以事实为依据做决策,可防止决策失误。在对信息和资料做科学分析时,统计技术是最重要的工具之一。统计技术可以用来测量、分析和说明产品和过程的变异性。统计技术可以为持续改进的决策提供依据。

(二)实施质量控制的方法和措施

1. 质量的统计控制方法

老七种工具:排列图、因果图、调查表、直方图、控制图、散布图、分层法。这些控制方法主要以数理统计方法为主,主要用于过程控制。

新七种工具:亲和图、关联图、系统图、矩阵图、箭线图、PDCA 法、矩阵数据分析法。这些方法用语言分析和逻辑思维的方法,善于发现问题,有利于语言资料和情报的整理;重视计划,有利于消除遗漏,协同工作。

2. 质量保证的方法和措施

确定质量活动和有关结果是否符合计划安排,以及这些安排是否可有效地实施并适合于达到预定目标的、有系统的、独立的检查。确定质量管理体系及其要素的活动与其结果是否符合有关标准和文件的规定,质量管理体系文件中的各项规定是否得到有效的贯彻并适合达到质量目标的有系统的、独立的检查。审核有三种类型,即内部质量审核、需方或其代表质量审核、认证机构或其他独立机构质量审核。

过程分析是指安装过程改进计划中列明的步骤,从组织和技术角度识别所需的改进,其中也包括对遇到的问题、约束条件和无价值活动进行检查。过程分析包括根源分析,即分析问题或情况,确定促成该问题或情况产生的根本原因,并为类似问题制定纠正措施。

三、控制

项目管理单位主要从质量控制、质量保证两个方面加强对质量的控制工作。在有设计审图、造价咨询和施工监理存在的前提下，项目管理单位对质量的控制是集成的。在设计阶段，项目管理单位要与业主、设计审图单位合作，组织设计阶段内的质量控制工作。设计质量的控制点有：

(1)设计方案优化的评审；

(2)扩初设计方案的评审，设计方案的风险评估，设计方案的技术经济评价；

(3)施工图设计方案的评审，设计变更流程设计；

(4)在施工阶段，项目管理单位要与业主、监理单位等部门合作，组织协调本阶段质量管理工作，对监理单位提出明确的质量管理要求，跟踪监理单位对工程质量的控制程度；

(5)监理方的质量控制与保证体系的建立，标准质量控制流程的建立；

(6)承包商的质量控制与保证体系的建立；

(7)工程质量满足合同要求的程度跟踪。

(一)质量控制系统的设计

质量控制包括监控特定的项目成果，以判定它们是否符合有关的质量标准，并找出方法消除造成项目成果令人不满意的原因。根据全面质量管理理论，质量的控制不应仅仅是结果的控制，它应当贯穿于项目执行的全过程。建筑产品是项目各阶段策划、设计、建设活动的成果，在其产生、形成过程中应防检结合、以防为主，从各环节上致力于质量提高。项目成果应包括生产成果，如阶段工作报告和管理成果以及成本和进度的执行，因此项目一般采用 PDCA 质量控制系统。以下从执行、检查和处理三个阶段对质量控制系统展开分析。

1. 执行阶段

执行阶段的工作主要是对影响工程质量因素的控制，影响工程质量的因素主要有人、材料、机械、方法和环境五个方面。

(1)人的控制。

(2)材料的质量控制，包括材料采购、材料检验、材料的仓储和使用。

(3)机械设备的质量控制，包括设备选择采购、设备运输、设备检查验收、设备安装和设备调试。

(4)施工方法的控制。

(5)环境因素的控制，包括自然环境的控制、管理环境的控制和劳动作业环境控制。

2. 检查阶段

项目分解是质量检验评定的基础，其评定内容由主控项目和一般项目组成。

(1)主控项目。主控项目的条文是必须达到的基础，是保证工程安全或主要使用功能的重要检验项目。在质量计划条文中应采用“必须”或“严禁”词语表示。

(2)一般项目。一般项目是保证工程安全或使用功能的基本要求，在质量计划条文中应采用“应”“不应”词语表示。其指标分为“合格”及“优良”两个等级。基本项目与保证项目相比，虽不像保证项目那么重要，但对结构安全、使用功能、美观都有较大影响，是评定工程“优良”与“合格”的等级条件之一。

3. 处理阶段

由于工程施工受到主客观影响的因素多,尽管通过周密的事前和建立预控措施,以及施工过程的周密组织和贯彻落实,但仍无法防范一些不可预见的偶然因素以及操作过程的某些疏忽和失误,这都将在特定的情况下引起施工质量偏离目标或技术标准。因此,必须经常且及时地进行施工过程的跟踪检查,以发现质量问题、事故和缺陷,通过原因分析采取有效的对策措施来加以纠正,促使施工作业的质量改善或事故能及时地得到处理、整改,维护整个施工过程的质量控制正常运行。

(二)质量保证系统的设计

质量保证体系包括向用户提供必要的保证质量的技术和管理"证据",表明该项目是在严格的质量管理中完成的,具有足够的管理和技术上的保证能力。

1. 质量保证体系的设计原则

(1)质量保证体系,主要以产品或提供的服务为对象来建立,也可以以工序(或过程)为对象来建立。

(2)质量保证手段应坚持管理与技术相结合,即反复查核企业有无足够的技术保证能力和管理保证能力,二者缺一不可。

(3)质量保证体系信息管理是使质量保证体系正常运转的动力,没有质量信息,体系就是静止的,只是形式上的体系。

(4)质量保证体系不是制度化、标准化的代名词,绝不应成为书面的、文件式的质量保证体系。

(5)质量保证体系的深度与广度取决于质量目标,没有适应不同质量水平的一成不变的质量保证体系。

2. 质量保证体系的建立

建立和实施质量管理体系的方法由以下几个步骤组成:

(1)确定业主的需求和期望。

(2)建立组织的质量方针和质量目标。

(3)确定实现质量目标必需的过程和职责。

(4)对每个过程实现质量目标的有效性确定测量方法。

(5)应用测量方法确定每个过程的现行有效性。

(6)确定防止不合格并消除产生原因的措施。

(7)寻找提高过程有效性和效率的机会。

(8)确定并优先考虑那些提供最佳结果的改进。

(9)为实施已确定的改进,对战略、过程和资源进行策划。

(10)实施改进计划。

(11)监控改进效果。

(12)对照预期效果,评价实际结果。

(13)评审改进前动,以确定适宜的后续措施。

采用上述方法的项目组能在其过程能力和产品可靠性方面建立信任,并为持续改进提供基础,增加业主满意度,使组织及其顾客均获得成功。

第五节　健康安全及环境规划

一、策划

（一）建立健康安全及环境规划目标

（1）保护产品生产者和使用者的健康与安全，保护生态环境，使社会的经济发展与人类的生存环境相协调。

（2）通过计划和实践，对危险进行反控制，将HSE（Health and Safety and Environment）的理念完全贯彻到整个工程决策中。

（二）明确健康安全及环境管理的任务

（1）制定HSE政策，建立HSE记录，设计HSE管理。

（2）审核重要功能及内在危险，审核与HSE相关的详细设计内容，监督与执行各个层次的HSE政策。

（三）确定健康安全及环境管理体系的原则

以预防为主，着眼于持续改进，强调最高管理者承诺和责任，全员参与及全过程管理。

二、方法与措施

（一）建立HSE文件体系、管理计划

进行HSE管理时，HSE部门需要编制和执行一系列专门的计划，以使该工程符合相关法律法规，同时将必要的标准结合到工程的设计和操作方案中。其具体的文件体系见表2－1。

表2－1　HSE文件体系

HSE作业计划书	管理手册
	管理程序文件
	运行控制文件
HSE现场检查表	HSE作业指导书

项目管理公司在制订每一项工作的工作计划时，都要同时确定健康、安全与环境管理方案。该方案主要包括以下几个方面：

（1）目标的明确表述；

（2）明确各级组织机构及实现目标和表现准则的责任；

（3）实现目标所采取的措施；

（4）资源需求，即每一项健康、安全与环境管理措施所需的人、财、物；

（5）实施计划的进度表；

（6）促进和鼓励全体员工做好健康、安全与环境管理的方案；

（7）为全体员工提供关于健康、安全与环境表现情况的信息反馈机制；

（8）建立评选健康、安全与环境表现先进个人和集体的制度（如安全奖励计划）；

（9）完善评价机制，工程结束后，要进行健康、安全与环境管理总结，发现管理中的经验和教训，进行分析评价，以利于今后不断完善。

（二）建立 HSE 管理体系的基本流程

图 2－4 为 HSE 管理体系建立的基本流程。

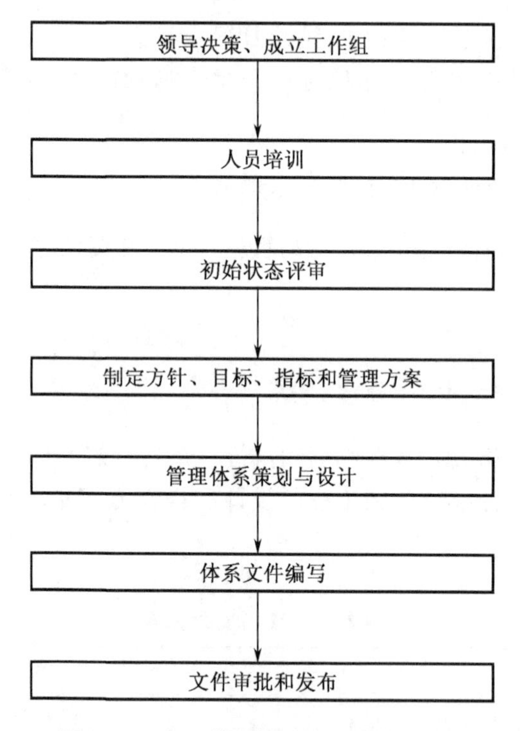

图 2－4　HSE 管理体系建立的基本流程

（三）HSE 管理的主要方法

1. 对承包商的 HSE 管理

在业主、项目管理方以及承包商之间加强沟通是管理 HSE 的有效手段之一。因此，项目管理公司将进行如下工作：

（1）演示承包商 HSE 管理体系、管理能力并在相关资格审查表中列出历史安全记录；

（2）确认承包商 HSE 管理体系对承包商的角色和责任的规定；

(3)确认承包商编写的HSE规定完善、详细；

(4)评价承包商有关HSE方面的答复及提供HSE奖励；

(5)在开工会上，证实承包商对现场工作的危险性有足够认识并对HSE工作规则非常熟悉；

(6)监测承包商的能力，确保在整个合同期间HSE规定得以执行。

2. HSE报告制度

在项目执行期间，项目管理公司将建立完善的HSE报告制度，所有的HSE报告均由项目管理公司提供，内容包括：项目HSE月报、项目实施计划、项目实施登记、事故报告。

3. 突发危害及其影响管理程序

突发危害及其影响管理程序（Hazards and Effects Management Process，HEMP）能够用来识别、评价和缓解安全运营的危害和威胁，它能够识别潜在危害和相关威胁，防止这些危害和威胁的升级，并提出补救措施。所有与业主项目相关的计划和设计活动都要执行HEMP。

三、控制

HSE体系是一个管理上科学、理论上严谨、系统性很强的管理体系，具有自我调节、自我完善的功能，并且能够与项目管理方的其他管理活动进行有效融合。其遵循了PDCA循环模式，对管理活动加以规划，确定应遵循的原则，实现HSE目标，并在实现过程中不断检查和发现问题，及时采取纠正措施，保证实现的过程不会偏离原有目标和原则。因此，就形成了三级控制系统，形成了比较严密的三级监控机制，确保了体系的充分性、有效性和适用性。在具体实施过程中，项目管理公司制定控制体系，项目管理班子具体实施，项目各个参与方提供必要的支持和保证。

（一）第一级监控机制：绩效测量和监测

“绩效测量和监测”是体系日常监督的重要手段，其形式类似于传统安全管理工作中的安全监督检查，是HSE体系的监控机制的基础保障。它要求：

(1)监测与测量活动应有文件化程序，要有明确的规章、制度并认真执行。

(2)对检测使用的设备仪器应注重校准和维护，确保检测结果的准确可靠。

(3)对所设目标、指标的实施情况进行跟踪，检查其进展情况，及时解决实施过程中出现的各种技术、资源问题。

(4)定期对遵守法律、法规的情况进行评价，比较监控结果和法规执行情况。

有效监控要能发现问题，对监控结果定期评价，并有相关文件或记录予以证明。对不符合规定、不能达到国家要求和计划未完成的情况，应采取纠正和预防措施，防止问题的再次发生，其要点可以归纳如下：

(1)对于各种事故、事件及不符合规定的情况，应明确职责和权限，是谁的责任，由谁查处，能够查处的问题的性质和范围等都应明确。

(2)采取措施减少由事故、事件或不符合规定的情况产生的影响。

(3)应追查产生事故、事件、不符合规定的原因，并根据问题的原因和性质，对原有的不合理的程序进行修改。从根源上解决问题，预防类似问题的再次发生。

(二)第二级监控机制:HSE 体系审核

这里的 HSE 体系审核是指组织内部的自我检查过程,是内审。它与第三方的外部审核一样,也是一个系统化、程序化、文件化、客观的验证过程,要遵循独立、客观、系统的原则,保证自我监控手段充分、有效,能对企业的 HSE 体系是否符合标准的各项要求,是否完成了企业的健康安全环境目标和指标做出判断。

(1)定期开展内审,要有文件化的方案和程序。一般内审由管理者代表推动,进行前应做好计划,全面覆盖审核规范的要求。内审的频率可以根据企业性质和特点自行设定,但不应低于外审频率,不少企业规定半年或一年一次。

(2)内审应能判断体系的运行情况是否符合 HSE 体系标准,内审人员要经过专门的培训,掌握审核的基本方法和技巧,并且能独立开展工作,保证审核结论的客观性。

(3)内审完成之后,要将结果送报管理者。管理者一方面向上呈报,使最高管理者掌握体系运行状况;另一方面要使有关职能部门了解自己和相关部门的运行情况,便于及时并有针对性地采取纠正与预防措施,改进提高。

一般内审时,借鉴环境管理体系内审的做法,各部门人员尽量要交叉进行,本部门自我检查往往会因为太熟悉而难以发现问题。若不同部门的人员进行交叉审核,则可以大大提高检查的广度和深度,更为有效和客观。另外,内审范围应更全面、详细,对各职能与层次间的相互关系与文件接口、要素间的联系与功能的划分、基础性文件与记录的完整都应进行全面的检查,对企业健康安全环境目标和指标的完成情况也应全面评估。

(三)第三级监控机制:管理评审

管理评审是由 HSE 体系中的最高管理者进行的评审。它不对细节问题进行过多的讨论,而是根据企业 HSE 体系审核的结果、不断变化的客观环境和对持续改进的承诺,指出方针、目标以及 HSE 体系其他要素可能需要进行的修改,并提出下一步改进、调整的目标。其核心要求是:

(1)管理评审必须由最高管理者进行,因为体系的真正推动力来自最高管理者。

(2)管理评审也应定期开展,一般在内审之后。

(3)管理评审的重要意义在于判断体系的持续适用性、有效性和充分性,作为调整企业健康安全环境方针、目标的依据,为下一步的持续改进提供方向。

(4)管理评审同样要有记录等文件化的材料。

为达到管理评审的目的,在进行管理评审前应做好充分的准备工作,包括提供内审报告。企业的最高管理者进行的这种评审与前两级监控有着明显的不同。管理评审并不是简单地对照法规或程序的有关要求对某一现象或某一要素进行纠正,而是对管理体系的缺陷和集中存在的问题加以解决,体现了更高的层次和宏观的调整。

(四)三级监控机制间的相互关系

第一级监控机制主要针对企业日常操作和基层管理问题,用于监控一般的生产操作和基层管理。解决问题的方法是随时产生,随时解决。该级别监控主要由项目管理班子监督,工程监理具体完成。第二级监控是由项目管理方组织项目内部审核进行,要调动项目管理班子成员的积极性,审核的范围则包括了项目各参与方的主要部门和主要责任人,要集中发现问题并集中解决问题。第三级监控是由项目管理公司进行，将一些项目管理班子解决不了的问题集中在一起，由公司 HSE 职能部门加以解决。

各级监控措施联系紧密又相对独立，既能在各自的层次单独发挥作用，及时发现问题、解决问题，又可以将问题集中起来，找出管理的弱点，进一步提高管理水平，下一级监控又成为上一级监控措施信息和判断的基础。

HSE 检查和审查的重点是管理效率。评价 HSE 管理计划中检查过的部分以确定项目管理的一致性和有效运行。

第六节　风险目标规划

一、策划

（一）建立风险管理目标

（1）建立风险管理目标，建立风险管理体系，实施风险管理措施，在保证建设过程安全的前提下，实现投资、进度和质量的控制要求。

（2）风险因素分解，实现各阶段风险管理，市政建设使用不同阶段的风险因素见表 2－2。

表 2－2　市政建设项目不同阶段的风险因素

项目阶段	分部阶段	典型风险因素
项目前期	设想/可行性 必要条件说明 技术说明	政治风险 环境风险 规章制度风险
项目实施期	初步设计 详细设计 采购 施工 交付	合同 采购 设计 施工方法 规章制度 安全 妨害公众安宁 环境
项目运营期	经营 维护 退出使用和废弃	产品市场 经营 污染

（二）风险管理体系

风险管理体系是项目风险管理的总系统，由以下分体系构成。

1. 风险管理的目标体系

由于不同阶段风险管理的目标不一致,因此对建设项目来说,风险管理的具体目标并不是单一不变的,而应该是一个有机的目标系统。在总的风险管理的目标下,不同阶段需要有不同阶段的风险管理目标。当然,风险管理目标必须与项目管理总目标一致。

项目前期目标:分析项目可能遇到的风险,并通过检查保证采取了所有可能的步骤来减少和管理这些风险。

项目实施期目标:建立风险监控系统,以及早采取预防措施。

项目运营期目标:减少和管理运营风险,从而降低运营成本,增加利润。

2. 风险管理的组织体系

风险管理团队由风险管理负责人、项目风险分析人员和不同层次项目管理人组成,除此之外还应包括外部专家。风险管理负责人在项目经理领导下,负责制定和监督检查风险管理计划的实施,明确所有人员的质量职责。项目风险分析人员主要负责风险的识别、分析和评估。

整个风险管理过程,并不仅仅是项目管理方的职责,需要业主、项目管理公司、设计、监理、施工方等各方的共同参与。项目管理方主要负责风险的识别、评估以及风险计划的制订,业主主要负责表明风险态度,风险管理计划的实施需要项目各方的共同参与。

3. 风险管理的控制体系

风险管理的控制体系主要包括风险识别系统、风险分析系统、风险评估系统、风险决策系统、风险应对系统、风险监控系统六个部分的内容。

二、方法及措施

(一)风险识别的方法和措施

风险识别包括确定风险的来源,风险产生的条件,描述其风险特征和确定哪些风险会对本项目产生影响。风险识别方法很多,目前比较常用的方法有:德尔菲法(Delphi Method)、头脑风暴(Brain Storming)法、情景分析(Scenario Analysis)法、核对表(Check-lists)法和面谈(Interviewing)法等。

(二)风险评估的方法和措施

在工程实践中,评估项目风险总体效果的方法有定性方法和定量方法。定性方法是决策者自己凭借主观判断和参考对风险因素的识别,判断这些主要风险可能产生的后果是否可以接受,从而做出项目整体风险的判断。定量的方法中,比较常用的方法包括调查打分法(Checklist)、层次分析法(Analysis Hierarchy Process,AHP)、蒙特卡洛模型(Monte Carlo Simulation)、敏感性分析(Sensitive Analysis)、模糊数学(Fuzzy Set)及影响图(Influence Diagrams)等。

(三)风险应对的方法和措施

1. 合同的应用

合同是进行风险管理的工具,合同的基本作用是管理和分配风险。在风险管理过程中,在风险完成评估以及相应的决策后,选择适当的合同形式和条文是十分重要的。

2. 风险回避

风险回避就是拒绝承担风险,这是一种最彻底的消除风险的方法。虽然建设项目的风险是不可能全部清除的,但借助于风险回避的一些方法,对某些特定的风险,在它发生之前就消除其发生的机会或可能造成的损失还是有可能的。

3. 风险的减轻与分散

通常把风险控制的行为称为风险减轻,包括减少风险发生的概率或控制风险的损失。在某些条件下,采取减轻风险的措施可能会收到比风险回避更好的技术经济效果。分散风险是指通过增加风险承担者,将风险各部分分配给不同的参与方,以达到减轻整体风险的目的。

4. 风险自留与利用

风险自留是指由自己承担风险带来的损失,并做好相应的准备工作。

5. 风险应急计划

如果采用风险自留或利用的方案,那么就应该考虑制订一个应急的计划。最常见的应急计划就是准备一笔应急费用,在项目的经费预算中,确保能够提供实际的意外费用,风险越大,所需应急费费用越多。另一种应急措施就是对项目原有计划的范围和内容做出及时的调整。

6. 风险转移

风险转移,是通过某种方式将某些风险的后果连同对风险应对的权利和责任转移给他人,工程管理者不再直接面对被转移的风险。

三、控制

市政工程风险管理控制一般应遵循以下步骤。

(一)风险的辨识和分析

风险辨识是风险管理的基础,只有尽可能地准确查找出市政工程建设各个阶段存在的所有风险,才能对其进行科学的评价与决策,并提出有效的措施,制定相应的应急救援预案。风险辨识和分析一般应解决以下问题。

(1)工程实施过程中存在哪些风险,对于市政工程来说,建设过程中可能存在如下风险:结构损伤、建筑物沉降开裂、基坑内土体滑坡、坑底隆起、基坑坍塌、管涌、管线破裂、火灾、触电、起重伤害、交通事故等。

(2)引起这些风险的主要原因和部位,如基坑开挖、基坑支护、地基加固、混凝土浇注、脚手架、模板搭设与拆除、起重作业、高处作业、施工用电、焊接作业、桩作业、围护结构等施工作业。

(3)这些风险会引起风险事故的严重程度。市政工程实施全过程存在的主要风险因素,经过一定的诱因会演变成风险事故,造成人员伤亡、财产损失和环境破坏等后果,并可能会对周围建筑、公共设施或社会公众的生活或生命造成严重损害。

市政项目建设过程中,上述风险的产生因素无外乎技术、管理、环境等因素。技术因素主要有施工工艺选择不合理、地质情况和地下管线布置勘测不清、施工设备选择不当或故障、施工技术参数计算错误或选择不当等;管理因素主要有对施工作业人员的安全管理不到位或作业人员违章作业、安全生产制度和责任制未建立或未能有效地贯彻落实、对现场施工设备、材料的管理不严格，有关安全生产的法律、法规和强制标准没有得到认真执行等；环境因素主要有突发的自然灾害台风、海啸、地震、暴雨、洪水等引发的事故。风险辨识一般只能基于过去的经验来判断、预测，但是新的情况往往会出现新的风险因素。因此，在风险辨识阶段要尽可能全面地考虑各种风险因素和风险源。

（二）风险的评价

在风险辨识和分析的基础之上，划分评价单元，选择合理的评价方法，对工程发生事故的可能性和严重程度进行定性、定量评价。

（1）评价单元的划分是进行风险评价的第一步，可以以地下结构、地上结构为对象，也可以按照施工部位或施工作业方法为对象。

（2）常用的风险评价方法有定性评价方法和定量评价方法。

定性评价方法主要是根据经验和直观判断能力对工程项目的施工工艺、施工设备、设施、环境、人员和管理等方面的状况进行定性分析，风险评价结果是一些定性的指标，如是否达到了某些安全指标、事故类别和导致事故发生的原因等。定量风险评价方法是运用基于大量的实验结果和广泛的事故资料统计分析获得的指标或规律（数学模型），对工程项目的施工工艺、施工设备、设施、环境、人员和管理等方面的状况进行定量的计算，风险评价的结果是一些定量的指标，如事故发生的概率、事故的伤害（或破坏）范围、定量的危险性、事故致因因素的事故关联度和重要度等。

（3）定性、定量评价结果分析。

评价结果应较全面地考虑评价项目各方面的安全状况，要从“人、机、料、法、环”理出评价结论的主线并进行分析。交代建设项目在安全卫生、技术措施、安全设施上是否能满足系统安全的要求。

（4）对风险进行分类。

对评价结果进行分析整理、分类并按严重度和发生频率分别将结果排序列出。将特别重大的危险（群死群伤）或对杜会产生特别重大影响的危险、重大危险（个别伤亡）或对社会产生重大影响的危险、一般危险或对社会产生一般影响的危险等进行排序列出。

（三）风险控制

根据风险定性、定量评价结果，提出消除或减弱危险、危害因素的技术和管理措施及建议。

1. 风险控制对策制定的基本要求

（1）能消除或减弱施工生产过程中的危险、危害；

（2）预防施工设备故障和操作失误产生的危险、危害；

（3）预防施工工艺技术不合理产生的危险、危害；

（4）能有效地预防重大事故和职业危害的发生；

（5）发生意外事故时，能提供应急救援措施。

2. 风险控制管理对策措施制定的基本原则

（1）加强安全生产管理，建立、健全安全生产责任制度，完善安全生产条件，确保安全生产；

（2）完善机构和人员配置，建立并完善参建各单位的安全管理组织机构和人员配置，保

证各类安全生产管理制度能认真贯彻执行,各项安全生产责任制落实到人;

(3)对各参建单位项目负责人、安全生产管理人员、一线作业人员进行安全培训、教育和考核;

(4)保证必需的安全投入和安全设施投资到位;

(5)实施监督与日常检查,对检查中发现的风险与隐患应及时整改、消除。

3. 风险控制技术对策措施制定的基本原则

(1)施工总平面布置应充分考虑对环境的影响;

(2)施工工艺方法的选择应科学并经反复论证,深基坑开挖、特大结构吊装的施工作业应编制专项施工方案,并通过建委科技委组织的专家评审;

(3)针对各种施工工艺方法应有针对性地制定相应的施工安全技术操作规程;

(4)对地下管线和周边建筑,在了解详细准确的地质资料的前提下,应编制相应的保护方案;

(5)完善施工监测手段,加大施工检测力度和频率;

(6)施工测量记录、检测报告要及时、真实,保存完整。

(四)应急救援预案

针对风险分析、评价结论,对可能发生并引发严重后果的重大事故提出相应的应急救援预案。应急救援预案编制的基本内容应包括以下几个方面:

(1)基本情况;

(2)施工安全重大危险源的主要类型、对周围的影响;

(3)危险源周围可利用的安全、消防、个体防护的设备、器材及其分布;

(4)应急救援组织机构、组成人员和职责划分;

(5)报警、通信联络方式;

(6)事故发生后应采取的处理措施;

(7)人员紧急疏散、撤离;

(8)危险区的隔离;

(9)检测、抢险、救援及控制措施;

(10)受伤人员现场救护、救治与医院救治;

(11)现场保护;

(12)应急救援保障;

(13)预案分级响应条件;

(14)事故应急救援终止程序;

(15)应急培训计划;

(16)演练计划;

(17)附件。

第三章　项目管理的组织策划

第一节　策划的思想及原则依据

项目管理是目标管理，目标决定组织，组织是目标能否实现的决定性因素。组织设置的原则考虑如下几个方面：

（1）必须反映目标和计划。

（2）制定项目管理组织手册。

（3）制定项目管理班子人员责任制度。

（4）建立组织、部门和岗位明确的责任界面。

（5）组建合理的年龄结构、合理的专业结构、精干的项目管理团队。

项目管理的组织由两个层次构成，分别为项目管理系统组织结构和项目管理班子组织结构。根据项目进展，项目管理公司应根据具体的情况同建设单位一起对已有组织结构进行相应调整。一般的项目管理系统组织结构包括业主、项目管理公司和一些具体的实施单位，如设计单位、监理单位、施工单位以及材料设备供应单位等。对市政工程项目来说，还要增加政府主管部门或承建部门。在实际工作中，具体模式可根据项目特点由业主授权，如果项目管理方力量充足，有些咨询顾问的工作内容，如设计审图、招标代理、造价咨询单位，也可自行承担而不再委托专业单位。

第二节　项目管理任务

一、业主方的主要任务

对于一般的工程项目，业主是项目实施的组织者和总集成者，其对项目建设的控制能力（包括组织能力、管理能力和协调能力）是项目建设成败的关键。在工程建设过程中，业主方的主要工作和任务体现在以下几个方面：

（1）负责工程建设投资金的落实，按建设进度要求，确保工程款、材料、设备、采购款项等费用分期及时支付到位（包括前期征地、拆迁费用）。

（2）负责招标确定设计单位、施工单位、监理单位及其他承担工程内容的相关单位。

（3）负责项目的投资控制、合同造价、工程决算价格的审定。

（4）按合同约定，向项目管理单位支付项目管理费用。

（5）对项目管理单位提交的符合规范的财务用款计划、建设进度、报表、各类报告、工作联系单等及时审核、确认、回复。

（6）在合同建设期间，对管理单位按约定组建的项目管理部及派出人员进行监管。对不能胜任工程建设管理职能的，保留随时撤换不尽职的人员，或其作为项目管理单位的权利。

二、市政工程项目管理单位的主要任务

作为项目管理单位，市政工程项目的项目管理方应该承担的一般的项目管理任务和职责，即目标管理与控制，包括进度控制、质量控制、投资控制、信息管理、合同管理、组织与协调等。除此之外，对于市政工程项目而言，由于采用授权比较充分的代建制管理模式，项目真正业主即政府在工程建设中的各项具体任务很多时候就直接交由项目管理方，从这个角度来说，在很多情况下市政工程的项目管理方的地位和作用与一般工程项目中的业主类似，代行了项目业主的部分责任、任务。如很多时候作为项目投资方的对外发言人；接受政府有关主管、职能部门的监督、指导，充当政府主管部门与项目实施有关方之间的桥梁，并负责协调各方面之间的工作关系，向项目实施有关部门和参与项目建设的有关单位提供工作所需要的支持；主持由业主方召集的有关工程会议，向参与项目建设的设计单位、施工单位、建设监理以及其他相关单位下达指令；在市政配套、材料设备的采购、招投标管理、合同谈判和签署、竣工验收等方面代行部分或全部业主职能；等等。

（一）工程前期管理

（1）配合当地政府做好项目工程规划用地范围内的征地、拆迁工作。

（2）负责项目向政府有关部门办理相关的批文、证照。

（3）编制工程建设大纲，明确项目管理目标。

（4）负责审查各承包单位编制的施工组织设计，检查各项施工准备工作。

（5）负责向有关部门办理工程开工申请和批准手续。

（6）负责审核设计资料、控制设计进度。

（7）负责设计会审、技术交底及设计时与公用管线、交通、航道、消防、环保等部门协调工作。

（8）做好对工程地质、水文与气象等现场条件，以及周围环境、材料场地、进入现场方法、可能需要的设施的调查和考察工作，根据这些因素对工程的影响和可能发生的风险、意外事故、不可预见损失及其他情况进行充分的考虑并做好积极的防范措施，以确保工程的顺利进行。

（9）负责其他前期协调工作。

（二）工程设计管理

（1）协调项目与当地政府的关系，并组织设计评审。

（2）落实设计进度和质量，满足项目建设要求。

（3）组织设计会审和设计交底。

（4）对于设计中可能出现的差错及时核查。

（5）负责组织设计方案优化、施工图设计管理等工作。

（6）负责进行设计、施工方的工程技术协调工作。

（7）应对本工程中的重大设计变更进程审核并报业主及监管单位审核通过后督促施工单位进行施工。

(8)负责其他设计工作的协调。

(三)工程进度管理

(1)按照合同规定的工期要求,审查和调整施工单位上报的工程进度计划,包括总体计划及年、月进度计划,以及主要节点计划。

(2)按照经业主审定的实施计划下达给施工单位,并严格按计划控制工程进度。

(3)严格计划进度管理,每月向业主和有关部门上报单位工程计划完成报表、工程计划报表、工程形象进度报表等有关报表。

(4)召开工程例会,掌握工程进度,协调工程实施中的问题,确保工程进度。若工程进度达不到计划进度要求,应及时查明原因,采取相应的积极措施予以调整,确保总工程如期完成。

(5)负责其他影响工程进度的协调工作。

(四)工程质量管理

(1)按照地区及行业管理的有关规定,配合各承包单位到有关部门办理工程质量监督申报等有关手续。

(2)按照相关建设工程监理管理办法及委托监理合同的规定,负责规范和指导施工监理单位对工程实施的全面质量监理,并对监理单位的工作进行考核。

(3)负责定期和不定期对工程进行检查和核验,发现质量问题及时组织整改,确保工程质量达优良级。

(4)负责根据本项目工程的特点对本项目单位工程进行划分。

(5)负责工程施工过程中各项工程的验收,包括隐蔽工程的验收、分部分项工程的验收、原材料产品的抽验和提交有关证明文件。

(6)项目具备验收条件时,负责按有关规定组织竣工验收。

(7)项目实施过程中,负责对各承包单位档案编制的指导和培训,督促其编制合格的竣工资料。

(8)负责本项目所有竣工资料的收集、整理、汇编,并负责通过档案资料的竣工验收。

(9)负责组织施工设计图技术交底,督促施工单位制订施工技术方案,审查各项技术措施的可行性和经济性,提出优化方案或改进意见。

(10)审查施工单位编制的施工组织设计、报表、请示、备忘录、通知单、检查施工单位的各项施工准备工作。

(11)检查工程施工质量,按时书面向业主提供工程质量报告(重大工程质量问题及时专题报告)。

(12)检查设计变更和工程联系单的执行情况,负责处理施工过程中发生的技术问题并经设计院确认后实施。

(13)负责组织处理工程质量事故,查明质量事故的原因和责任,报业主备案,并督促和检查事故处理方案的实施。

(14)负责组织施工质保期中的质量保修工作,直至保修期满。

(15)负责其他工程质量的管理。

（五）工程造价管理

（1）应根据工程的特点对工程全线的现状深入摸底，将设计范围内的管线搬迁、交通配合、社会辅道等工作量进行统计，在摸底资料的基础上，配合、督促设计院进行初步设计的优化工作，使设计方案更具合理性、经济性。

（2）协助业主负责本项目的招标工作，包括设计、施工、监理等招标。

（3）审核各承包单位每月上报的工程验收报表，并经业主审核后作为每月应拨工程款的依据。

（4）审核各承包单位每月上报的下月施工进度计划，据此编制财务用款计划，上报业主安排项目用款进度。

（5）负责编制年、月的投资完成报表、财务用款计划报表等有关报表。

（六）安全生产、文明施工管理

（1）按照政府及行业管理的有关规定，协助建设单位到有关部门办理工程安全监督申报等有关手续。

（2）督促承包单位做好安全生产、文明施工，并检查安全生产、文明施工措施的制定和落实。

（3）项目管理单位应对本工程的文明施工、安全生产负有管理责任，同时应明确承包单位的安全职责，督促承包单位采取措施，做好现场安全防护工作。如有事故发生，责任单位应按相关规定及时向有关部门上报，采取措施保护事故现场，积极参加事故调查，根据调查结果承担相应责任。

（4）负责督促承包单位保证施工场地及现场生活设施（包括食堂、宿舍、厕所等）的清洁和卫生；负责建立文明施工监督网络，检查文明施工落实情况。

（5）负责加强安全培训教育，增强施工人员自我保护意识。施工现场要求做到规范化、标准化，做到重点部位重点监控。

（6）工程建设期结束后，应当将工程范围外所有受本工程建设影响的土地及地上、地下构筑物，建筑物恢复到本工程施工前的相应状态或者予以赔偿。

（七）工程的验收移交

工程竣工后，业主和监管单位将参加工程竣工验收，并督促施工单位做好工程移交工作，以证实工程符合已批准的初步设计和有关标准的要求。管理单位负责解决验收中的工程质量问题及保修期的工程质量问题，组织办理工程竣工正式移交手续，工程档案资料移交等工作。

第三节　项目管理职能分工

对于项目实施过程中涉及的每一项工作任务，不同参与单位承担着规划、决策、执行和检查等不同管理职能，对此需要在项目正式开展前就予以明确，并在项目实施过程中不断细化和调整。由于市政工程项目管理单位属于政府投资项目代建管理，在管理职能分工方面,尤其是业主与项目管理方的分工方面也与一般工程项目有所不同,见表3-1。

表3-1　市政工程项目管理职能分工表

<table>
<tr><th colspan="2">任务</th><th>业主</th><th>项目管理</th><th>建设监理</th><th>造价咨询</th><th>设计/施工审图</th><th>招标代理</th></tr>
<tr><td colspan="8">设计阶段</td></tr>
<tr><td rowspan="2">项目审批</td><td>获得政府有关部门的各项审批</td><td></td><td>E</td><td></td><td></td><td></td><td></td></tr>
<tr><td>确定投资、进度、质量目标</td><td>DC</td><td>PC</td><td>E</td><td>E</td><td></td><td></td></tr>
<tr><td rowspan="4">合同管理</td><td>确定设计发包模式</td><td>D</td><td>PD</td><td></td><td></td><td></td><td>PE</td></tr>
<tr><td>选择总包设计单位</td><td>DC</td><td>C</td><td></td><td></td><td></td><td>PE</td></tr>
<tr><td>选择分包设计单位</td><td>D</td><td>DC</td><td></td><td></td><td></td><td>PE</td></tr>
<tr><td>确定施工发包模式</td><td>D</td><td>DC</td><td></td><td></td><td></td><td>PE</td></tr>
<tr><td rowspan="2">进度管理</td><td>设计进度目标规划</td><td>DC</td><td>PE</td><td></td><td></td><td></td><td></td></tr>
<tr><td>设计进度目标控制</td><td>DC</td><td>PCE</td><td></td><td></td><td></td><td></td></tr>
<tr><td rowspan="2">投资管理</td><td>投资目标分解</td><td>D</td><td>DC</td><td></td><td>PE</td><td></td><td></td></tr>
<tr><td>设计阶段投资控制</td><td>D</td><td>DC</td><td></td><td>PE</td><td></td><td></td></tr>
<tr><td rowspan="2">质量管理</td><td>设计质量控制</td><td>C</td><td>DC</td><td></td><td>PE</td><td></td><td></td></tr>
<tr><td>设计认可与批准</td><td>D</td><td>PDE</td><td></td><td>C</td><td></td><td></td></tr>
<tr><td rowspan="4">工程发包</td><td>招标、评标</td><td>DC</td><td>DC</td><td></td><td></td><td></td><td>PE</td></tr>
<tr><td>选择施工总包单位</td><td>D</td><td>EC</td><td>E</td><td></td><td></td><td>PE</td></tr>
<tr><td>选择施工分包单位</td><td>C</td><td>DC</td><td>CE</td><td></td><td></td><td>PE</td></tr>
<tr><td>合同签订</td><td>DC</td><td>E</td><td></td><td></td><td></td><td>P</td></tr>
</table>

表 3-1(续 1)

任务		业主	项目管理	建设监理	造价咨询	设计/施工审图	招标代理
进度管理	施工进度目标规划	DC	DC	CPE			
	项目采购进度规划	DC	DC	CPE			E
	项目采购进度控制	DC	DC	CPE			E
投资管理	招标阶段投资控制	DC	DC		PE		
质量管理	制定材料设备质量标准	C	DC		CPE		E
施工阶段							
合同管理	合同签订与变更	D	CPE	CE			
	设计变更管理	D	CE	CE			
现场管理	施工方案与施工组织		CD	PE			
	施工场地分配与管理		C	PCE			
	对分包单位的协调与管理		CD	PE			
进度管理	施工进度目标控制	C	CD	PE			
质量管理	图纸会审	C	C	PE	E		
	材料设备质量检查		C	PE			
	分部分项工程质量验收		C	PCE			
	工程事故处理		CD	EC			
	竣工验收	C	CD	EC			

表3-1(续2)

任务		业主	项目管理	建设监理	造价咨询	设计/施工审图	招标代理
投资管理	现场工程计量		C	EC			
	付款审核	DE	EC	CE	E		
	竣工结算	C	EC	C	E		

注:P——规划,D——决策,E——执行,C——检查。

第四节 项目管理组织系统

市政工程项目采用代建制模式进行管理,在某些比较复杂、规模比较大的市政项目管理过程中,单独一家项目管理单位难以提供全方位、全过程的工程管理服务,或者政府认为需要不同咨询单位共同参与形成一种服务更加专业、技术上能够相互补充、组织架构上能够相互制约监督的管理组织系统。在这类项目的管理过程中,可以委托专业的咨询顾问从事某一领域的业务,如引入设计监理、工程监理、造价咨询等角色。在这种情况下,项目管理是各个顾问的集成者,各专业顾问只对授权范围内的局部内容负责,而项目管理需对全部管理内容负责,如确定各自工作量,确定信息流程等,并协调好各顾问之间的工作关系。

一、项目管理方与设计审图方之间的工作关系

项目管理方和设计审图方同为业主的咨询服务单位。设计审图方在设计阶段承担了项目管理方设计管理的一部分工作。项目管理方负责设计审图方、设计方、建设单位方三方之间的沟通。

二、项目管理方与招标代理之间的工作关系

项目管理方和招标代理同为业主的咨询顾问,招标代理在招投标阶段负责相应的招投标等事宜,项目管理方在该阶段进行协作和监督管理工作。

在我国从事招投标代理工作必须有相应的资质。招投标代理按其工作的内容可以分为工程招标代理、材料设备招投标代理和项目服务招投标代理。

在工程、材料设备采购时,如果项目管理方具有招投标代理的资质,受政府委托也可从事招投标代理的工作。

在项目服务采购时,因项目管理方本身为项目的一个咨询服务方,所以在该阶段的招投标工作中,涉及项目管理方有关的招投标采购,项目管理方需要回避,这部分工作由专业的招投标代理方进行。

三、项目管理方与造价咨询之间的工作关系

业主可以根据需要请专业的造价咨询来负责项目的投资控制,此时的项目管理方的投资控制任务划分给造价咨询。造价咨询对整个项目的投资规划、进度、控制等负责;项目管

理方需要和造价咨询单位及时沟通和协作，并负责该阶段的监督管理工作。

四、项目管理方与建设监理之间的工作关系

现阶段我国许多项目管理单位是由建设监理单位转型而来，在国家政策和业主容许条件下，具有相应资质的项目管理方可以既做项目管理咨询单位也可做施工过程的监理单位。我国建设监理主要负责施工过程中的质量、安全、进度等工作，项目管理方主要负责施工阶段全过程、全方位的管理工作，其管理及任务范围远远大于建设监理单位，能够对工程监理单位下达指令。

另外，无论是项目管理方还是建设监理，在现阶段我国的国情下，都有其存在的必然性，并且他们的宗旨都是服务主业和建设项目，二者具有相同的立场和职责，并没有利益上的冲突和矛盾。

除上述专业咨询顾问外，在项目实施过程中根据需要，还可以聘请其他专业技术或管理顾问，其定位都是同一个建设项目的不同咨询服务单位，具有相同的立场，只是任务分工、工作范围不同，其宗旨都是按照各自的职能和任务，服务好整个建设项目。

第四章 项目合同策划及管理

第一节 合同管理的目标

项目合同管理是项目管理的核心管理任务，其目标是根据项目特点，论证和选择合适的采购形式，论证和确定公平、合法、风险分担的合同文本以及做好合同执行的管理，以确保项目目标的实现。

第二节 项目采购模式

一、采购分类

市政工程项目属于公共工程项目，一般由政府、国有企业、事业单位等部门或单位使用公共资金进行投资，上述单位称为公共部门业主。为了规范公共资金的有效使用，多数国家和地区针对公共工程制定了专门的采购法律、法规，如在我国，市政工程项目的相关采购就必须遵照《中华人民共和国招标投标法》（简称《招投标法》）、《中华人民共和国政府采购法》（简称《政府采购法》）中的相关规定执行。

公共工程采购应遵循的原则为公开透明原则、公平竞争原则和诚实信用原则。按照采购的标的物的属性划分，与市政工程相关的采购形式有工程建设项目、工程货物和工程服务三类。

（一）工程建设项目

工程建设项目是指土木工程、建筑工程、线路管道和设备安装工程、装饰装修工程等建设以及附带的服务。

（二）工程货物

工程货物是指工程所需的材料设备以及货物供应的附带服务等，是项目采购的重要内容。项目所需货物一般可在国内和国际范围内采购，因此货物采购需要掌握一定的贸易知识，特别是跨国采购需要了解相应的国际贸易法则。

（三）工程服务

工程服务工作贯穿于项目的整个周期，是指除工程建设项目和工程货物以外的采购内容，如勘察、设计、工程咨询（审图、造价咨询、工程监理、项目管理）等服务。

二、项目采购

项目采购有两种基本类型,直接发包和招标。其中《招标投标法》规定的招标采购又分为公开招标和邀请招标两种方式。《政府采购法》规定,政府采购工程进行招标投标的,适用《招标投标法》,其他纳入《政府采购法》的管理监督范围。

(一)工程采购模式

1. 施工平行发包

平行发包,又称为分别发包,是指发包方根据建设项目的特点、项目进展情况和控制目标的要求等因素,将建设项目按照一定原则分解,将设计任务分别委托给不同的设计单位,将施工任务分别发包给不同的施工单位,各个设计单位和施工单位分别与发包方签订设计合同和施工合同。

2. 施工总承包

项目业主将一项工程的施工安装任务全部发包给一家资质符合要求的施工企业,而总承包施工企业在法律规定许可的范围内,可以将工程按部位或专业进行分解后分别发包给一家或多家经营资质、信誉等条件经业主或其工程师认可的分包商。

3. EPC(设计、采购和施工总承包)

EPC是建设项目总承包的一种方式,是指工程总承包企业按照合同约定,承担建设项目的设计、采购、施工、试运行服务等工作,并对承包工程的质量、安全、工期、造价全面负责。EPC总承包可以针对一个建设项目的全部功能系统进行总承包,也可以针对其中某个功能系统进行总承包。

(二)采购组织的选择

国家建设部相关文件规定:依法必须进行施工招标的工程,招标人自行办理施工招标事宜的,应该具备编制招标文件和组织评标的能力,即有专门的施工招标组织机构;同时有与工程规模、复杂程度相适应并具有同类工程施工招标经验、熟悉有关工程施工招标法律法规的工程技术、概(预)算及工程管理的专业人员。

不具备上述条件的,招标人应当委托具有相应资格的工程招标代理机构代理施工招标。

(三)招标采购管理委托

招标人可以委托招标代理机构承担勘察、设计、施工、项目管理招标的业务。

(1)协助招标人审查投标人资格。

(2)拟订工程招标方案,编制招标文件。

(3)编制工程标底或工程量计算。

(4)组织投标人踏勘现场和答疑。

(5)组织开标、评标和定标。

(6)草拟工程合同、监督合同的执行。

(7)其他与工程招标有关的代理咨询业务。

大型或者复杂工程招标代理,可以由两个以上的工程招标代理机构联合共同代理,联合共同代理的各方都应当在代理合同上签字,对代理合同承担连带责任。

(四)招标采购管理的要点

招标代理服务可以委托给具有专业资质的项目管理单位或专业招标代理机构,并应注意以下要点:

(1)工程招标代理必须采用书面形式。

(2)被代理人应慎重选择代理人。因为代理活动要由代理人实施,且实施结果要有代理人承受,因此,如果代理人不能胜任工作,将会给被代理人带来不利的后果,甚至还会损害被代理人的利益。

(3)委托授权的范围需要明确。

(4)委托代理的事项必须合法。

(5)代理人应依据法定或约定,善始善终地履行其代理责任。

(6)代理人不得与第三人恶意串通损害被代理人的利益。

第三节 合同管理

一、合同管理的主要内容和流程

(一)合同管理的主要内容

(1)接收合同文本并检查、确认其完整性和有效性。

(2)熟悉和研究合同文本,全面了解和明确业主的要求。

(3)确定项目合同控制目标,制订实施计划和保证措施。

(4)依据合同变更管理程序,对项目合同变更进行管理。

(5)依据合同约定程序或规定,对合同履行中发生的变更、违约、争端、索赔等事宜进行处理和/或解决。

(6)对合同文件进行管理。

(7)进行合同收尾。

(二)合同的订立原则和要求

项目部应按下列要求组织合同谈判:

(1)明确谈判方针和策略,制订谈判工作计划。

(2)按计划要求做好谈判准备工作。

(3)明确谈判的主要内容,并按计划组织实施。

(4)项目部应组织合同的评审,确定最终的合同文本,经授权订立合同。

(三)合同履行的管理要求

(1)合同管理人员应对分包合同确定的目标实行跟踪监督和动态管理。在管理过程中进行分析和预测,及早提出和协调解决影响合同履行的问题,以避免或减少风险。

(2)合同管理人员在监督合同履行过程中,防止由于承包人的过失给发包人造成损失,致使发包人承担连带的责任风险。

(四)合同变更处理程序

(1)建立项目合同变更审批制度、程序或规定。

(2)提出合同变更申请。

(3)合同变更按规定报项目经理审查、批准,必要时经项目企业合同管理部门负责人签认。

(4)合同变更应送业主签认,形成书面文件,作为总承包合同的组成部分。

(5)当合同项目遇到不可抗力或异常风险时,项目部合同管理人员应根据合同约定,提出合同当事人应承担的风险责任和处理方案,报项目经理审核,并经合同管理部门确定后予以实施。

(五)合同争端处理程序

(1)当事人执行合同规定解决争端的程序和办法。

(2)准备并提供合同争端事件的证据和详细报告。

(3)通过和解或调解达成协议,解决争端。

(4)当和解或调解无效时,可按合同约定提交仲裁或诉讼处理。

(5)当事人应接受最终裁定的结果。

(六)合同的违约责任

(1)当事人应承担合同约定的责任和义务,并对合同执行效果承担应负的责任。

(2)当发包人或第三方违约并造成当事人损失时,合同管理人员应按规定追究违约方的责任,并获得损失的补偿;项目部应加强对连带责任风险的预测和控制。

(七)索赔处理程序

(1)应执行合同约定的索赔程序和规定。

(2)在规定时限内向对方发出索赔通知,并提出书面索赔报告和索赔证据。

(3)对索赔费用和时间的真实性、合理性及正确性进行核定。

(4)按最终商定或裁定的索赔结果进行处理,索赔金额可作为合同总价的增补款或扣减款。

(八)合同文件管理要求

(1)明确合同管理人员在合同文件管理中的职责,并按合同约定的程序和规定进行合同文件管理。

(2)合同管理人员应对合同文件定义范围内的信息、记录、函件、证据、报告、图纸资料、标准规范及相关法规等及时进行收集、整理和归档。

(3)制定并执行合同文件的管理制度,保证合同文件不丢失、不损坏、不失密,并方便使用。

(4)合同管理人员应做好合同文件的整理、分类、收尾、保管或移交工作,以满足合同相关方的要求,避免或减少风险损失。

(九)合同收尾

(1)合同收尾工作应按合同约定的程序、方法和要求进行。

(2)合同管理人员应对包括合同产品和服务的所有文件进行整理及核实,完成并提交一套完整、系统、方便查询的索引目录。

(3)合同管理人员确认合同约定的“缺陷通知期限”已满并完成了缺陷修补工作时,按规定审批后,及时向业主发出书面通知,要求业主组织核定工程最终结算及签发合同项目履约证书或合同项目验收证书。

试运行结束后,项目部应会同项目企业合同管理部门按规定进行总结评价。其内容包括对合同的订立及实施效果的评价,对合同条件的评价,对合同履行过程及情况的评价以及对合同管理过程的评价。

为完成一个市政工程项目的建设,随着项目的进展,建设单位会和项目相关单位建立合同关系,最为主要的合同包括勘察设计合同、建设施工合同、监理合同等。

二、勘察设计合同的管理

(一)业主的主要工作和义务

(1)按照合同约定提供开展勘察、设计工作所需的原始资料、技术要求,并对提供的时间、进度和资料的可靠性负责。

(2)发包人应当提供必要的工作条件和生活条件,以保证其正常开展工作。

(3)按照约定向勘察、设计人支付勘察、设计费,并应支付因工作量增加而产生的费用。

(4)保护知识产权,业主对于勘察设计人交付的勘察成果、设计成果,不得擅自修改,也不得擅自转让给第三方重复使用。

(二)勘察、设计人的主要工作和义务

1.按照合同约定向发包人提交合格的勘察、设计成果

这是勘察、设计人最基本的义务,也是发包人订立勘察设计合同的目的所在。勘察、设计人应按照合同规定的进度完成勘察、设计任务,并在约定的期限内将勘察成果、设计图纸及说明和材料设备清单、概(预)算等设计成果按约定的方式交付发包人。勘察、设计人未按期完成工作并交付成果的,应承担违约责任。

2.勘察、设计人对其完成和交付的工作成果应负瑕疵担保责任

即使在勘察合同履行后,于工程建设中发现勘察质量问题的,勘察人仍应负责重新勘察,如果造成发包人损失的,应赔偿发包人的损失。设计合同履行后,当设计质量不合要求而引起返工时,设计人亦应继续完善设计,如果造成发包人损失的,应赔偿发包人的损失。

3.按合同约定完成协作的事项

勘察、设计人交付勘察、设计资料及文件后,应按规定参加有关的审查,并根据审查结论负责对不超出原定范围的内容做必要调整补充、按合同对其承担勘察设计任务的工程建设配合施工,负责向发包人及施工单位进行技术交底、处理有关勘察设计问题和参加竣工验收等。

4. 维护发包人的技术和商业秘密

勘察、设计人不得向第三人泄露、转让发包人提交的产品图纸等技术经济资料。如发生以上情况并给发包人造成经济损失，发包人有权向勘察、设计人索赔。

三、建设施工合同的管理

根据中华人民共和国住房和城乡建设部建筑市场监管司2011年3月9日颁发的《建设工程施工合同示范文本》(征求意见稿)，发包人、承包人的一般义务如下。

(一)发包人的一般义务

(1)发包人应按合同约定向承包人及时、足额地支付合同价款。

(2)发包人应按专用合同条款约定向承包人提供施工场地以及基础资料，并使其具备施工条件。

(3)发包人应获得由其负责办理的批准和许可，并协助承包人办理法律规定的有关证明和批准文件。

(4)发包人应按合同约定向承包人提供施工图纸和发布指示，并组织承包人和设计单位进行图纸会审和设计交底。

(5)发包人应按合同约定及时组织工程竣工验收。

(6)发包人应按合同约定时间颁发部分或全部工程的接收证书、解除工程担保、返还质量保证金。

(7)发包人应负责收集和整理工程准备阶段、竣工验收阶段形成的工程文件，并应进行立卷归档。

(二)承包人的一般义务

(1)承包人应按合同约定的关于竣工验收与工程试车的条款，实施、完成全部工程，并修补工程中的任何缺陷。

(2)承包人应按合同约定的工作内容和施工进度要求，编制施工组织设计，并对所有施工作业和施工方法的完备性和安全可靠性负责。

(3)承包人应按合同关于安全文明施工、职业健康和环境保护的约定采取施工安全措施，确保工程及其人员、材料、设备和设施的安全，防止因工程施工造成的人身伤害和财产损失。

(4)承包人应确保及时支付专业承包人和劳务分包人的工程款或报酬，及时支付临时聘用人员的工资。

(5)承包人应按照合同关于安全文明施工、职业健康和环境保护的约定负责施工场地及其周边环境与生态的保护工作。

(6)承包人应将本单位形成的工程文件立卷，并负责收集、汇总各分包单位形成的工程档案，及时向发包人移交。

(7)承包人应按监理人的指示为他人在施工现场或附近实施与工程有关的其他各项工作提供可能的条件。

(8)工程接收证书颁发前，承包人应负责照管和维护工程。

四、监理合同的管理

（一）委托人的主要权利

（1）委托人有选定工程总承包人，以及与其订立合同的权利。

（2）委托人有对工程规模、设计标准、规划设计、生产工艺设计和设计使用功能要求的认定权，以及对工程设计变更的审批权。

（3）监理人调换总监理工程师须事先经委托人同意。

（4）委托人有权要求监理人提交监理工作月报及监理业务范围内的专项报告。

（5）当委托人发现监理人员不按监理合同履行监理职责，或与承包人串通给委托人或工程造成损失的，委托人有权要求监理人更换监理人员，直到终止合同并要求监理人承担相应的赔偿责任或连带赔偿责任。

（二）委托人的主要义务

（1）委托人在监理人开展监理业务之前应向监理人支付预付款。

（2）委托人应当负责工程建设的所有外部关系的协调，为监理工作提供外部条件。

（3）委托人应当在双方约定的时间内免费向监理人提供与工程有关的为监理工作所需要的工程资料。

（4）委托人应当在专用条款约定的时间内就监理人书面提交并要求做出决定的一切事宜做出书面决定。

（5）委托人应当授权一名熟悉工程情况、能在规定时间内做出决定的常驻代表（在专用条款中约定），负责与监理人联系。更换常驻代表，需提前通知监理人。

（6）委托人应当将授予监理人的监理权利，以及监理人主要成员的职能分工、监理权限及时书面通知已选定的承包合同的承包人，并在与第三人签订的合同中予以明确。

（7）委托人应在不影响监理人开展监理工作的时间内提供如下资料：与本工程合作的原材料、构配件、机械设备等生产厂家名录；提供与本工程有关的协作单位、配合单位的名录。

（8）委托人应免费向监理人提供办公用房、通信设施、监理人员工地住房及合同专用条件约定的设施，对监理人自备的设施给予合理的经济补偿。

（9）根据情况需要，如果双方约定，由委托人免费向监理人配备其他人员应在监理合同专用条件中予以明确。

（三）监理人的权利

（1）选择工程总承包人的建议权。

（2）选择工程分包人的认可权。

（3）对工程建设有关事项包括工程规模、设计标准、规划设计、生产工艺设计和使用功能要求，向委托人的建议权。

（4）工程设计中的技术问题，按照安全和优化的原则，向设计人提出建议。

（5）审批工程施工组织设计和技术方案，按照保质量、保工期和降低成本的原则，向承包人提出建议，并向委托人提出书面报告。

(6)主持工程建设有关协作单位的组织协调,重要协调事项应当事先向委托人报告。

(7)征得委托人同意,监理人有权发布开工令、停工令、复工令,但应当事先向委托人报告。如在紧急情况下未能事先报告,则应在24 h内向委托人做出书面报告。

(8)工程上使用的材料和施工质量的检验权。对于不符合设计要求和合同约定及国家质量标准的材料、构配件、设备,有权通知承包人停止使用;对于不符合规范和质量标准的工序、分部分项工程和不安全施工作业,有权通知承包人停工整改、返工。承包人得到监理机构复工令后才能复工。

(9)工程施工进度的检查、监督权,以及工程实际竣工日期提前或超过工程施工合同规定的竣工期限的签认权。

(10)在工程施工合同约定的工程价格范围内,工程款支付的审核和签认权,以及工程结算的复核确认权与否决权。未经总监理工程师签字确认,委托人不支付工程款。

(11)监理人在委托人授权下,可对任何承包人合同规定的义务提出变更。

(12)在委托的工程范围内,委托人或承包人对对方的任何意见和要求(包括索赔要求),必须首先向监理机构提出,由监理机构研究处置意见,再同双方协商确定。

(四)监理人的义务

(1)监理人按合同约定派出监理工作需要的监理机构及监理人员,向委托人报送委派的总监理工程师及其监理机构主要成员名单、监理规划,完成监理合同专用条件中约定的监理工程范围内的监理业务。在履行合同义务期间,应按合同约定定期向委托人报告监理工作。

(2)监理人在履行本合同的义务期间,应认真、勤奋地工作,为委托人提供与其水平相适应的咨询意见,公正维护各方面的合法权益。

(3)监理人使用委托人提供的设施和物品属委托人的财产。在监理工作完成或中止时,应将其设施和剩余的物品按合同约定的时间和方式移交给委托人。

(4)在合同期内或合同终止后,未征得有关方同意,不得泄露与本工程、本合同业务有关的保密资料。

五、咨询公司的管理

(一)咨询公司提供的服务内容

咨询公司既可为建设单位提供服务,也可为施工企业提供咨询。服务的对象不同,其服务的内容自然也不相同。

1. 为建设单位咨询服务的内容

(1)投资项目的机会研究和初步可行性研究;

(2)可行性研究;

(3)提出设计要求,组织设计方案竞赛和评选;

(4)选择勘察设计单位或自行组织设计班子,制订设计进度计划并组织和监督其实施,检查设计质量;

(5)编制概(预)算,控制造价;

(6)准备招标文件,组织招标;

(7)评审投标书,提出决标意见;
(8)与中标单位商签合同;
(9)审定承包商提出的施工进度计划;
(10)监督履约,处理违约事件,协调建设单位、设计单位与承包商之间的关系;
(11)控制工程进度和造价;
(12)验收工程,签发付款凭证,结算工程款;
(13)整理全部合同文件和技术档案。
2. 对于施工企业可提供的咨询服务内容
(1)选用施工机械和设备;
(2)设计施工总平面布置图,确定各种临时设施的数量和位置;
(3)确定各工种人数、机具和材料的需要量;
(4)编制施工计划;
(5)检查进度;
(6)检查和督促各个环节的配合和协调;
(7)负责质量管理;
(8)制订投标报价方案;
(9)与业主、分包商及材料供应商签订合同;
(10)处理履约期间的各种事项,尤其是索赔;
(11)负责安排各阶段验收和账款结算;
(12)控制工程成本;
(13)负责竣工决算。

(二)选择咨询公司的标准

咨询公司是以高技术、高智力提供服务,其承担的责任主要是技术责任,因此,衡量咨询公司的能力应该是技术第一。业主在选择咨询公司时应以其技术胜任能力、管理能力、资源的可用性、业务的独立性、合理的收费结构及执业的诚实作为基础。

1. 对技术能力做出评价可采用的办法和步骤
(1)索取一套用于合同任务实施过程中的方法及技术处理手段的说明材料;
(2)获取该公司及其工作人员曾经承担相似项目的一览表;
(3)查明该公司以前是否在类似的地区工作过;
(4)对将从事于该项目的所有人员的经验和资历进行审查;
(5)向咨询公司以前实施过项目的业主及用户调查询问。
2. 对机构管理能力所采用的评价方法和步骤
(1)考查咨询工程师的项目成就记录;
(2)考查被提名的项目经理在以往项目中的成就;
(3)请咨询工程师说明他将如何管理该项目;
(4)证实自己能与工程师有商谈的基础,即在原则问题上是否可以协商;
(5)检查咨询公司关于转让技术的建议。
3. 对资源的可靠性可按以下方法和步骤进行评定
(1)考查被提名参加该项目工作班子的技术与管理人员的能力;

(2)要求对在项目实施过程中怎样调度人力资源,并对各参加者如何委派职责做出具体的回答;

(3)要求对被提名参加的人员在项目中的部署情况做出详细的回答;

(4)查明咨询者在项目期间承担的其他义务,并如何分布其下属;

(5)核实该咨询公司是否承担过类似规模的工程;

(6)核实该公司的声誉;

(7)核实其财力资源的可靠性;

(8)核实该咨询公司与本合同任务有关的各个部门的状况。

(三)选择咨询公司的程序

选择咨询公司应该以技术因素为首要标准,价格因素必须让位于技术因素。如果业主与咨询公司已有良好的合作基础,则不需要经过复杂的选择程序。如果业主与咨询公司未曾进行过满意的合作或双方互不了解,或者业主因为政治及经济的缘故而必须从一些咨询公司中做出选择,则应采用以下程序:

(1)拟定选择范围,包括对该服务项目的物资和人力资源要求做出估计。所要求的服务内容可归结到各个项目中。例如,要求的专业知识领域和服务类型;表明该项目服务要求的工作说明;时间计划表;地区特征因素,如地理位置、交通条件、供应组织等;委托时间;建议的合同类型;设计预算等。

(2)通过资格预审将具备接受委托资格的咨询公司按顺序排队。

(3)按经验资历、人力资源的可靠性、财力资助的可能性、完成该合同任务的能力、以往的履约情况等逐一分析,预选出 3 ~ 5 家候选咨询公司。

(4)分别与候选咨询公司商议合作原则性条件,要求各候选咨询公司提出建议书。

第五章　工程勘察、设计管理

在工程项目勘察、设计管理阶段，项目管理方要做好管理和配合工作，组织协调勘察、设计单位之间以及与其他单位之间的工作配合，为勘察、设计单位创造必要的工作条件，以保证及时获得一个技术先进、经济合理并能基本满足各方要求的勘察、设计文件，满足工程需要，使建设项目得以顺利进行。

第一节　工程成果与目标

一般来说，业主对于勘察设计的项目管理工作主要有以下几方面：(1)宏观方面的审核工作，如设计概算、设计进度、建筑风格及结构类型等；(2)为设计者提供必要的设计基础资料，如批准的可行性研究报告、规划部门的"规划设计条件通知书"等；(3)项目设计的报审工作，应及时与政府的有关部门联系获得批准认可。如规划、建设、交通、消防、环保、人防、水务、电力等。具体可从质量目标、进度目标、投资目标等方面进行阐述。

一、质量目标

通过设计对工程项目的质量控制目标和水平加以具体化。勘察、设计质量应满足适用、经济、美观、防灾、抗灾、安全、节约用地与环境协调等要求，做到质量高、功能全、环境好。

二、进度目标

通过对勘察、设计内容及其实施过程的审查，保证勘察、设计单位投入足够的劳动力和在预定的计划工期内完成勘察、设计工作，勘察单位提供完整的勘察报告；设计单位按质、按量、按时间要求提供设计文件。

工程项目勘察、设计阶段进度控制目标包括：

(1)勘察、设计准备目标，包括规划勘察、设计条件确定的时间目标和勘察、设计基础资料提供的目标，其影响勘察、设计能否顺利进行和勘察、设计时间。

(2)时间目标，即勘察报告、方案设计、初步设计、技术设计、施工图的交付时间。

(3)各有关勘察、设计审批事项完成目标。

三、投资目标

勘察、设计阶段投资控制的目标是：初步设计概算不超过可行性研究报告中总投资估算；施工图设计预算不超过设计概算；施工配合过程中设计变更引起的预算改变不超过总投资额。

第二节　责　　任

一、业主

业主:提供资料,控制工程的投资、进度和质量的总体水平,提供勘察、设计所需的内外部协作条件;勘察、设计文件的上报和审批,取得勘察、设计许可证,以便进行正式施工。

二、勘察、设计方

勘察、设计方:在建设项目的总体目标要求下,符合规范、政府投资部门、业主功能要求,达到规定的设计深度;建筑使用合理、功能齐全、结构可靠、经济合理、环境协调、使用安全等方面;符合项目的质量控制、进度控制、投资控制等要求。

三、项目管理方

项目管理方:协调各勘察、设计单位;监督勘察、设计进度和审查勘察、设计内容;控制勘察、设计工作的投资、进度、质量等;执行项目的合同管理、信息管理以及组织与协调的职责,确保项目完成。

四、审图方

审图方:对设计方提供的设计图纸和设计计算书按照国家相应的设计规范进行综合审查,提出修(整)改意见,直至符合国家规范和政府强制性条文要求。

第三节　项目管理方的任务

一、勘察管理的任务

(一)审查全工程勘察任务书,拟订工程勘备工作计划

(1)审查勘察任务书。
(2)根据工程项目建设计划和设计进度计划拟订工程勘察进度计划。

(二)受业主委托,优选勘察单位

(1)拟定勘察招标文件。
(2)审查勘察单位的资质、信誉、技术水平、经验、设备条件。
(3)设想拟勘项目的工作方案。
(4)参与勘察招标,优选勘察单位。
(5)参与勘察合同谈判。
(6)拟定勘察合同。

（三）向工程勘察单位提供工作条件

（1）现场勘察条件准备。

（2）勘察队伍的生活条件准备。

（3）提供有关基础资料。

（四）审查工程勘察纲要

（1）根据勘察工作的进程，提前准备好基础资料，并审查资料的可靠性。

（2）审查勘察纲要是否符合勘察合同规定，能否实现合同要求；大型或复杂的工程勘察纲要需会同设计单位予以审核。

（3）审查勘察工作方案的合理性，手段的有效性，设备的适用性，试验的必要性。

（4）审查工作进度计划。

（五）现场工程勘察的监督、管理

（1）工程勘察的质量监督、管理。

（2）工程勘察的进度监督、管理。

（3）检查勘察报告的完整性、合理性、可靠性、适用性以及对设计、施工要求的满足程度。

（4）审查勘察费用。

（5）审查勘察成果报告，勘察成果交设计、承包商使用。

（6）协调勘察工作与设计施工的配合。

二、设计管理的任务

建设项目的设计过程一般是指从设计竞赛或委托方案设计（该阶段不一定都有）开始，到施工图设计结束为止的过程，可以划分为设计竞赛、方案设计、扩大初步设计和施工图设计四个主要阶段。从项目管理角度出发，建设项目的设计管理应当贯穿于工程建设的全过程，从选址、可行性研究、决策立项，到设计准备、方案设计、初步设计、施工图设计、招投标以及施工，一直延伸到项目的竣工验收、投入使用为止。在实际工程中，由于采用的工程发包模式不同，设计过程和施工过程的划分并非泾渭分明，边设计边施工的方式也是存在的，因此对于工程设计的项目管理，必须与施工过程统一考虑。

（一）可行性研究阶段

市政工程可行性研究包括预可行性研究及工程可行性研究两个阶段，在此期间，项目管理人员应该根据主管部门的规划要求，收集相关基础设计资料，对下述内容进行研究，提出初步意见，并反映在提交的可行性研究报告中。

（1）重要方案比选。

（2）设计原则及主要技术标准。

（3）主要技术方案。

（4）投资概算及财务评价。

（5）环境影响评价。

（二）设计方案阶段

1. 设计方案阶段投资控制的任务
(1) 编制设计方案任务书中有关投资控制的内容；
(2) 对设计方案提出投资评价建议；
(3) 根据设计方案编制项目总投资估算；
(4) 编制设计方案阶段资金使用计划并控制其执行；
(5) 编制各种投资控制报表和报告。
2. 设计方案阶段进度控制的任务
(1) 编制设计方案进度计划并控制其执行；
(2) 比较进度计划值与实际值、编制本阶段进度控制报表和报告；
(3) 编制本阶段进度控制总结报告。
3. 设计方案阶段质量控制的任务
(1) 编制设计方案任务书中有关质量控制的内容；
(2) 审核设计方案是否满足业主的质量要求和标准；
(3) 审核设计方案是否满足规划及其他规范要求；
(4) 组织专家对设计方案进行评审；
(5) 从质量控制角度对设计方案提出合理化建议。
4. 设计方案阶段合同管理的任务
(1) 对设计合同进行跟踪管理；
(2) 编制本阶段合同执行报告。
5. 设计方案阶段信息管理的任务
(1) 本阶段各种信息的收集、分类与存档；
(2) 及时、准确地整理、传递各种报表和报告；
(3) 设计方案阶段组织与协调的任务；
(4) 分析项目实施的特点及环境，提出项目实施的组织方案；
(5) 编制项目管理总体规划；
(6) 组织设计方案的评审，协助业主办理设计审批。

（三）扩初设计阶段

1. 扩初设计阶段投资控制的任务
(1) 编制、审核扩初设计任务书中有关投资控制的内容；
(2) 审核项目设计总概算，并控制在总投资计划范围内；
(3) 采用价值工程方法，挖掘节约投资的可能性；
(4) 编制本阶段资金使用计划并控制其执行；
(5) 比较设计概算与修正投资估算，编制各种投资控制报表和报告。
2. 扩初设计阶段进度控制的任务
(1) 编制扩初设计阶段进度计划并控制其执行；
(2) 审核设计方提出的设计进度计划；
(3) 比较进度计划值与实际值，编制本阶段进度控制报表和报告；

(4)编制本阶段进度控制总结报告。

3. 扩初设计阶段质量控制的任务

(1)编制扩初设计任务书中有关质量控制的内容;

(2)审核扩初设计方案是否满足业主的质量要求和标准;

(3)对重要专业问题组织专家论证,提出咨询报告;

(4)组织专家对扩初设计进行评审;

(5)分析扩初设计对质量目标的风险,并提出风险管理的对策与建议;

(6)若有必要,组织专家对结构方案进行分析论证;

(7)对智能化总体方案进行专题论证及技术经济分析;

(8)对建筑设备系统技术经济等进行分析、论证,提出咨询意见;

(9)审核各专业工种设计是否符合规范要求;

(10)审核各特殊工艺设计、设备选型,提出合理化建议;

(11)编制本阶段质量控制总结报告。

4. 扩初设计阶段合同管理的任务

(1)对照设计合同条款,跟踪检查合同执行情况,如有必要及时对合同修改或签订补充协议等;

(2)向业主递交有关合同管理总结报告:

(3)扩初设计阶段信息管理的任务;

(4)本阶段各种信息的收集、分类与存档;

(5)及时、准确地整理、传递各种报表和报告。

5. 扩初设计阶段组织与协调的任务

(1)编制扩初设计任务书;

(2)如有必要调整项目管理规划,按项目管理规划组织实施设计工作;

(3)协调业主与设计单位的关系,处理有关问题,使设计工作顺利进行;

(4)协助业主做好扩初设计审批工作,处理和解决扩初审批中的有关问题;

(5)协助业主处理扩初设计阶段的各种纠纷事宜;

(6)编制扩初设计阶段项目管理总结报告。

(四)施工图设计阶段

1. 施工图设计阶段投资控制的任务

(1)编制扩初设计任务书;

(2)如有必要调整项目管理规划,按项目管理规划组织实施设计工作;

(3)协调业主与设计单位的关系,处理有关问题,使设计工作顺利进行;

(4)协助业主做好扩初设计审批工作,处理和解决扩初审批中的有关问题;

(5)协助业主处理扩初设计阶段的各种纠纷事宜;

(6)编制扩初设计阶段项目管理总结报告;

(7)根据批准的总投资概算,修正总投资规划,提出施工图设计的投资控制目标;

(8)编制施工图设计阶段资金使用计划并控制其执行,必要时对上述计划提出调整建议;

(9)跟踪审核施工图设计成果,对设计从施工、材料、设备等多方面做必要的市场调查

和技术经济论证,并提出咨询报告,如发现设计可能会突破投资目标,则协助设计人员提出解决办法;

(10)审核施工图预算,如有必要调整总投资计划,采用价值工程的方法,在充分考虑满足项目功能的条件下进一步挖掘节约投资的可能性;

(11)比较施工图预算与投资概算,提交各种投资控制报表和报告;

(12)比较各种特殊专业设计的概算和预算,提交投资控制报表和报告;

(13)控制设计变更,注意审核设计变更的结构安全性、经济性等;

(14)编制施工图设计阶段投资控制总结报告。

2. 施工图设计阶段质量控制的任务

(1)跟踪审核设计图纸,发现图纸中的问题,及时向设计单位提出;

(2)审核施工图设计与说明是否与扩初设计要求一致,是否符合国家有关设计规范、有关设计质量要求和标准,并根据需要提出修改意见,确保设计质量达到设计合同要求及通过政府有关部门审查;

(3)审核施工图设计是否有足够的深度,是否满足施工要求,确保施工进度计划顺利进行;

(4)审核特殊专业设计的施工图纸是否符合设计任务书的要求,是否符合规范及政府有关规定的要求,是否满足施工的要求;

(5)控制设计变更质量,按规定的管理程序办理变更手续;

(6)编制施工图设计阶段质量控制总结报告。

3. 施工图设计阶段进度控制的任务

(1)编制施工图设计进度计划,审核设计单位的出图计划,如有必要,修改总进度规划,并控制其执行;

(2)协助业主编制甲供设备材料的采购计划,协助业主编制进口材料、设备清单,以便业主报关;

(3)督促业主对设计文件尽快做出决策和审定,防范业主违约事件的发生;

(4)协调主设计单位与分包设计单位的关系,协调主设计与装修设计、特殊专业设计的关系,控制施工图设计进度满足招标工作、材料及设备订货和施工进度的要求;

(5)比较进度计划值与实际值,提交各种进度控制报表和报告;

(6)编制施工图设计阶段进度控制总结报告。

4. 施工图设计阶段合同管理的任务

(1)根据设计合同条款,跟踪检查合同执行情况,以及合同的修改、签订补充协议等事宜;

(2)向业主递交有关合同管理的报表和报告。

5. 施工图设计阶段信息管理的任务

(1)本阶段各种信息的收集、分类与存档;

(2)及时、准确地整理、传递各种报表。

6. 施工图设计阶段组织与协调的任务

(1)组织施工图设计过程中的协调会议,并整理会议记录;

(2)协调业主与设计单位之间的关系,处理施工图设计过程中的有关纠纷事宜;

(3)协调主设计与装饰设计、特殊专业设计之间的关系,保证设计进度计划的顺利实现;

(4)编制施工图设计阶段项目管理总结报告。

第四节 流 程 图

设计阶段项目管理工作流程,如图 5－1 所示。设计方案审查流程,如图 5－2 所示。设计质量控制工作流程,如图 5－3 所示。

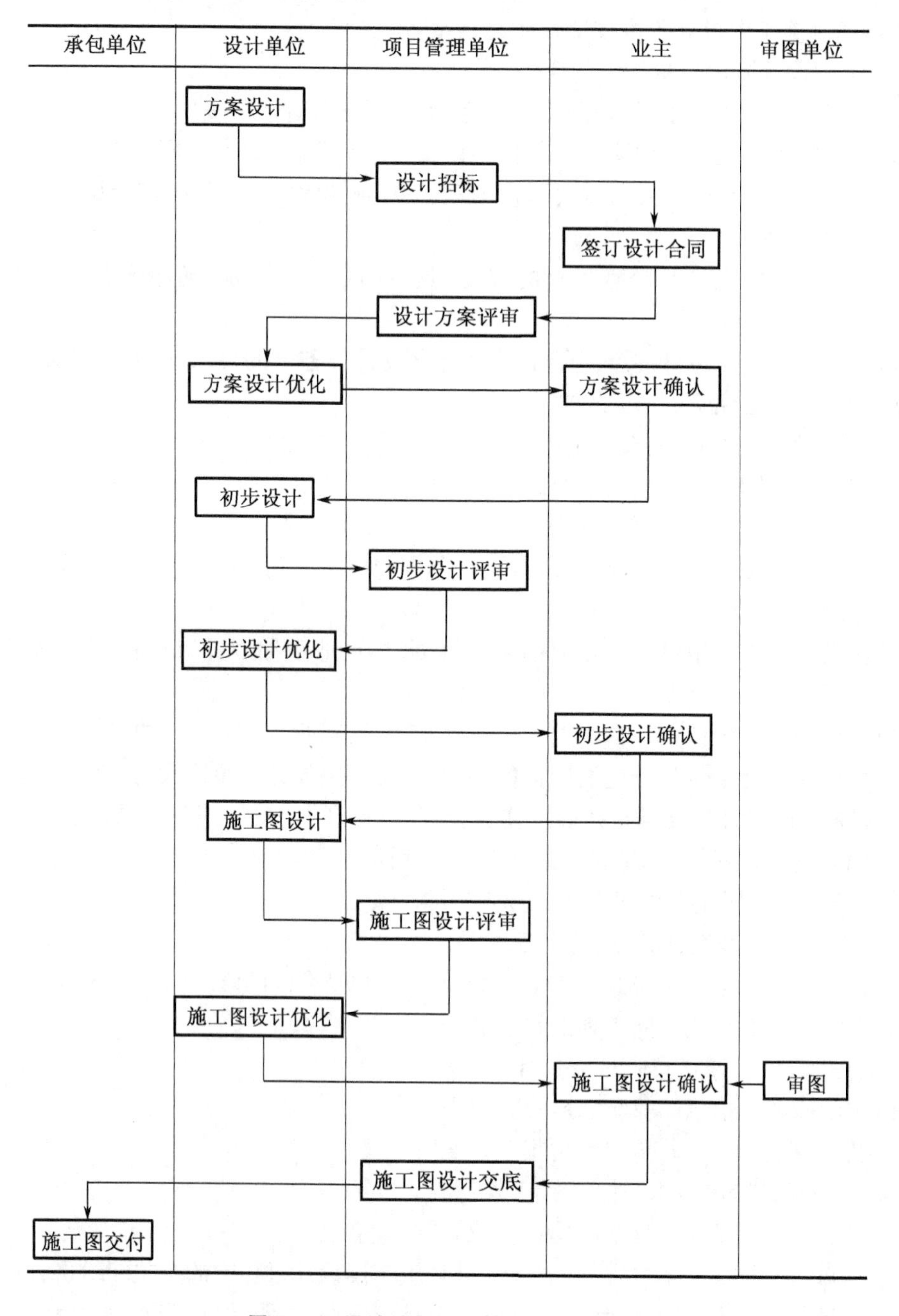

图 5－1　设计阶段项目管理工作流程图

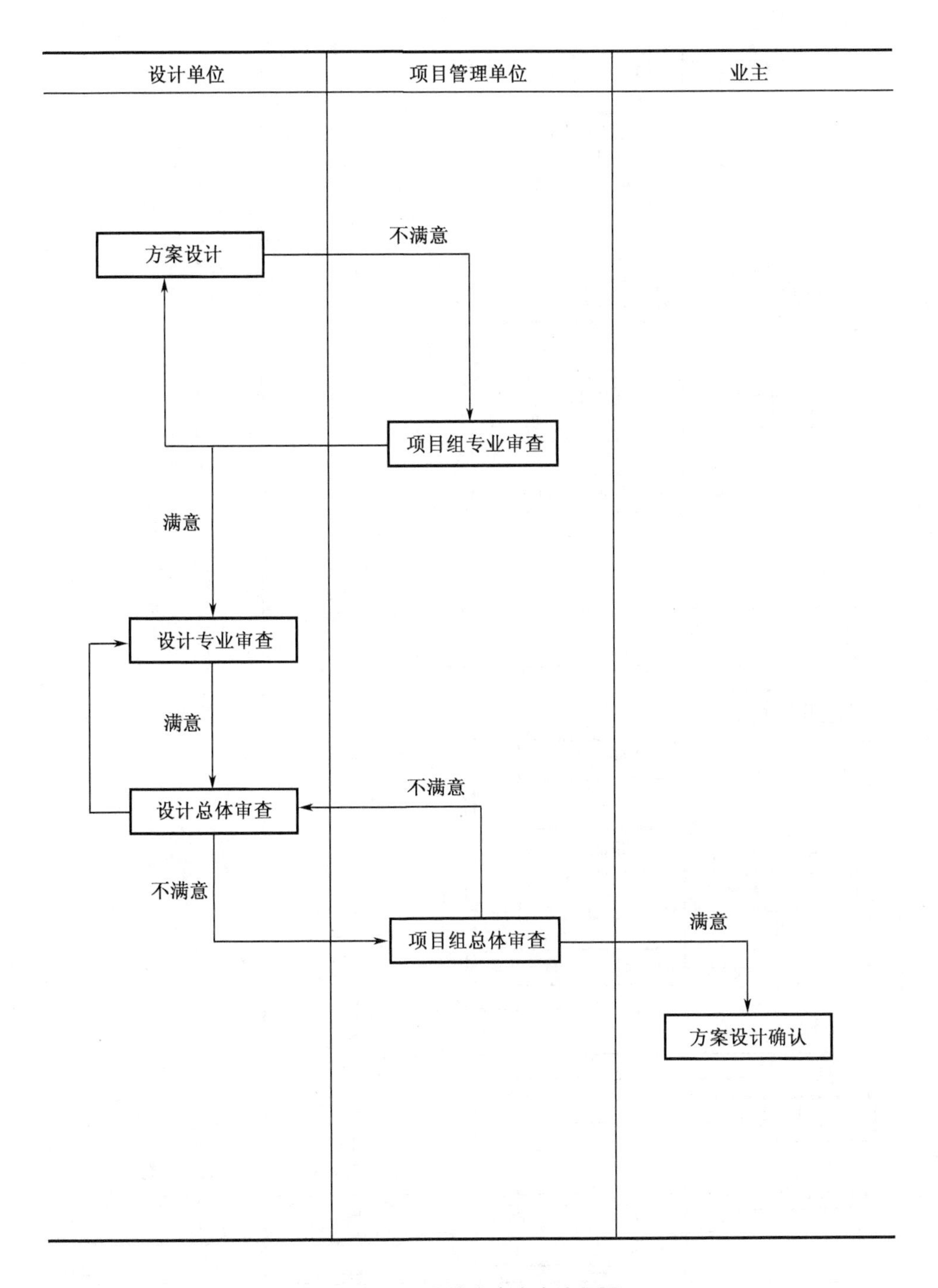

图 5－2　设计方案审查流程图

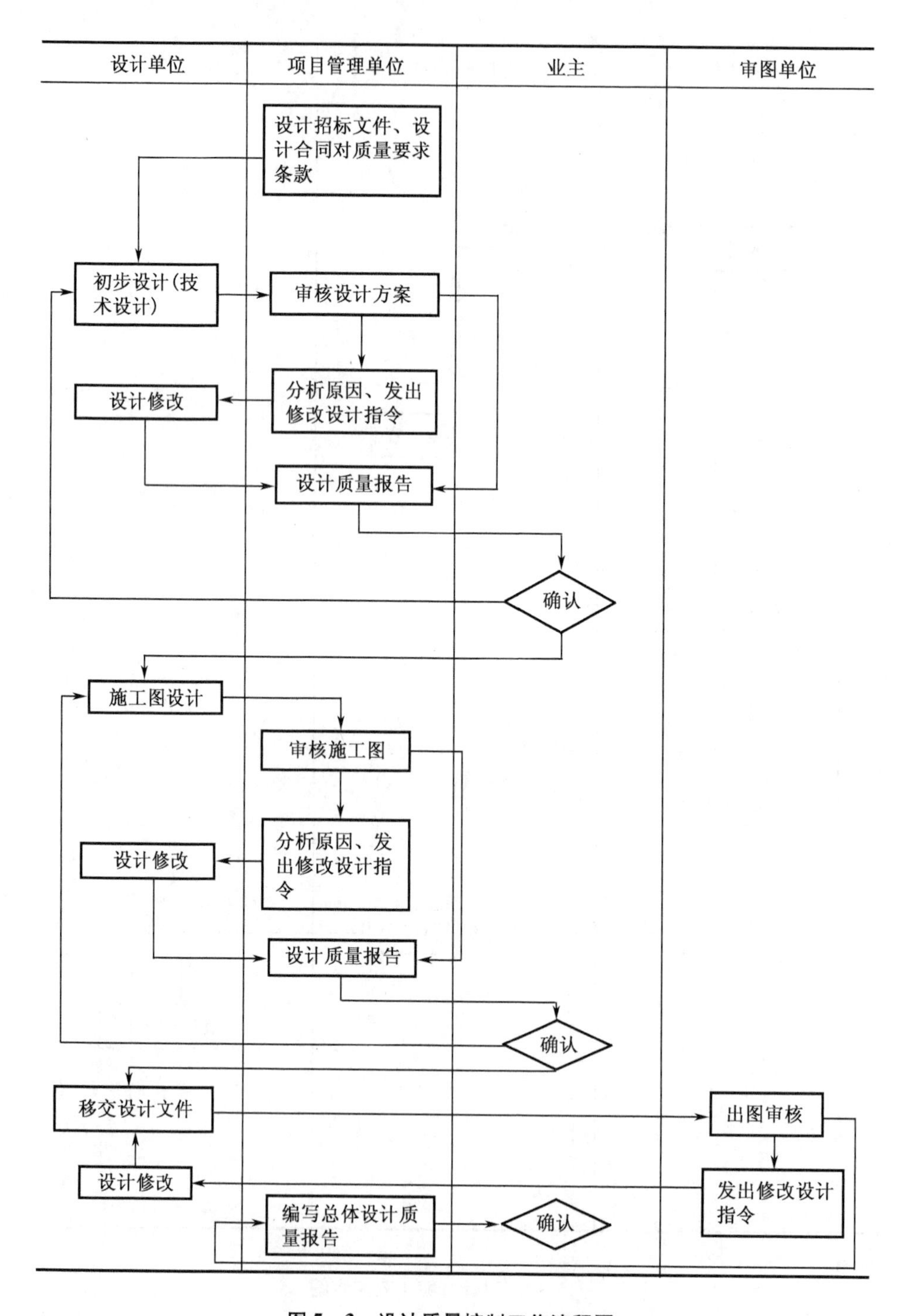

图 5－3　设计质量控制工作流程图

第五节　核心工作说明

一、初步设计阶段

(一)初步设计控制要点

(1)符合国际及我国有关法律、法规、技术标准、规范、规程、规定及功能要求,并符合设计深度要求。

(2)符合批准的可行性研究报告或土地批租合同。

(3)总体布局符合城市总体规划要求。

(4)建筑设计符合各项技术规范和功能要求。

(5)结构设计安全、可靠、合理并符合抗震要求。

(6)工艺设计成熟可靠,选用设备先进合理。

(7)市政公用配套落实。

(8)设计概算完整准确。

(9)各管理部门意见协调。

(10)采用的新技术适用、可靠、先进。

(11)对于政府财力投资项目的初步设计还应符合建筑、结构设计的经济性要求,重大工程应做多方案技术经济比选。

(二)项目管理工作要点

1.有关单位的事先介入

初步设计文件成稿前,应会同设计人员与工程有关单位进行商议,如规划管线设计单位,市、区交警,区工程管理署,区建委等有关部门,听取其对工程的建议、意见,或发出征询单,在初步文件成稿前进行技术优化和经济费用的改进,尽量满足有关单位提出的各项要求,避免今后在施工中或在今后验收、接管中发生意见不统一或增加新项目而概算中没有列项等麻烦和矛盾。

2.初步设计文稿的审核

在初步设计草稿完成前,应组织有关单位进行审核,对不合理的技术设计和项目概算应进行修改。并要求设计单位介绍设计的意图,结构上的优点,经济上的优势,与其他方案的比较等,以及在专家评审时的应对。

3.前期费用

(1)拆迁费用。

根据地形图、了解的情况(现场实地勘查、居委会等单位查访等)以及区建委提供的两清资料进行比对,计算红线范围内迁腾地面积、建筑面积、居民户数、单位户数以及各项费用等。

(2)管线费用。

在估算管线数量时应注意“抓大放小”的原则,对单价大的管线,如电力线、光缆等,数量可适当放宽；对单价小的管线，如小管径的上水、煤气等，数量不要太虚，以免因小失大。

4. 初步设计评审

（1）审批机关。

省、市建设和管理委员会、区县建委和市行业主管委办局是初步设计的审批机关。

（2）送审资料。

①工程建设项目可行性研究报告的批准文件；

②规划部门签发的规划设计要求及设计方案审核意见；

③有设计资质的单位提供的全套初步设计文件；

④相关土地批准文件。

（3）审查内容。

①设计是否符合国家及本市有关技术标准、规范、规程、规定、法规；

②设计主要指标是否符合被批准的可行性研究报告内容；

③总体布局是否合理；

④工艺设计是否成熟、可靠；

⑤设计是否适用、安全、美观，是否符合城市规划和功能使用要求；

⑥结构设计是否符合抗震要求，选型是否合理，基础处理是否安全、可靠、紧急、合理；

⑦市政、公用设施配套是否落实；

⑧设计概算是否完整准确；

⑨采用的新技术是否适用、可靠、先进；

⑩各专业审查部门意见是否合理，相互之间是否协调。

初步设计批准后，建设项目方可列入年度计划，进行施工图设计，并作为施工图设计的依据。

二、施工图设计阶段

（一）施工图设计控制要点

施工图设计应根据批准的初步设计编制，不得违反初步设计的设计原则和方案。如确有困难，致使主要结构等有所变化或其他条件发生重要变化，需修改初步设计时，应呈报原初步设计审批机构批准。

（二）施工图设计文件审查

施工图设计文件完成后，应将施工图送有关审查机构进行审查。

（1）管理部门和审查机构。建筑管理办公室负责对施工图审查机构及施工图审查备案的监督管理工作，并委托质量监督总站实施备案。

（2）送审时需提供的资料。项目批准文件、规划设计要求通知、规划红线日图及用地范围图、有关主管部门（交通、消防、卫生、环保、环卫、人防、水务、电力、通信、绿化）的批文、初步设计主要文本和审核意见、地质报告（详勘）、全套施工图、工程设计合同等。

（三）审查内容

（1）结构的稳定性、安全性。

(2)是否符合消防、节能、环保、抗震、卫生、人防等有关强制性标准、规范。

(3)施工图是否达到规定深度要求。

(4)是否损害公众利益。

在市建委初步设计批文下发后,设计单位要根据批文中的要求对施工图进行优化修改。组织设计单位召开协调会,明确需修改的内容以及出图进度。道路设计图出图前,应尽量送图纸到市交巡警总队路政科进行初审,如有意见可及时修改,以免出现不必要的设计变更。

第六章　工程招标管理

第一节　工程成果与目标

保证招标文件、程序以及合同文本格式符合国家法律、规范，按照项目管理方案确定的各类承包商资质、能力满足工程质量、进度、投资控制要求，合同条款满足工程变更管理和风险管理需要。

第二节　责　　任

一、业主

(1)委托具有招标代理资质的社会中介机构选择承包商。

(2)委托甲方代表参与招标、评审、决标和相关招标评标会议。

(3)对中标单位行使最终决策权，并对相应合同进行签约前的确认。

二、项目管理方

(1)划分发包标段方案，制定发包一览表。

(2)招标文件发放前的检查。

(3)中标文件发出前的检查。

三、招标代理

(1)审查投标人资格。

(2)拟订工程招标方案和编制招标文件。

(3)编制工程招标标底。

(4)组织投标人踏勘现场和答疑。

(5)草拟工程合同。

四、设计方

(1)协助编制工程招标文件中技术标准。

(2)参加技术交底会议。

第三节　任　　务

一、工程招标管理阶段项目管理任务

工程招标管理阶段项目管理任务如下：

(1)制订标段划分方案。

(2)检查招标文件。

(3)检查中标文件。

二、工程招标管理阶段招标代理任务

工程招标管理阶段招标代理任务如下：

(1)发布资格预审通告。

(2)发出资格预审文件。

(3)对潜在投标人资格的审查和评定。

(4)进行资格复审和资格后审。

(5)确定招标方式。

(6)编制招标文件。

(7)编制工程招标标底。

(8)组织投标人踏勘现场和答疑。

(9)组织开标。

(10)评标。

(11)定标。

(12)草拟工程合同。

第四节 流 程 图

一、工程项目招标程序(图6-1)

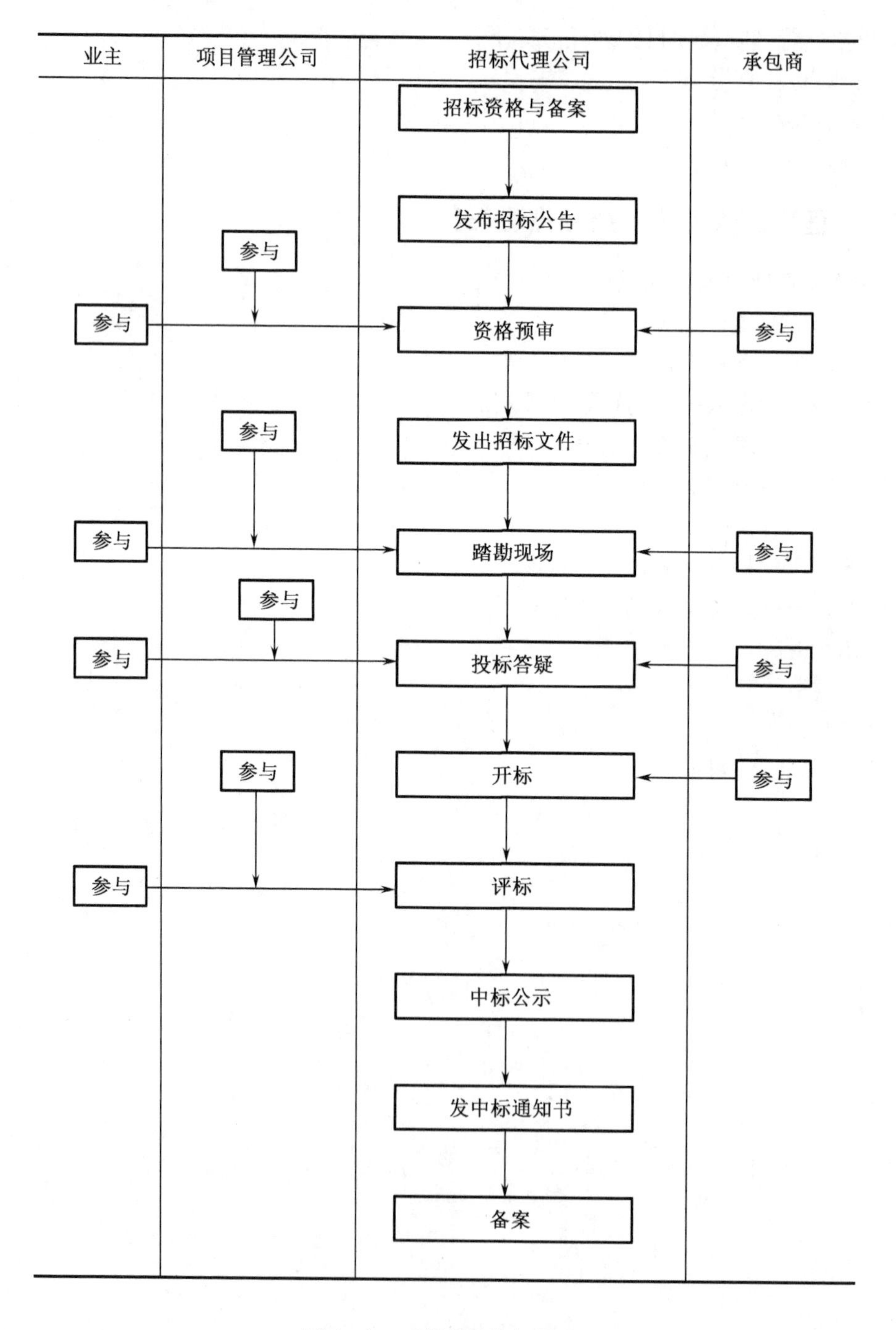

图6-1 工程项目招标程序

二、投标者资格预审程序(图 6－2)

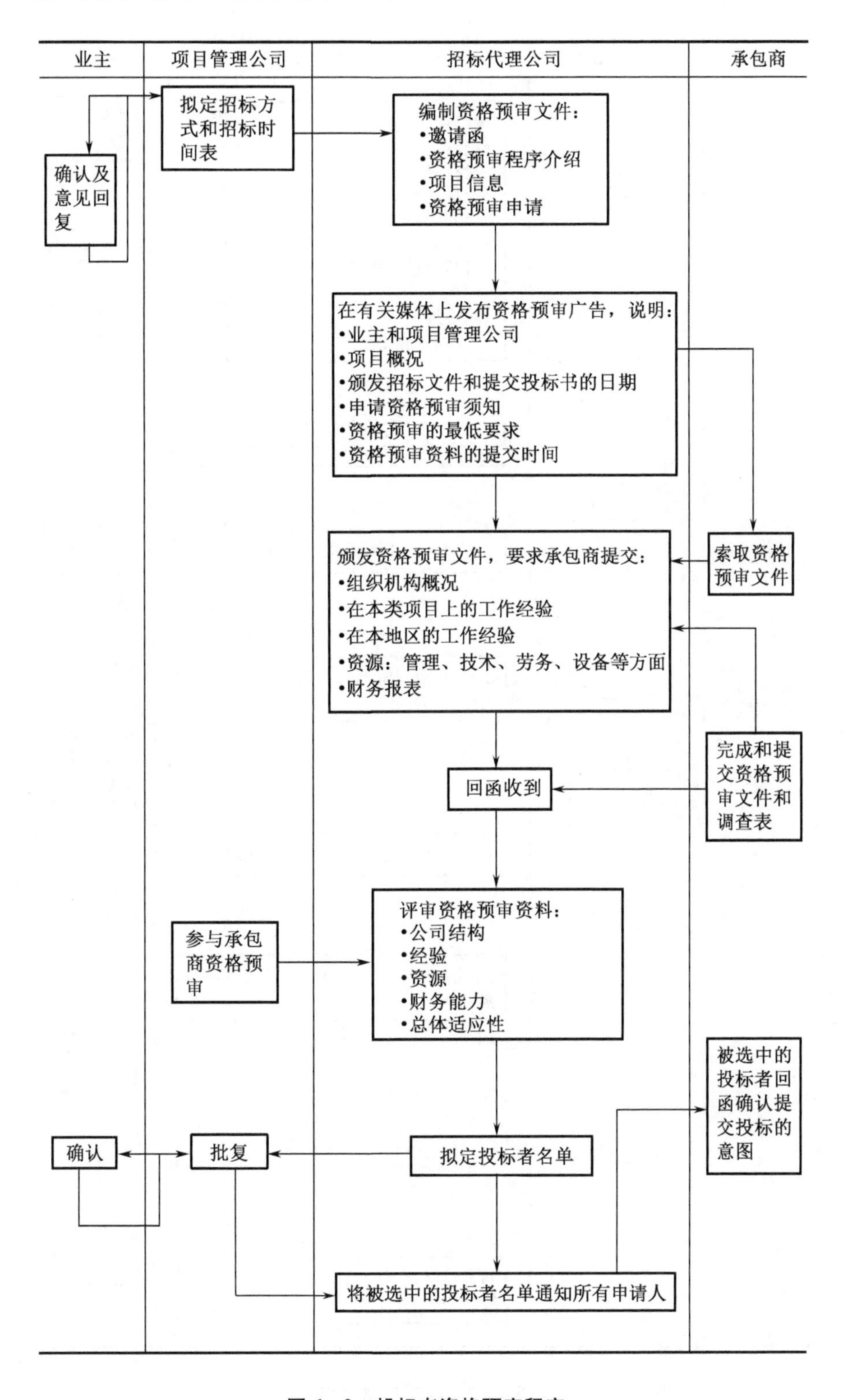

图 6－2　投标者资格预审程序

三、项目招标流程(图6－3)

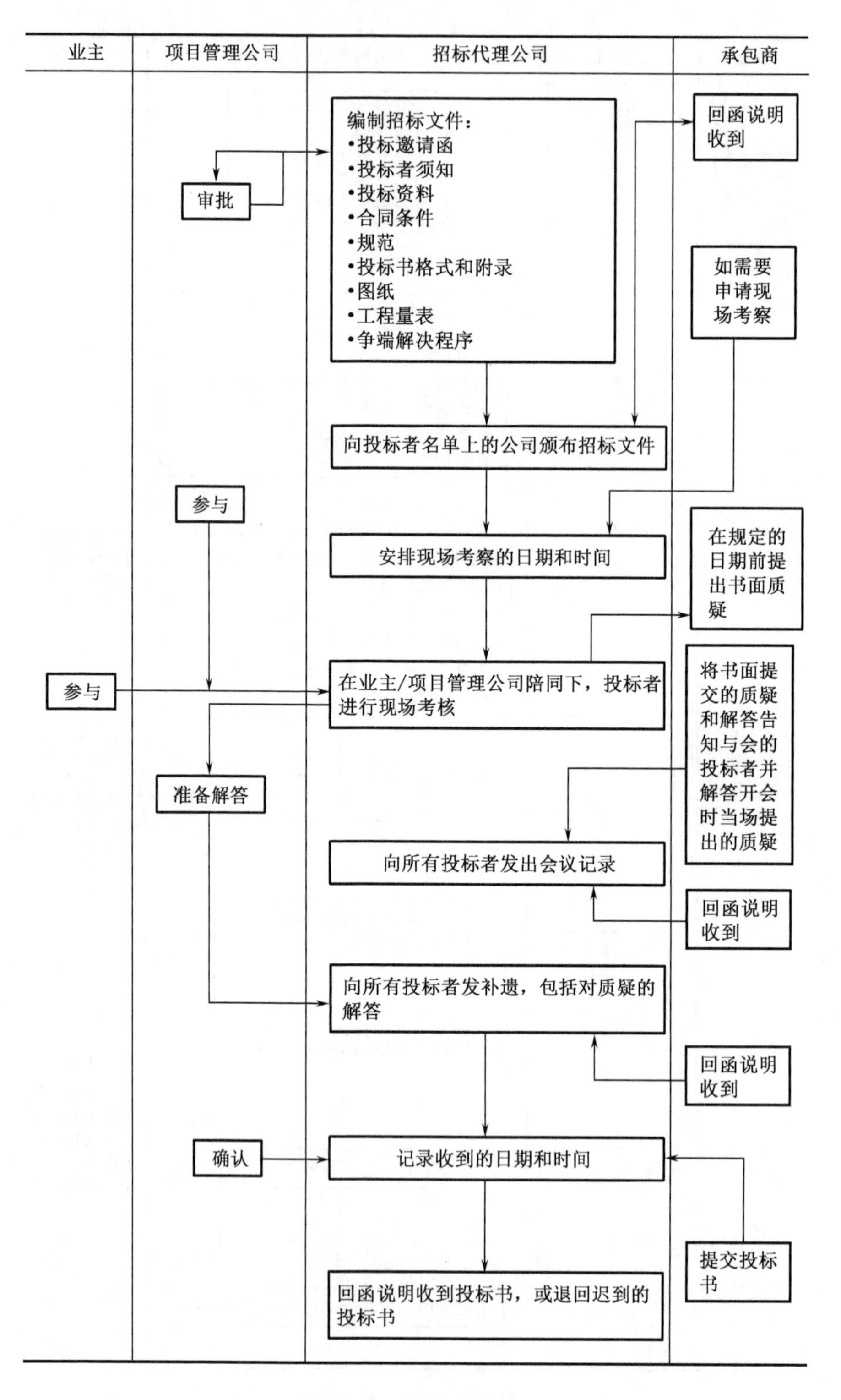

图6－3 项目招标流程

第五节　核心工作说明

一、对潜在投标人资格的审查和评定

审查的重点是专业资格审查，其内容包括：

（1）施工经历，包括以往承担类似项目的业绩。

（2）为承担本项目所配备的人员状况，包括管理人员和主要人员的名单和简历。

（3）为履行合同任务而配备的机构、设备以及承包商等情况。

（4）财务状况，包括申请人的资产负债表、现金流量表等。

二、确定招标方式

（1）招标代理机构可以选择的招标方式有公开招标和邀请招标两种。

（2）邀请招标只有在招标项目符合少数几种情况（只有少数潜在投标人可供选择、采购规模小、法律或国务院规定不适宜公开招标）时才可以采用。

三、划分标段

在划分标段时主要应当考虑以下因素：

（1）招标项目的专业要求。

（2）招标项目的管理要求。

（3）对工程投资的影响。

（4）工程各项工作的衔接。

四、编制招标文件

编制招标文件包括招标项目的技术要求，对投标申请人资格审查的标准，投标报价要求和评标标准等所有实质性要求和条件以及拟订合同的主要条款，资格审查申请书格式等。

五、编制工程招标标底

（一）编制标底的依据

（1）国家的有关法律、法规以及国务院和省、自治区、直辖市人民政府建设行政主管部门制定的有关工程造价的文件、规定。

（2）工程招标文件中确定的计价依据和计价办法，招标文件的商务条款，包括施工合同中规定由工程承包方应承担义务而可能发生的费用，以及招标文件的澄清、答疑等补充文件和资料。在标底计算时，计算口径和取费内容必须与招标文件中有关取费等的要求一致。

（3）工程设计文件、图纸、技术说明及招标时的设计交底，施工现场地质、水文、勘探及现场环境等有关资料以及按设计图纸确定的或招标人提供的工程量清单等相关基础资料。

(4)国家、行业、地方的工程建设标准,包括建设工程施工必须执行的建设技术标准、规范和规程。

(5)采用的施工组织设计、承包方案、施工技术措施等。

(6)施工现场的地质、水文、地上情况的资料。

(7)招标时的人工、材料、设备及施工机械台班等要素的市场价格信息,以及国家或地方有关的政策性调价文件的规定。

(二)标底文件的组成

1.综合单价法编制标底的文件组成

(1)标底编制说明;

(2)标底价格汇总表;

(3)主要材料清单价格表;

(4)设备清单价格表。

2.用工料单价法编制标底的文件组成

(1)标底编制说明;

(2)标底价格汇总表;

(3)主要材料清单价格表;

(4)设备清单价格表;

(5)分部工程工料价格表;

(6)分部工程费用计算表。

六、组织开标

(1)开标应检查投标文件的密封情况。

(2)拆封、宣读投标文件。

七、评标

(1)评标由招标人依法组建的评标委员会负责。

(2)招标人应当采取必要的措施,保证评标在严格保密的情况下进行。

(3)评标委员会可以要求投标人对投标人文件中含意不明确的内容做必要的澄清或者说明。

评标委员会经过对投标人的投标文件进行初审和终审以后,要编制书面评标报告。

第七章　设备材料采购管理

第一节　工作成果与目标

设备材料采购管理的工作成果与目标是:采购到先进、经济的设备材料,并满足整个项目质量、进度、投资等综合目标。

一、质量目标

采购管理人员和有关技术人员对所采购的设备材料进行逐项审核,细心核对设备材料的品名、规格、型号、数量以及技术参数,要求提供产品合格证、营业执照、材质证明以及工程所需的各种资料,从而保证采购的设备材料满足设计、施工、设备安装的需要,以及其他功能目标需求。

二、进度目标

所采购的设备材料需按合同要求的时间节点准时提供,不能影响设计、施工、设备安装等相关工作的进度。

三、投资目标

在确保质量和进度的同时,控制投资在预算范围以内。

第二节　责　　任

一、业主的责任

明确各参与单位在设备材料采购管理中的合同订立形式、工作界面和职责权限,确定采购方案。

二、设计方的责任

提交各专业材料表(含技术要求),参与设备材料采购的技术标评审。合同订立后,设计方在图纸确认、进度计划确认、制造质量检验、设计变更等方面协助项目管理方进行设备材料的采购。

三、招标代理的责任

负责招标文件的编制,设备材料的招标、评标和决标,协助业主签订采购合同。

四、项目管理方的责任

提出设备材料的建议清单;组织对设备材料的考察,提出意见和建议;参与承包商重要材料、制品、设备的考察,提出意见和建议;对整个采购过程的质量、进度、投资进行控制;协调各方之间的关系。

第三节　任　　务

设备材料采购任务是为设计选型提供市场信息,并根据批准的扩充设计所附设备清单或施工设计图纸确定的设备型号、规格和数量,按照建设进度的要求,确保设备材料按期、保值、保量地供应到现场。同时还应配合施工和安装,确保项目的竣工和投产、数量、质量满足施工现场的需要。

一、采购计划控制

(1)编制采购依据。

(2)确定采购原则,包括采购策略及采购管理原则,安全、质量、进度、费用、控制原则,设备材料分交原则等。

(3)制定采购工作范围和内容。

(4)设置采购的职能岗位及其主要职责。

(5)明确采购进度的主要控制目标和要求,长周期设备和特殊材料采购的计划安排。

(6)制定采购投资控制的主要目标、要求和措施。

(7)制定采购质量控制的主要目标、要求和措施。

(8)制定采购协调程序。

(9)明确特殊采购事项的处理原则。

(10)管理现场采购。

二、采购控制

(一)制定请购文件

(1)请购单;

(2)设备材料规格书和数据表;

(3)设计图纸;

(4)采购说明书;

(5)适用的标准、规范。

(二)选择设备与材料采购方式

(1)具有招标文件要求的资格证书;

(2)有进行大中型建设项目主要材料供应的专业人员和组织货源的能力及经验;

(3)具备健全的质量保证体系,良好的商业信誉。

（三）审查材料采购资格

（1）具有独立订立合同的权利；

（2）专业技术、设备设施、人员组织、业绩经验等方面具有设计、制造、质量控制、经营管理的资格和能力；

（3）有完善的质量保证体系，良好的银行资信和商业信誉。

（四）发出询价文件

一般在合格供货商中选择3～5家询价对象，经业主确认后，发出完整的询价文件。

（五）编制采购合同

（1）采购合同主体；

（2）完整的询价文件及其修订补充文件；

（3）满足询价文件的全部报价文件供货商协调会会议纪要；

（4）定标之前任何涉及询价、报价内容变更所形成的其他书面形式文件。

三、催交与检验的控制

（1）催交等级控制。

（2）根据设备材料的重要性和一旦延期交付对项目总进度产生影响的程度，划分催交等级，确定催交方式和频度，制订催交计划并监督实施。

（3）催交方式控制，驻厂催交、办公室催交和会议催交，关键设备材料应进行驻厂催交。

（4）制订检验计划，组织具备相应资格的检验人员，根据设计文件和标准规范的要求进行设备、材料制造过程中的检验以及出厂前的最终检验。

（5）对于有特殊要求的设备材料，应委托有相应资格和能力的单位进行第三方检验并签订检验合同。项目管理方有权依据合同对第三方的检验工作实施监督和控制。

四、运输与交付

（1）制订设备材料运输计划，包括运输前的准备工作、运输时间、运输方式、运输路线、人员安排和费用计划等。

（2）督促供货商按照采购合同规定进行包装和运输。

（3）对国际运输，应按采购合同规定和国际惯例进行，做好办理报关、商检及保险等手续。

（4）落实接货条件，制订卸货方案，做好现场接货工作。

（5）设备材料运至指定地点后，由接收人员对照送货单进行逐项清点，签收时应注明到货状态及其完整性，及时填写接收报告并归档。

五、采购变更管理

（1）明确变更的内容。

（2）明确变更的理由及处理措施。

（3）明确变更的性质和责任承担方。

(4)考虑对项目进度和费用的影响。

六、仓库管理

(1)入库前组织专门的开箱检验组进行开箱检验。

(2)开箱检验合格的设备材料,在资料、证明文件、检验记录齐全,具备规定的入库条件时,应提出入库申请。经仓库管理人员验收后,填写“入库单”并办理入库手续。

(3)仓库管理员要及时登账,经常核对,保证账物相符。

(4)制定并执行物资发放制度,根据批准的“领料申请单”发放设备材料,办理物资出库交接手续,确保准确、及时地发放合格的物资,满足工程的需要。

第四节 流 程 图

设备材料采购工作流程如图7-1所示。

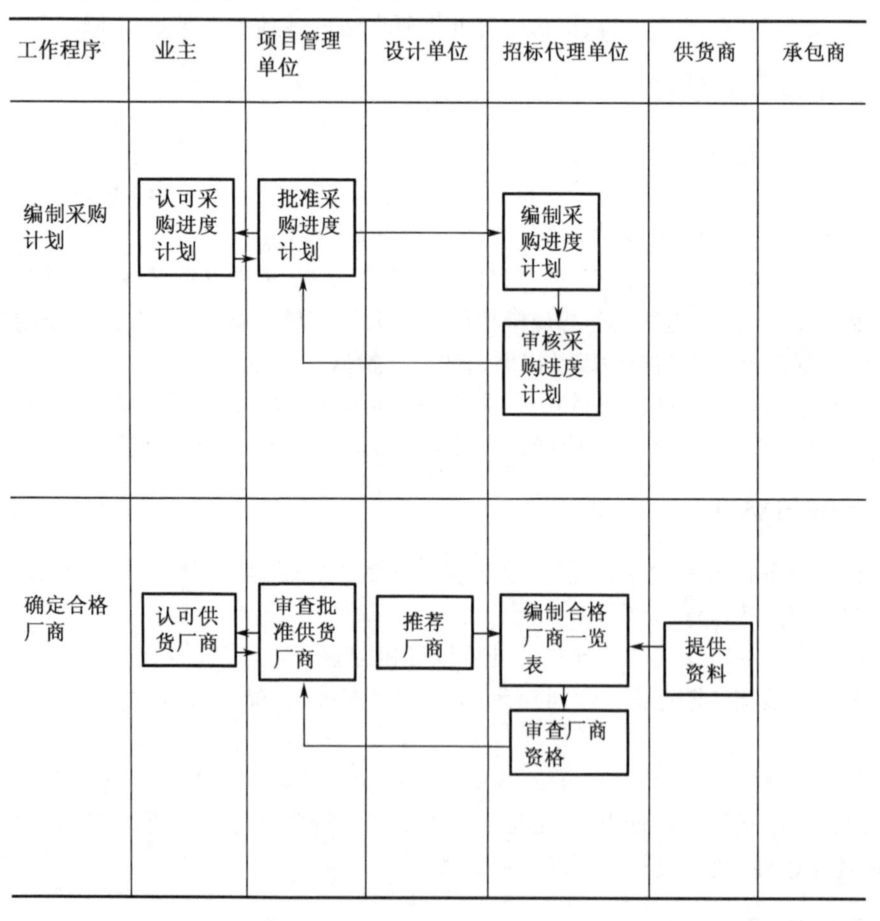

图7-1 设备材料采购工作流程

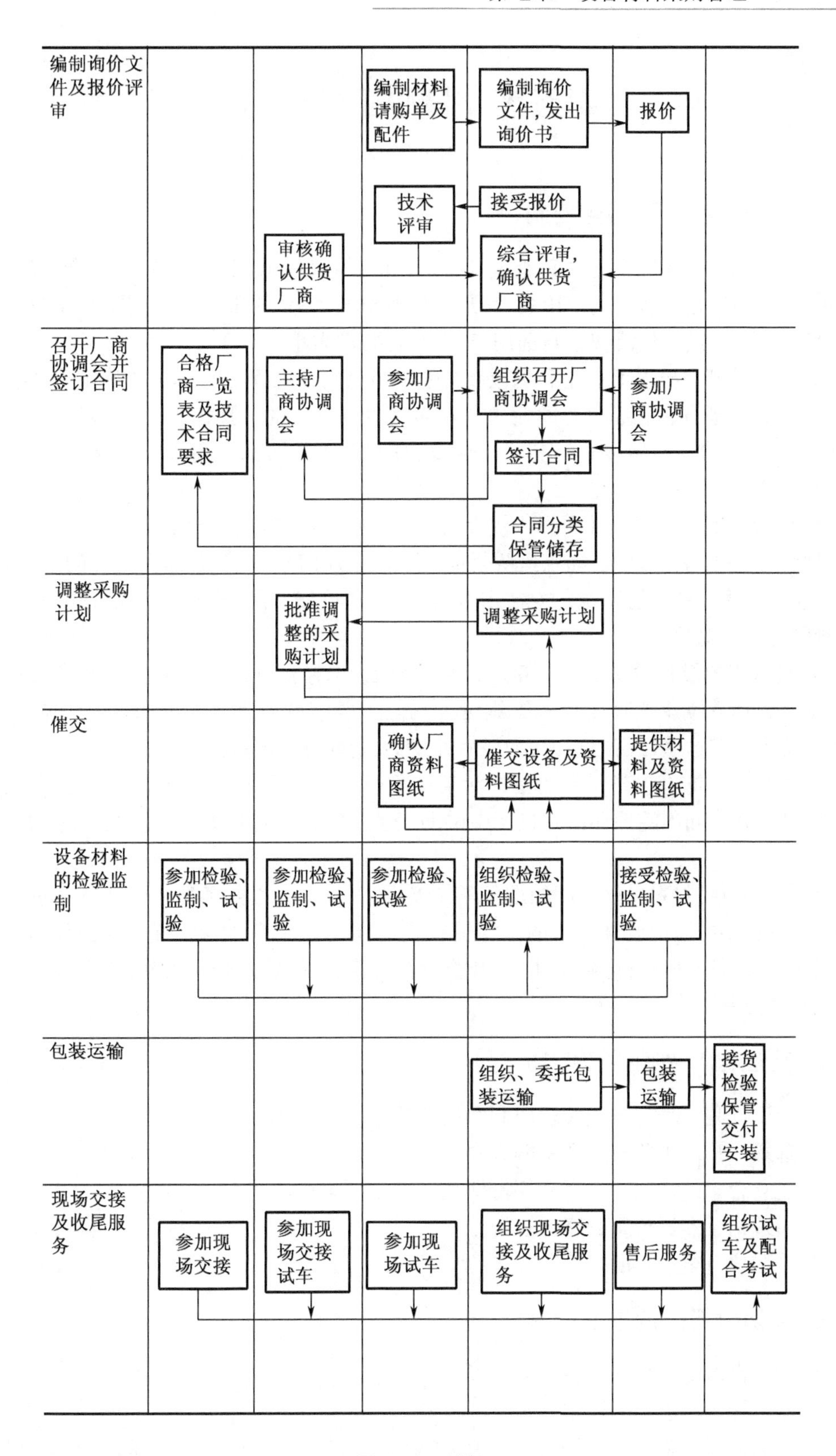
编制询价文件及报价评审
编制材料请购单及配件
编制询价文件，发出询价书
报价
技术评审
接受报价
审核确认供货厂商
综合评审，确认供货厂商
召开厂商协调会并签订合同
合格厂商一览表及技术合同要求
主持厂商协调会
参加厂商协调会
组织召开厂商协调会
参加厂商协调会
签订合同
合同分类保管储存
调整采购计划
批准调整的采购计划
调整采购计划
催交
确认厂商资料图纸
催交设备及资料图纸
提供材料及资料图纸
设备材料的检验监制
参加检验、监制、试验
参加检验、监制、试验
参加检验、试验
组织检验、监制、试验
接受检验、监制、试验
包装运输
组织、委托包装运输
包装运输
接货检验保管交付安装
现场交接及收尾服务
参加现场交接
参加现场交接试车
参加现场试车
组织现场交接及收尾服务
售后服务
组织试车及配合考试

图7-1　(续)

第五节　核心工作说明

一、设备材料采购质量控制

(1)项目管理方要协助业主审查设计上选用的设备材料是否是先进的、安全可靠的、成熟耐用的、能够满足今后长期使用的、满足工艺要求的产品,如果发现有问题则及时通过业主向设计方提出,进行修改或重新选用,直至符合要求为止。

(2)项目管理方要协助业主和承包商按照设备材料在工程中的“地位”确定采购模式。

(3)项目管理方在完成了协助业主和承包商设备材料的采购模式后,对超出一定价值范围内和重要的设备材料要进行招标。因此,项目管理方协助业主审查标书,重点审查标书中的设备材料的质量指标。

(4)一般大型项目工程社会影响较大,全国各地设备材料供应商都会投标,因此一项设备材料竞标的常常有好多家,如果这些供应商全部参加招投标,势必加大评标的工作量,因此作为项目管理方就要协助业主方在众多的供应商中筛选出一部分质量优、信誉好的作为下一阶段竞标的对象。

(5)对众多的设备材料供应厂商进行筛选以后,选择部分厂商作为今后的供应厂商的对象,项目管理方应建议有计划地组织设计、施工、监理的技术人员有目的地进行考察活动,实地调查了解这些厂商的实力,为以后的评标、定标做好准备。

(6)项目管理方在设备材料的指标活动中积极参与招标活动的全过程,一直到确定中标单位以后,在合同的签约和谈判过程中协助业主落实设备材料的供货质量指标和供货时间要求。

经过上述设备材料采购前期的准备工作以后,项目管理方要经常将监理方和承包商在设备制造过程中的质保监督工作的落实情况及时向业主反映,并提出存在的问题和对策,这项工作一直延续到设备运到工地,经开箱检查合格、入库后方告一段落,然后转入施工过程中的质量控制工作。

二、设备材料采购投资控制

(1)投资计划、投资分析、投资控制和投资核算。

(2)选择合理的采购模式和采购方式。

(3)建立合理的供应商选择和评价体系。

(4)通过招标和比价采购降低投资。

(5)采购执行全过程的投资监控。

三、设备材料采购进度控制

(1)做好设备材料采购准备工作。

(2)制订详细进度控制计划。

(3)根据采购流程,分析采购工作中的关键工作点,严格控制关键时间节点,确保整个项目的进度计划顺利执行。

(4)对采购执行全过程实行进度监控,如有偏差应及时纠正。

四、设备材料的采购模式

(一)甲供

将某些特定的设备材料不纳入与之相关联的工程招标范围内(通常在招标文件中具体约定特定设备材料的品名和数量),由业主自行采购称为甲供。甲供包括需要进口的或工程中特别重要的或经济价值比较高、在项目投资中比例大的设备或材料。设备如空调、风机盘管、电梯、高低压配电柜(政府指定除外)、水系统等。材料如碳纤维材料,高质量、高精度的钢结构材料,关键部位的土建材料等。

优点:设备材料的选择权归业主掌握,质量与性能能够充分保证,对市场行情能够了解与把握,能够主动控制投资;缺点:工作量大,程序复杂,周期长,风险较大,合同责任也相对较大。

(二)甲定乙供

在工程招标中,对某些特定的设备材料以暂定单价的方式列入,并纳入总报价当中,或者指定设备材料的品牌,中标人在施工履约过程中再根据招标人的具体选择确定该类设备材料的实际单价与总价,称为甲定乙供。甲定乙供包括质量要求比较高、投资比例比较大的设备或材料。设备如弱电普通设备等。材料如内装修、外装修、钢结构装饰材料等。

优点:加快招投标的速度,降低招投标的工作难度,减小招标工作和合同管理的不确定风险,业主直接掌握选型和最终定价权;缺点:不利于发挥市场竞争机制的优势,不利用发挥竞标人的积极性和市场资源的潜力,业主承担全部的质量、价格变动及其他合同性风险,而且由于个别定价的组织与实施工作的技术性、合同性、法律性、专业性以及实效性均较强,对相关工作人员的综合素质要求较高,操作难度大。

(三)乙供

业主组织或委托咨询公司编制作为招标文件重要组成部分的、具有详尽规范的“招标工程技术、性能、规格说明书”,规范地提出招标人对主要设备材料的规格型号、主要技术参数、质量等级、性能等方面的详细要求与标准,由投标人根据这些要求结合自身的优势,自主选报有关设备材料的规格型号、生产厂家及产地、主要技术参数、质量等级、价格等必要情况,并一同纳入工程投标报价之中,作为招标文件的重要组成部分,必要时向招标人提供详细的技术、安装、使用、维护资料。招标人根据投标人提供的详细资料确定是否中标,如果中标,将其纳入中标后的施工合同管理内容,并建立跟踪监管制度,确保履约。乙供包括质量要求比较容易满足、投资比较容易控制、进度比较容易满足的设备或材料。设备如技术比较成熟的普通小型设备。材料如一般的混凝土材料、钢筋材料、普通的桩基材料等。

优点:调动投标人的积极性,发挥其专业经验和优势,扩大竞争深度、广度和资源的利用量,减少招标人的合同风险和管理难度;缺点:对投标人的要求较高,对设备材料的采购控制较小。

第八章　工程施工管理

第一节　工作成果与目标

在工程施工阶段，项目管理方应确保施工效率和施工顺序，达到项目移交所必需的投资、进度、质量和HSE等目标。

一、投资控制目标

根据经审核批准的施工图预算建立施工投资控制目标，以控制施工过程中的费用支出。

二、进度控制目标

审核承包商的施工进度计划，控制各标段工期，配合业主力争提出缩短工期的方案，尽可能加快工程建设进度。

三、质量控制目标

项目管理方在施工过程中有效的工作，通过提出关键部位的质量控制措施和解决技术难点的控制方法，督促承包商确保工程质量合格，争创工程质量奖。

四、HSE目标

保护工程施工人员和未来项目使用者的健康与安全，工程施工过程中重点保护施工人员的安全和健康，同时注意保护生态环境。

五、工程施工管理的主要成果

(1)图纸会审。
(2)施工组织设计审核。
(3)施工许可证报批。
(4)开工令。
(5)各单位工程的验收。

第二节　责　　任

一、业主方责任

业主方是建设项目施工生产各项资源的总集成者和总组织者，业主的项目管理组是项目管理的最高机构，负责监督和管理项目参与单位。

二、项目管理方责任

项目管理方受业主方委托，负责制订项目执行计划，管理和协调项目承包商，并将相关报告交业主代表批准。

三、施工监理方责任

施工监理方受业主方委托，负责施工阶段的质量管理工作，并将相关报告报项目管理方、业主方代表。

四、投资监理方责任

投资监理方受业主方委托，负责施工阶段的投资管理工作，并将相关报告报项目管理方、业主方代表。

五、承包商责任

施工阶段承包商是施工阶段项目管理的实施主体，其项目管理目标包括项目施工成本、施工进度、施工质量、HSE 管理，等等。

第三节　任　　务

一、施工阶段的投资控制

(1)在工程招标、设备采购的基础上对项目施工阶段投资目标进行详细分析和论证。
(2)组织重大项目承包商案的科研、技术经济比较和论证。
(3)编制施工阶段各年度、季度、月度资金使用计划并控制其执行。
(4)每月进行投资计划值与实际值的比较，并提供各种报表。
(5)工程付款审核。
(6)审核其他付款申请单。
(7)对承包商案进行技术经济比较论证。
(8)审核及处理各项施工索赔中与资金有关的事宜。

二、施工阶段的进度控制

(1)审核施工总进度计划,并在项目施工过程中控制其执行,必要时及时调整施工总进度。

(2)编制或审核项目各子系统及各专业施工进度计划,并在项目施工过程中控制其执行。

(3)编制项目施工各阶段、年、季、月度的进度计划,并控制其执行,必要时做调整。

(4)审核设计方、承包商和材料、设备供货方提出的进度计划、供货计划,并检查、督促和控制其执行。

(5)在项目实施过程中,进行进度计划值与实际值的比较,每月、季、年提交各种进度控制报告。

三、施工阶段的质量控制

(1)设计技术交底。

(2)组织并完成施工现场的“三通一平”工作,包括提供工程地质和地下管线资料,提供水准点和坐标控制点等。

(3)办理施工申报手续,组织开工前的监督检查。

(4)组织图纸会审和技术交底,审核批准施工组织设计文件,对施工中难点、重点项目的承包商案组织专题研究。

(5)审核承包单位技术管理体系和质量保证体系,审查分包单位资质条件。

(6)审查进场原材料、构配件和设备等的出厂证明、技术合格证、质量保证书,以及按规定要求送验的检验报告,并签字确认。

(7)检查和监督工序施工质量、各项隐蔽工程质量,以及分项工程、分部工程、单位工程质量,检查施工记录和测试报告等资料的收集整理情况,签署验评记录。

(8)建立独立平行的监测体系,对工程质量的全过程进行独立平行监测。

(9)处理设计变更和技术核定工作。

(10)参与工程质量事故检查分析,审核批准工程质量事故处理方案,检查事故处理结果。

四、施工阶段的合同管理

(1)协助业主起草甲供材料、设备的合同,参与各类合同谈判。

(2)进行各类合同的跟踪管理并定期提供合同管理的各种报告。

(3)协助业主处理有关索赔事宜,并处理合同纠纷。

(4)合同结构的分解、合同类型确定、合同界面划分和合同形式的选择。

(5)合同文件起草、谈判与签约,包括设计、勘察、施工、监理、设备材料采购等各类项目合同。

(6)通过合同跟踪、定期和不定期的合同清理,及时掌握和分析合同履行情况,提供各种合同管理报告。

(7)针对工程实际情况与合同有关规定不符的情况,采取有效措施,加以控制和纠正。

(8)合同变更处理。

(9)工程索赔事宜和合同纠纷的处理。

五、施工阶段的信息管理

(1)协助业主建立工程信息的编码体系。
(2)定期提供各类工程项目管理报表。
(3)建立工程会议制度。
(4)督促各承包商整理工程技术资料。
(5)进行各种工程信息的收集、整理、存档。
(6)督促各承包商整理工程技术资料。

六、施工阶段的组织与协调

(1)组织设计交底。
(2)组织、协调参与工程建设各单位之间的关系。
(3)协助业主向各政府主管部门办理各项审批事项。

七、施工阶段的 HSE 管理

(1)审查安全生产文件,督促承包商落实安全生产的组织保证体系和安全人员配备,建立健全安全生产责任制。

(2)督促承包商对工人进行安全生产教育及部分工程项目的安全技术交流。

(3)审核进入施工现场承包单位和各分包单位的安全资质和证明文件,检查施工过程中的各类持证上岗人员资格,验证施工过程所需的安全设施、设备及防护用品,检查和验收临时用电设施。

(4)审核并签署现场有关安全技术签证文件,按照建筑施工安全技术标准和规范要求,审查承包商案及安全技术措施。

(5)检查并督促承包商落实各分项工程或工序及关键部位的安全防护措施,审核承包商提交的关于工序交接检查、分部、分项工程安全检查报告,定期组织现场安全综合检查评分。

(6)参与意外伤害事故的调查和处理。

八、施工阶段的风险管理

(1)工程变更管理。
(2)协助处理索赔及反索赔事宜。
(3)协助处理与保险有关的事宜。

九、施工阶段现场管理

(1)组织工地安全检查。
(2)组织工地卫生及文明施工检查。
(3)协调处理工地的各种纠纷。
(4)组织落实工地的保卫及产品保护工作。

第四节　核心工作说明

一、施工过程中的设计变更管理

(1)施工过程中的设计变更应按规定程序进行处置。

(2)施工过程中的设计变更应以书面形式签认,并成为相关合同的补充内容。

(3)任何未经审批的施工变更均无效。

(4)对已批准或确认的施工变更,项目管理方应监督其按时实施并在规定时限内完成。

(5)对影响范围较大或工程复杂的施工变更,应对相关方做好监督和协调管理。

二、施工过程中设计变更文档的管理

(1)所有的设计变更文件、资料,都应以书面形式并经相关方代表签字确认后存档。

(2)施工过程中的设计变更文件,应按规定分类存档,以方便查找。

(3)施工过程中的设计变更文件、资料涉及合同的索赔及结清工作,应妥善保管,防止丢失或损坏。

(4)文档应有专人保管,借阅应严格履行签批手续按期收回借阅的文档,并检查其完好性和真实性。

三、施工过程中的组织与协调

(1)明确现场组织协调的任务。现场组织协调指在项目管理工作范围内,同与业主签订合同并参与本工程建设各单位的协作、配合,协助业主处理有关问题,并督促承包单位按合同履行职责和义务,使工程建设处于有序状态。具体包括项目管理部内部组织协调,对承包商的协调管理,协助业主协调处理各种与工程有关的纠纷,协调承、发包双方配合工作。

(2)做好项目管理部内部组织协调管理工作。

(3)对承包商的协调管理。

(4)协调设计。按合同要求审核设计进度计划和有关质量进度的保证措施,以此控制设计进度,进行跟踪管理,及时向业主报告有关情况;分析总进度目标实现的风险、编制进度风险管理的初步方案;跟踪审核设计图纸,发现图纸中的问题,及时向设计单位提出。

四、施工过程中现场交通的组织管理

根据现场及周边道路的交通现状,对交通组织方案进行规划研究,并得到市、区交警部门批准。总体交通规划组织的原则:以确保道路交通畅通和安全施工为前提。工作内容主要包括交通设计审核(道路工程),协助施工单位办理“道路施工许可证”,协助施工单位办理“道路临时封路许可证”。

五、施工过程中的合同变更管理

(1)建立项目合同变更审批制度、程序或规定。

(2)提出合同变更申请,合同变更按规定报项目经理审查、批准;必要时,经业主合同管理部门负责人签认;合同变更应送业主签认,形成书面文件,作为总承包合同的组成部分。

(3)当合同项目遇到不可抗力或异常风险时,项目管理方合同管理人员应根据合同约定和《中华人民共和国合同法》的规定,提出合同当事人应承担的风险责任和处理方案,报项目经理审核,并经业主合同管理部门确定后予以实施。

六、现场管线调查与搬迁协调

(一)管线分类

管线按位置分为架空线、地面线;按用途分为通信、上下水、电力、煤气等;按种类分为线类、压力管类、自流管类等。

(二)勘测整理

根据工程影响的范围和现场管线的情况,一般采取两种办法来摸清管线的类型、数量和位置。对于与管线方向平行,搬迁范围大或涉及管线较多的情况,一般采取委托专业勘测单位对工程范围进行管线勘测,形成管线物探图。对于与管线方向交叉,搬迁范围小或涉及局部管线的情况,一般采取根据工程红线(征地线)范围,查询测绘院相关地区管线图纸,并结合开样洞等方法,探明及整理出施工现场的管线情况。

(三)拟订搬迁方案

在摸清所有管线的类型、数量和位置的基础上,要做好在设计会审、技术交底阶段与各类公用管线产权单位和部门的协调工作。搬迁范围大或涉及管线较多的情况下,一般需委托做管线综合设计,并经规划审批,作为管线出图的依据。调查整理出的工程实施范围需搬迁和保护的管线类型、数量和位置,必要时进行优化工程设计。根据工程实施范围及施工方案严格控制搬迁管线数量,按原拆原建的原则控制拆迁管线投入。按管线类型、数量及性质分轻重缓急并充分考虑搬迁周期。

(四)搬运实施

(1)根据管线类型及时与所属管线产权单位联系,确定各类管线的归属,确认地下管线埋设的合法性,并与相关管理部门分别就管线搬迁计划方案进行协商讨论。涉及管线保护的技术措施方案应邀请相关部门专题协商、论证,形成专题文件资料,并会同有关单位对管线保护的可行性提供相关技术措施和方案。

(2)与管线的权属单位签订《管线搬迁合同》和《管线保护协议》。

(3)根据管线权属单位的具体要求,及时办理相关手续领取管线施工绿卡等资料。

(4)督促管线管理部门落实管线搬迁和保护的进度安排,确保工程计划节点目标的控制和施工的连续性。

(五)保证措施

管线搬迁和保护工作能否顺利进行,关键在于组建精干、高效的管理班子,超前进行施工现场的全面调研工作,特别是对工程范围内的各类公用管线采取物探或样洞等方法将相关性质、位置、类型情况加以汇总、分类及整理，并根据其性质及时与相关产权管理部门对号挂钩，按管线影响程度制订相关方案。根据具体实施情况及时召开相关协调会议，进一步明确和解决各种矛盾和问题，确保工程顺利开展。在施工前，应督促施工单位及时办理施工证照，现场应建立施工例会制度，及时发现并解决施工中出现的问题，并将其纳入工程总体管理的内容中。

七、工程竣工结算

工程竣工结算指承包商按照合同规定的内容全部完成所承包的工程，经验收质量合格，并符合合同要求之后，向业主进行最终工程价款结算。

（一）工程竣工结算报告编审

建设工程竣工结算可以单项工程为对象，也可以单位工程为对象。在建设工程完后，工程验收前，承包商负责编制并向业主提供竣工结算报告。

（1）单位工程竣工结算报告由承包商编制，业主审查；实行总承包的工程由具体承包商编制，在总包人审查的基础上，业主组织审查。

（2）单项工程竣工结算报告或建设项目竣工总结算报告由总包人编制，业主可直接进行审查，也可委托具有相应资质的工程造价咨询机构进行审查。政府投资项目，由同级财政部门审查。单项工程竣工结算报告或建设项目竣工总结算报告经业主签字盖章后有效。

承包商应在合同约定期限内完成项目竣工结算编制工作，未在规定期限内完成并且提不出正当理由延期的，责任自负。

（二）工程竣工结算审查期限

单位工程或单项工程竣工后，承包商应在提交竣工验收报告的同时，向业主递交竣工结算报告及完整的结算资料。业主应按规定的期限进行核实，给予确认或者提出修改意见；在规定或合同约定期限内，未对结算报告及资料提出意见，则视同认可。

八、项目安全、职业健康、环境管理（HSE）

（一）施工安全管理

1. 施工安全计划

施工安全计划是规定施工项目安全目标、控制措施、资源和活动顺序的文件，是规范施工安全管理活动的指导性文件和具体行动计划。项目开工前，一般有承包商结合工程施工组织设计的要求编制施工安全计划，并报业主或监理工程师批准。施工安全计划主要内容包括工程概况、控制目标、控制程序、组织机构、职责权限、规章制度、资源配置、安全措施、检查评价、奖惩制度等。

对于结构复杂、施工难度大、专业性较强的工程项目，还必须制定单位工程或分部分项工程的安全施工组织设计，落实安全技术措施。

2. 施工安全生产责任

安全生产责任是各项安全生产规章制度的核心，是行政岗位责任制度和经济责任制度的重要组成部分。安全生产责任制是按照安全方针和“管生产必须管安全”的原则，将项目各参与单位、各级管理负责人、各职能部门和各岗位员工的安全工作及其责任加以明确规定的一种制度。

3. 安全生产许可证

为了严格规范施工企业安全生产条件，加强安全生产监督管理，防止和减少生产安全事故，国家对施工企业实行安全生产许可制度。施工企业未取得安全生产许可证的，不得从事建筑施工活动。

施工企业从事施工活动前，按照分级、属地管理的原则，向企业注册地省级以上人民政府建设主管部门申请领取安全生产许可证。对于依法批准开工报告的建设工程，施工企业必须取得安全生产许可证。

4. 安全生产教育和培训

安全生产教育和培训是提高员工安全意识和素质，防止产生不安全行为和减少人为失误的重要途径。安全教育和培训根据从业人员的职责、专业和能力要求分层、分类进行。除了经常性的安全教育和培训外，上岗前、节假日前后、事故后、工作对象改变时，还应按规定进行针对性的安全教育和培训，包括管理人员的安全教育、新进从业人员三级安全教育、特种作业人员的安全教育、分包方从业人员安全教育等。只有经过安全生产教育和培训，并且合格的从业人员才能上岗。

5. 安全技术措施

安全技术措施是指为实现安全生产的目的，在防护和技术上对设备和人员操作采取的措施，是承包商案中的重要组成部分。它包括基坑支护与模板工程安全措施、脚手架安全措施、防护安全措施、施工用电安全措施、物料提升机与外用电梯安全措施、塔吊安全措施、起重吊装安全措施、施工机具安全措施等内容，并在投标文件中提供相应的费用报价。所有建筑工程的施工组织、设计（承包商案），都必须有安全技术措施，大型、特殊工程还应编制单独的安全技术方案和专项安全措施方案。

6. 安全技术交底

安全技术交底是贯彻施工安全技术措施的关键环节。在工程施工前，施工项目负责人、施工项目技术部门结合规程及安全施工的规范标准对生产班组进行承包商案和安全技术措施、操作规程交底，使作业人员明白工程施工特点及各时期安全施工的要求、懂得各自岗位职责和安全操作方法。

（二）施工事故处理

安全事故的报告和处理是一项政策性与技术性很强的工作，分别以两种不同的情况对待。

1. 一般安全事故和伤亡事故的报告及处理

工程发生了一般安全事故，事故发生单位应在事故发生后 1 h 内，书面报告监理单位、业主和安全监督机构。事故发生单位在报告上述单位同时，应积极主动配合安全监督机构做好事故现场保护和现场调查取证工作，经批准后才可以恢复正常施工。安全监督机构按程序向建设行政主管部门报告事故情况。

2. 重大事故的报告和调查处理

按《生产安全事故报告和调查处理条例》（国务院令第 493 号）、《工程建设重大事故报告和调查程序规定》（建设部令第 3 号）的程序和要求，重大事故发生后，事故发生单位应当在24 h内提交重大事故书面报告,向上级主管部门和事故发生地的建设行政主管部门及检察、劳动(如有人身伤亡)部门报告,并立即停止施工,抢救受伤人员,保护好事故现场,采取积极有效的措施,防止事故进一步扩大。重大事故的调查工作必须坚持实事求是、尊重科学的原则。

事故发生单位应积极配合事故调查处理小组的工作,并提出事故处理方案,报事故调查处理小组审批后实施。重大事故调查组通过组织技术鉴定,查明事故发生的原因、过程、人员伤亡及财产损失情况,查明事故的性质、责任单位和主要责任者,提出事故处理意见及防止类似事故再次发生所应采取措施的建议,提出对事故责任者的处理建议,写出事故调查报告。事故处理结果须有事故调查处理小组的签认,并在事故处理结束后报监督机构备案。

(三)职业健康管理

1. 贯彻项目管理方制定的职业健康方针,制订项目职业健康管理计划,按规定程序经批准后实施。

2. 项目职业健康管理控制内容:

(1)项目职业健康管理目标;

(2)项目职业健康管理组织机构和职责;

(3)项目职业健康管理的主要措施。

3. 项目管理方应对项目职业健康计划实施进行管理。主要管理内容如下:

(1)为实施、控制和改进项目职业健康计划提供必要的资源,包括人力、技术、物资、专项技能和财力等资源;

(2)通过项目职业健康管理组织网络,进行职业健康的培训,保证项目管理方人员和承包商等人员正确理解职业健康计划的内容与要求;

(3)建立并保持职业健康计划执行状况的沟通与监控程序,保证随时识别潜在的危害健康因素,及时把握持续改进的机会,预防和减少可能引发的伤害;

(4)建立并保持对相关方在提供物资和劳动力等所带来的伤害进行识别和控制的程序,以便有效控制来自外部的影响健康因素;

(5)制定并执行项目职业健康的检查制度,记录和保存检查的结果。对影响职业健康的因素应采取措施。

(四)环境保护管理

1. 根据批准的建设项目环境影响报告,编制用于指导项目实施过程的项目环境保护计划,其主要内容应包括:

(1)项目环境保护的目标及主要指标;

(2)项目环境保护的实施方案;

(3)项目环境保护所需的人力、物力、财力和技术等资源的专项计划;

(4)项目环境保护所需的技术研发、技术攻关等工作;

(5)落实防治环境污染和生态破坏的措施以及环境保护设施的投资估算。

2. 对项目环境保护计划的实施进行管理。主要管理内容如下:

(1)明确各岗位的环境保护职责和权限。

（2）落实项目环境保护计划必需的各种资源。

（3）对项目参与人员应进行环境保护的教育和培训，提高环境保护意识和工作能力。

（4）对与环境因素和环境管理体系的有关信息进行管理，保证内部与外部信息沟通的有效性，保证随时识别到潜在的事故或紧急情况，并预防或减少可能伴随的环境影响。

（5）负责落实环保部门对施工阶段的环保要求以及施工过程中的环保措施；对施工现场的环境进行有效控制，防止职业危害，建立良好的作业环境。施工阶段的环境保护应按《建设工程项目管理规范》（GB/T 50326—2017）执行。

（6）项目配套建设的环境保护设施必须与主体工程同时投入试运行。项目管理方应对环境保护设施运行情况和建设项目对环境的影响进行监测。

（7）建设项目竣工后，应当向审批该建设项目环境影响报告书（表）的环境保护行政主管部门申请该建设项目需要配套建设的环境保护设施竣工验收。环境保护设施竣工验收，应当与主体工程竣工验收同时进行。

3. 制定并执行项目环境巡视检查和定期检查的制度，记录和保存检查的结果。

4. 建立并保持对环境管理不符合状况的处理和调查程序，明确有关职责和权限，实施纠正和预防措施，减少产生环境影响并防止问题的再次发生。

第九章　工程验收、移交阶段管理

第一节　工作成果与目标

工程项目的竣工验收和移交是施工全过程的一道重要程序，是建设工程项目投资成果转入生产或使用的标志，也是全面考核投资效益、检验设计和施工质量的重要环节。

该阶段的工作成果包括建设项目竣工验收、备案、工程实体的移交以及相关技术资料的移交等。

一、质量目标

准备竣工验收，待移交工程的质量要符合国家相关法律、法规，地方性文件，以及建设项目合同中明确规定的质量要求。

二、进度目标

严格遵守在竣工验收规范中明确规定的时间节点，不拖沓、不冒进。做好各种工程工种的验收和移交工作。

三、投资目标

做好工程项目结算与决算阶段的项目管理工作，这是工程投资控制最重要的工作，直接影响工程造价和资金的支付。

第二节　责　　任

实行工程竣工验收备案制度，是规范工程竣工验收行为、保证工程质量的一项重要举措。新规定明确了竣工验收的主体是业主；在实际建设过程中，可以由项目管理方负责或协助业主完成竣工验收及移交阶段的工作；县以上工程质量监督机构对工程竣工验收实施监督。

一、业主

业主是该阶段的主体，竣工验收备案制度也加大了业主在竣工验收中的责任、权利和地位。业主在竣工验收合格之日起15日内向当地建设行政主管部门备案。

二、项目管理方

项目管理方受业主委托对工程全面监督，协助业主开展验收准备工作，协助业主完成竣工验收,其主要工作还包括项目管理事后控制。

三、施工监理方

施工监理受业主委托对建设工程进行全面的质量、安全监督,严格检查承包商的分部分项验收;督促和监督竣工验收,保证建设项目竣工验收的顺利进行,做到保质保量、及时到位。

四、质监机构

在申请阶段、验收阶段、备案阶段及时做好相应的审查和监督工作,按时提交质量监督报告等。

五、其他参建各方

参建各方,如勘察、设计、承包商、验收小组等,要做好自己的本职工作,积极主动提交规定的文件、报告、相应表单等。

第三节　任　　务

一、制订竣工验收方案

(1)协助业主开展验收准备工作。

(2)协助业主完成竣工验收。

二、检查竣工验收条件

(1)检查确认项目工程量。

(2)检查施工质量和施工文件。

(3)检查设计文件。

(4)核定质量等级。

(5)检查工程竣工档案资料。

(6)配合业主支付工程款。

(7)确认工程质量保修期的责任。

(8)检查工程竣工验收条件和资料是否符合要求。

三、协助完成竣工验收的实施

(1)项目管理工作档案资料的初步整理。

(2)组织专业项目管理工程师对竣工图进行审核。

(3)预验收小组组长审查整改结果并签署验收意见。

(4)组织编制工程质量竣工验收报告。

(5)组成竣工验收组,制订验收方案。

(6)申领《建设工程竣工验收备案表》和《建设工程竣工验收报告》。

(7)编制项目管理书面汇报材料。

(8)验收组人员审阅建设、勘察、设计、承包、项目管理方的工程档案资料,实地检查工程质量。

(9)竣工验收完毕。

(10)注明分阶段验收的部位和部分遗留事项。

(11)完成相关报审和审批工作后向业主提交。

(12)根据相关法律、法规要求,向业主移交项目竣工归档资料,并书面确认移交的内容。

四、准备备案所需文件资料

(1)房屋建筑工程和市政基础设施工程竣工验收备案表。

(2)房屋建筑工程和市政基础设施工程竣工验收备案表附件。

五、填写竣工验收备案表

(1)填写分项、分部工程质量验收证明书。

(2)填写项目管理方工程质量检查报告(合格证明书)。

(3)填写房屋建筑工程和市政基础设施工程竣工验收备案表。

六、项目移交准备工作

(略)

七、审核编制项目竣工结算书

(略)

八、落实业主的项目接管计划(程序)

(略)

九、编制项目移交清单

(略)

十、移交会议的举行

(略)

十一、审查项目移交报告

(略)

第四节 核心工作说明

一、竣工验收方案内容

(1)验收目标及要求。根据甲、乙双方合同目标,提出具体要求。

(2)验收评定标准。国家验收规范、设计文件、施工合同规定的质量标准。

(3)验收进度计划。排出各单位初验时间、消除缺陷整改期及整体正式验收时间。

(4)验收程序及步骤。承包商一级组织自验——自验报告——初验申请——项目管理批审——三方共同初验——初验报告——整改消除缺陷——整改复查——审核技术文件——正式验收。

(5)验收组织与分工。验收领导小组成员、专家组成员、专业验收单位及人员、验收人员职责。

(6)竣工资料的整理要求。包括开数、份数、卷宗编号、装订要求、资料内容要求、完成时间等。

二、检查竣工验收条件

(1)检查确认项目工程量。依据有关法律、法规、工程建设强制性标准、设计文件及施工合同,对承包单位报送的竣工资料进行审查,并对工程质量进行检查,确认是否已完成工程设计和合同约定的各项内容,达到竣工标准;对存在的问题,应及时要求承包单位整改。整改完毕由总监签署工程竣工报验单。

(2)检查施工质量和施工文件。承包商在工程完工之后,对工程质量进行全面检查,确认工程质量符合法律、法规、工程建设强制性标准、设计文件及施工合同要求。项目管理方应按有关规定在承包单位的质量验收文件和试验、检测资料上签字认可。

(3)检查设计文件。项目管理方对施工过程中发生形成的设计文件资料根据设计合同、国家规范、标准进行平行检查,确认文件符合规定,工程质量达到设计要求。

(4)核定质量等级。项目管理方在承包单位自评合格,勘察、设计单位认可的基础上,对竣工工程质量进行检查和核定质量合格,并应在此基础上向业主提出工程质量评估报告。

(5)检查工程竣工档案资料。

(6)配合业主支付工程款。项目管理方应配合业主确认工程量、工程质量,为业主及时支付工程款提供依据,业主在工程竣工验收前应按合同约定支付工程款。

(7)确认工程质量保修期的责任。

(8)要求承包单位按照建设行政主管部门及其委托的建设工程质量机构等有关部门要求整改的问题进行整改,使工程质量符合要求。

(9)检查工程竣工验收条件和资料是否符合要求。

三、建设项目竣工备案

(一)备案程序

1. 申请程序

建设单位应当自竣工验收合格之日起 15 日内,依据《房屋建设工程和市政基础设施工程竣工验收备案管理暂行办法》的规定,向竣工备案部门备案。办理备案时应提交如下文件:

(1)竣工验收报告;

(2)竣工验收报告附属文件;

(3)法律、法规、规章、规定必须提交的其他文件。

2. 审核及处理程序

备案审核部门应对照工程质量监督报告进行审查,并按下述程序进行处理:

(1)对符合条件的,审核人应在备案文件收齐 12 日内将审核后的备案文件报送备案主管人员,主管人员在 2 日内签发备案与否的文件,并反馈给审核人员;

(2)对于不符合条件的,应一次性告知未达要求内容;

(3)对于违反有关规定程序、文件不全、工程质量不符合国家建设标准强制性条文要求的,建设单位要限期整改,整改达到要求后,重新申请备案;

(4)对于竣工验收过程中有违反国家有关建设质量管理规定行为的,应当在收讫竣工验收备案文件 15 日内,责令停止使用,重新组织竣工验收;

(5)对于符合条件的,出具工程竣工备案证明,备案文件归档。

(二)实施竣工备案项目范围

(1)本市行政区域内土木工程、建筑工程、线路管道和设备安装及装修工程。

(2)抢险救灾工程、临时性房屋建筑工程和农民自建房屋住宅工程、家庭装潢等不适用本办法。

(3)军用房屋建筑工程的竣工验收备案,按照中央军事委员会的有关规定执行。

(三)备案所需文件资料

(1)建设工程竣工验收报告。

(2)建设工程施工许可证。

(3)施工图设计文件审查意见,建筑工程施工图审查通过项目表。

(4)承包单位工程质量竣工报告(合格证明书)。

(5)勘察单位工程质量竣工报告(合格证明书)。

(6)设计单位工程质量竣工报告(合格证明书)。

(7)项目管理方工程质量竣工报告(合格证明书)。

(8)工程质量保修书(新建住宅质量保修书)。

(9)住宅使用说明书。

(10)规划行政主管部门准许使用文件。

(11)公安消防主管部门准许使用文件。

(12)环保主管部门准许使用文件。

(13)建设项目竣工档案预验收合格证。

(14)建设工程质量检测报告和功能测试资料汇总表。

(15)单位工程竣工验收记录。

(16)竣工验收应整改质量问题备忘录。

(17)整改完毕报告。

(18)泼水试验记录。

(19)排污水检查记录表。

(20)单位工程竣工通水记录。

(21)卫生器具盛水记录表。

(22)电气(设备)工程线路绝缘测试记录表。

(23)接地(保护)电阻值测试记录表。

(24)电气通电记录表。

(25)工程线路漏电保护测试记录。

(26)工程沉降观测记录表。

(27)现浇楼板板厚、裂缝检查记录表。

四、验收遗留问题的处理

投资项目竣工验收时,对影响生产和使用的遗留问题,应实事求是地加以妥善处理。凡已达到竣工验收标准的投资项目,存在下列一项或数项问题的情况下,亦可办理验收移交手续:

(1)遗留收尾工程的项目,应根据初步设计的决定,参照实际境况,在验收中一次审定收尾的内容、数量、投资和完成期限。少量的收尾工程可以一次划给承包单位负责包干实施。分期建设分期投产的项目,前一期工程验收时遗留的少量收尾工程,也可以在建设后一期工程时由业主一并组织移交实施。

(2)投产后原材料、协作配套件供应等外部条件未落实的项目,在验收交付使用时,由承包单位继续抓紧解决。

(3)"三废"治理工程,必须严格按照规定与主体工程同时建成交付使用。个别项目由于历史原因未能完全做到,可由验收小组会同地方环保部门按照排放"三废"的危害程度区别对待。

(4)劳动保护措施必须严格按照规定与主体工程同时建成、同时交付使用。对竣工时遗留的或试车中发现的、必须新增的安全、卫生设施,要限期完成。

五、项目移交

(一)项目移交准备

项目移交类型和范围,见表9-1。

表9-1 项目移交类型和范围

项目类型	移交范围
个人投资项目	合同规定的项目成果,完整的项目文件、项目合格证书、项目产权证书等
企事业投资项目	合同规定的项目成果,完整的项目文件、项目合格证书、项目产权证书等
政府投资项目	项目管理方向业主进行项目验收和移交,以及所有权的移交;业主向政府进行项目验收和移交,由政府有关部门组成验收小组,在项目竣工验收试运行一年左右时间后,进驻现场,在全面建成项目的质量、档案、环保、安全、财务、预算以及项目运行的性能指标、参数后,进行项目的移交

(二)项目移交

《中华人民共和国合同法》第二百七十九条规定,建设工程竣工后,发包人应当根据施工图纸及说明书、国家颁发的施工验收规范和质量检验标准及时进行验收。验收合格的,发包人应当按照约定支付价款,并接受该建设工程。建筑工程竣工验收合格后方可移交使用;未经验收或验收不合格的,不得交付使用。

工程完成竣工验收,建设单位、设计单位、监理单位和其他有关单位在工程竣工验收报告上签字,完成竣工结算后,承包人即可以与发包人办理工程移交手续,工程移交包括竣工资料移交和工程管理权的移交。

竣工资料移交有两方面含义:一是承包人将本单位在工程建设过程中形成的竣工资料向本单位档案管理部门移交,移交内容包含项目所属的承建范围内的所有内容;二是承包人将本单位在工程建设过程中形成的竣工资料向发包人移交,内容是有关部门和规章制度所规定的。

工程管理权的移交主要是以施工单位完成交工手续、签署工程质量保修书、撤离施工现场、解除全部管理责任为标志。

六、试运行与维修手册

试运行管理内容一般包括试运行准备、试运行计划、人员培训、试运行过程指导和服务等。试运行经理应负责组织试运行与项目设计、采购、施工等阶段的相互配合及协调工作。

(一)试运行计划

(1)试运行计划应根据合同和项目计划,在项目初始阶段由试运行经理组织编制。试运行计划应经业主确认或批准后实施。

(2)试运行计划的主要内容控制,包括试运行总的说明、组织及人员、试运行进度计划、培训计划、试运行方案、试运行费用计划、业主及相关方的责任分工等内容。

(3)试运行计划应对施工目标、进度和生产准备工作提出要求,并保持协调一致。

(4)试运行计划应根据项目的特点,合理安排试运行程序和周期,并充分注意辅助配套设施试运行的协调。

(5)根据合同约定和建设项目的特点及要求,编制(或协助业主编制)培训计划。

(6)培训计划控制内容,包括培训目标、培训的岗位和人员、时间安排、培训与考核方式、培训地点、培训手册或资料、培训设备和培训费用等内容。

(7)培训计划应经业主批准后实施。

(8)试运行经理应负责组织或协助业主编制试运行方案。

(9)试运行计划控制内容:

①总说明:项目概况、编制依据、原则、试运行的目标、进度、试运行步骤,对可能影响试运行计划的问题提出解决方案;

②试运行组织及人员:提出参加试运行的相关单位,明确各单位的职责范围及分工。提出试运行组织指挥系统和人员配备计划,明确各岗位的职责分工;

③试运行进度计划:试运行进度表;

④培训计划:培训范围、方式、程序、时间以及所需费用等;

⑤试运行方案:列出总体和各项具体试运行方案的清单、分工、阶段、内容及完成时间,试运行用水、电、汽、油料和其他物料等用量及平衡情况(包括对设计、施工、安全、职业健康和环境保护的要求等);

⑥物资、技术资料及规章制度的准备要求:试运行需要的原料、燃料、物料和材料的落实计划,试运行及生产中必需的技术规定、安全规程和岗位责任制等规章制度的编制计划;

⑦试运行费用计划:试运行费用计划的编制和使用原则,应按计划中确定的试运行期限、试运行负荷、试运行产量、原材料、能源和人工消耗等计算试运行费用;

⑧业主及相关方的责任分工:通常应以业主为领导,组建统一指挥体系,明确各相关方的责任和义务。

(二)试运行实施

(1)项目管理方应检查试运行前的准备工作,确保已按设计文件及相关标准完成项目范围内的生产系统、配套系统和辅助系统的施工安装及调试工作,并达到竣工验收标准。

(2)试运行经理应组织或协助业主落实试运行的技术、人员、物资等安排情况。

(3)试运行经理应组织检查影响合同的考核指标达标,尚存在的关键问题及其解决措施是否落实。

(4)合同目标考核工作应由业主负责组织实施,试运行经理及试运行服务人员参加并承担技术指导和服务。

(5)合同目标考核时间和周期按合同约定或商定,在考核期内当全部保证值达标时,合同双方或相关方代表应按规定签署考核合格证书。

(6)培训服务的内容应依据合同约定或业主委托确定,一般包括编制培训计划,推荐培训方式和场所,对生产管理和操作人员进行模拟培训和实际操作培训,并对其培训考核结果进行检查,防止不合格人员上岗给项目带来潜在风险。

(三)保修与回访

1. 建立工程交接后的工程保修制度

工程保修应按合同约定或国家有关规定执行。

2.《工程质量保修书》的内容

(1)工程名称及编号;

(2)合同名称及编号;

(3)保修范围(按比例合同约定);

(4)保修责任(包括承包商和分包人应负的责任);
(5)保修期限;
(6)保修费用处理原则或规定(应符合合同约定和要求);
(7)质量保修负责人(通常应由业主同意或认可)的承诺及签署。

3. 维修手册简要介绍

随着规范化项目管理的持续发展和市场的不断开拓,技术资料的归档管理工作日趋重要。为完善技术资料的归档,加强技术档案的管理工作,促进工作的规范化,提高工作效率,方便运行后项目的物业管理和维修,需要组织人员编写相关维修手册。

编写小组由项目管理方牵头,承包商、设计方、其他咨询方等参建单位参加具体维修手册编写工作。维修手册的编写可以包括建设项目主体结构、主要设备、水电空调系统等维修及日常保养注意事项,详细注明具体的维修问题或故障,并阐明了具体的维修及解决处理措施和方法。

维修手册的编写将对建设项目的使用起到方便有效的帮助,同时,给项目管理方工作的改进和研发带来良好的促进作用,使项目管理方提供的服务更能符合客户的需求,给客户带来更大的经济和社会效益。

七、项目管理后评估

(一)项目管理绩效考评

项目管理班子绩效考评内容,见表9-2。项目管理班子绩效考评方法,见表9-3。

表9-2 项目管理班子绩效考评内容

考评项目	简要说明
工作业绩考评	工作业绩考评是项目管理班子考评的核心内容,这一结果反映了项目管理班子成员对项目的贡献大小,具体表现为工作量的大小、工作效果的好坏及创造性成果
工作能力考评	工作能力评价是项目管理班子考评的一项重要内容,这一结果反映项目管理班子项目管理成员完成项目工作的能力,具体体现为基本能力、业务能力和素质评价
工作态度考评	这一结果反映了项目管理班子成员对项目工作的认真程度和积极性,具体体现为工作积极性、遵纪守法的自觉性、对本职工作的态度和对项目的热情和责任感

表9-3 项目管理班子绩效考评方法

考评方法	简要说明
评分表法	采用此种方法需要列出一系列工作绩效的构成指标,以及工作绩效的评价等级。在进行绩效考评时,要针对每一位项目管理班子成员的实际情况,对每一项考评指标进行打分,然后将所得分数相加,最终得到工作绩效的考评结果
工作标准法	这是项目管理班子成员的工作与项目组织制定的工作标准相对照,从而评价并确定项目管理班子成员的绩效的方法

表9－3(续)

考评方法	简要说明
排序法	把项目管理班子成员按照一定的标准进行评价,然后将评价结果采用由高到低,或者由低到高进行排序的项目绩效考评方法
描述法	使用一种简单的书面鉴定做出绩效考评的方法

(二)项目经理绩效评价体系

项目经理绩效评价,见表9－4。

表9－4　项目经理绩效评价

评价指标	具体要求	评价标准
项目总体成效:指项目总体完成情况	工期要求	是否按时完成
	功能要求	是否实现既定的功能
	质量要求	是否符合业主要求或通过相关验收标准
	造价要求	是否在预算范围内,开发费用是否具有市场竞争力
	推广要求	项目管理方法是否具有可推广性
时间管理成效:主要指项目经理领导的项目管理班子时间安排情况以及时间利用效率的高低程度	时机的把握	指项目经理意识到并及时把握促进项目进展时机的程度
	时间管理的规范化	指项目管理班子明确时间要求,以及班子成员严格遵守的程度
	工作时间效率	指项目经理及其班子成员在工作中时间利用效率的高低程度
团队管理成效:指项目管理班子在团队管理和建设方面所取得的成绩	角色的到位	指项目管理班子成员明确自身的职责,达到角色的要求,并遵从该角色的程度
	群体凝聚力	指项目管理班子内部目标价值的一致和对工作对象看法的一致程度
	团体工作意愿	指项目管理班子成员相互协作以及对班子事情的承诺及兑现程度
	激励强度	指项目经理是否能有效利用激励手段和人格魅力使每个小组成员都最大限度地贡献自己的才能
工作关系处理成效:指项目经理与所负责的项目管理班子在工作中处理人际关系以及解决各种冲突方面所取得的成效高低程度	与业主之间的协调	指在业主需求、项目进度、实施过程、项目验收和移交维修等方面的协调过程中与业主保持良好的合作关系
	班子内部	指项目管理班子在项目的开发和实施过程中,项目经理与班子成员之间以及成员与成员之间信息通畅、配合默契、协作一致的程度
	班子外部	指和其他参建各方之间的关系,以及参与管理的程度

第十章　建设项目竣工档案管理

市政建设工程竣工验收后，建设单位应严格按照国家有关档案管理的规定，及时收集、整理建设项目各环节的文件资料，建立、健全建设项目档案，并及时向建设行政主管部门或其他有关部门移交建设项目档案。

第一节　竣工档案管理的要求

建设项目档案是记录和反映施工项目全过程工程技术与管理档案资料的总称。项目档案的整理应执行《建设工程文件归档整理规范》(GB 50328—2014)的规定，应做到图物相符、数据准确，填写、审批、签章手续完备，不得擅自修改、伪造和后补。

(1)建设单位或其委托的项目管理单位应督促施工单位根据国家和有关部门发布的工程档案资料管理和标准的规定，及时制定行之有效的工程竣工资料形成、收集、整理、交接、立卷、归档的管理制度。

(2)施工单位的竣工资料的收集和整理，要安排有经验或经过专业培训的人员具体负责。工程竣工资料应随施工进度进行及时整理，应按系统和专业分类组卷，施工现场资料交接要及时、真实，实行归口整理，保证竣工资料组卷的有效性。

(3)施工单位移交的工程竣工资料应齐全、完整、准确，标识、编目、组卷、书写应符合科技档案管理质量的要求，符合国家城市建设档案管理和基本建设项目(工程)档案资料管理和建设工程文件归档整理规范的有关规定。

(4)施工项目实行总承包的，分包项目经理部负责收集、整理分包范围内的工程竣工资料，交总包项目经理部汇总、整理。工程竣工验收时，由总包人向发包人移交完整、准确的工程竣工资料；施工项目有多个承包人的，由各承包人的项目经理部负责收集、整理所承包工程范围的工程竣工资料。工程竣工报验时，交发包人汇总、整理，或由发包人委托一个承包人进行汇总、整理，竣工验收时进行移交。

(5)为了确保施工项目顺利交工，竣工验收前，发包人应督促承包人负责汇总、整理所承包工程范围内的竣工资料，包括取得监理机构签署认可的报审资料。现场项目经理在审核施工单位全过程中建立的竣工资料时，对存在的问题要提出整改要求，在交付竣工验收前加以解决。

(6)工程竣工资料的整理组卷排列时，应达到完整性、准确性、系统性的统一，做到字迹清晰、项目齐全、内容完整，各种资料表格式应统一。

(7)整理工程竣工资料的依据：一是国家有关法律、法规、规范对工程档案和竣工资料的规定；二是现行建设工程施工及验收规范和质量标准对资料内容的要求；三是国家和地方档案管理部门与工程竣工备案部门对竣工资料移交的规定。

第二节　工程竣工资料的构成

竣工资料的内容应按技术管理、专业管理、质量管理的不同属性和特点，进行科学的划分，以便于分类管理。工程竣工资料一般以单位工程为对象整理组卷，案卷构成应符合《科学技术档案案卷构成的一般要求》（GB/T 11822—2008）。竣工资料的内容一般应包括工程施工技术资料、工程质量保证资料、工程检验评定资料、工程竣工图以及规定的其他应交资料。

一、工程施工技术资料

工程施工技术资料是建设工程施工全过程的真实记录，是施工各阶段客观产生的工程施工技术文件。工程施工技术资料的整理应始于工程开工，终止于工程竣工完成验收，可按形成规律收集，采用表格方式分类组卷，工程施工技术资料的主要内容包括：

（一）工程准备阶段资料

1. 招投标文件及合同

承包人的投标文件向发包人保存，施工合同由承发包双方各自保存，由发包人报送当地建设主管部门备案。

2. 项目经理部及负责人名单

项目经理、项目副经理应注明资质等级及编号，项目技术负责人应有专业技术职务任职资格及编号，施工管理负责人应有相应的上岗证书及编号，且书面通知发包人、监理人和报送当地建设主管部门备案。

（二）施工技术准备资料

1. 工程开工报告（包括复工报告）

工程开工（或复工）报告应由承包人在施工准备各项工作完毕或复工条件具备后提出，每个单位工程开工（或复工）都应填写；发包人办理的施工许可和工程监理手续已经完备，具备施工条件；承包人、发包人、监理人应在工程开工（包括复工）报告上签认，报审手续齐备。

2. 施工组织设计（方案）

施工组织设计（方案）应在组织施工前编制并报上级审批，编制补充、变动施工方案，应有补充、变动的审批手续；实行建设监理的，应填写报审表至监理人，审查同意后方可执行。

3. 图纸会审纪要（记录）

每次会审结束，均应做好记录，形成会议纪要，与会各方代表应在会议纪要上签字确认；图纸会审纪要和各种会议记录应有连续编号备查；施工完毕按自然编号作为竣工资料整理归档。

4. 技术交底记录

技术交底应包括设计交底、施工组织设计（方案）交底、主要分项工程技术交底；技术交底内容应具体，主要项目应齐全，各项交底内容应有文字记录；技术交底程序应严肃、认真，每次交底双方均应有签认手续。

5. 工程施工图预算

承包人负责编制,送监理人和发包人审查。

6. 施工日志

施工日志应逐日填写,不得遗漏后补,竣工时归档;记录内容应反映进度、气象、质量、安全等情况;记录主要施工部位的特殊措施和施工方法;记录上级领导和有关部门对施工中提出的要求、意见和做出的决定等;记录应连续完整,与实际情况相符,不得与其他相关资料产生矛盾。

(三)施工现场准备资料

1. 控制网设置资料

控制网的设置应准确,应有图示和签认手续。

2. 工程定位测量资料及复核记录

每个单位工程都应有定位测量资料,坐标与原有建筑物相对距离应清楚;定位测量包括建筑物位置线、现场标准水准点、坐标点(标准轴线柱、平面示意图)、工程轴线、定位桩、高程测量应有复核记录。

3. 基槽开挖测量资料

轴线、放坡边线、断面尺寸、标高、坡度等应验钱,并履行报验签认手续。

4. 施工安全措施

采用的安全措施应有资料,安全技术交底应履行签字手续;工伤事故资料应建档。

5. 施工环保措施

文明施工资料应建档,原则上由承包人保存;有关施工环保方面的资料,按约定应提交的,应向发包人移交。

(四)地基处理记录

1. 地基勘探记录和勘探平面布置图

应按规定绘制勘探平面布置图;勘探应有记录资料,记录应签认审核。

2. 验槽记录和地基处理记录

地基验槽应做记录,有关各方要签认;地基处理应有试验资料、夯实报告、下沉量记录、夯击记录等;处理情况应有复验记录。

3. 桩基施工记录

应按规定建立打桩施工记录;桩基检测应按规定进行质量检查;检测资料应齐备。

4. 试桩记录和补桩记录

试桩应按规定做好试桩记录;补桩应有平面示意图。

(五)工程图纸变更记录

1. 设计会议会审记录

设计会审提出的问题应有会议记录;由设计单位签章作为正式设计文件指导执行施工。

2. 设计变更记录

设计变更具有施工图补充效力，应由设计技术负责人签发并盖有设计单位公章；设计变更通知应及时办理，签认手续应完整，必要时应有图示；实行总分包管理的项目，分包工程的设计变更应通过总包人后办理。

3. 技术核定和工程洽商记录

技术核定与设计施工图等效，有关变更的技术核定或洽商记录，应由设计、施工、监理、建设等各方代表签认；设计单位若委托监理人、发包人办理技术核定，应依法办理委托签认手续。

（六）施工记录

1. 工程定位测量检查记录

工程定位测量应有检查记录；检查记录应完整，应有签认手续。

2. 预检工程检查记录

预检内容应注明部位，并说明预检要求；预检意见应明确，复查验收交接手续应完备。

3. 冬季施工混凝土搅拌测量记录

包括大气温度、原材料温度、搅拌出机温度等均应详细记录；测温记录应全面记载。

4. 冬季施工混凝土养护测温记录

应有混凝土入模时的气温记录、养护温度记录、内外温养记录等；应有测温点布置图，包括测温部位和深度等。

5. 沉降观测记录

有沉降观测要求的工程，应根据设计、施工及验收规范的要求执行；按规定设沉降观测点，对观测的实际情况做好记录。

6. 结构吊装记录

预制混凝土结构及大型构件吊装记录内容应全面；结构吊装应有吊装平面图，完工应有验收记录，应有签认手续。

7. 现场施工预应力记录

内容应包括各种试验、施工、交底、张拉记录等；现场预应力张拉施工的质量检查应做好评定记录。

8. 工程竣工测量

工程竣工应进行测量，并做好测量记录；竣工测量应履行验收手续。

9. 新型建筑材料

使用新型建筑材料应有法定单位出具的鉴定证明；产品应有质量标准、使用说明和工艺要求，使用前的检验报告等。

10. 施工新技术

施工新技术的应用应进行鉴定，应有建设主管部门签发的确认文件；应用情况应有施工新技术的总结。

11. 其他施工记录

钻孔桩应有钻进记录及成孔质量检查记录，沉井工程下沉、构筑物沉降应有观测记录，浇筑混凝土应有浇灌记录，管道、箱涵施工应有工程项目推进记录，设备安装工程应做好调试，测定记录等。

12. 工程复核抄测记录

工程复核应有设计标高、实测、误差等的抄测记录；工程复核抄测应附图说明，做出结论。

（七）工程质量事故处理记录

1. 工程质量事故报告

发生质量事故应有报告，对质量事故进行分析；应按规定程序报告。

2. 事故处理记录

应做好事故处理鉴定记录；建立质量事故档案，主要包括质量事故报告、处理方案、实施记录和验收记录。

（八）工程竣工文件

1. 工程竣工报告

工程竣工报告应在承包人工程竣工自检合格后提出，竣工条件结论应明确；实行建设监理的，应填写工程竣工报验单及工程竣工报告至监理人审查；项目经理、企业技术负责人、企业法定代表人应在工程竣工报告上签字并加盖公章。

2. 工程竣工验收报告及验收备案表

工程竣工验收报告应对质量检验、结构安全、使用功能等做出综合评价；有中间交工工程的，可分阶段进行竣工验收，并办理中间验收手续；承包、发包、监理、设计和其他有关部门应在竣工验收报告上签认。

3. 工程质量保修书

作为施工合同附件的，工程质量保修书应在竣工验收前签署；保修期限、范围和内容应符合质量保修的规定和合同的约定。

4. 工程预（结）算

工程预（结）算资料应按时整理；工程竣工结算的内容应包括结算报告和结算资料；办完工程竣工结算后归档。

5. 施工项目管理总结

施工项目技术总结；施工项目经济总结；施工项目管理总结报告。

二、工程质量保证资料

工程质量保证资料是建设工程施工全过程中全面反映工程质量控制和保证的依据性证明资料，诸如原材料、构配件、器具及设备等质量证明、合格证明、进场材料、施工试验报告等。根据行业和专业的特点不同，依据的施工及验收规范和质量检验标准不同，其具体又分为土建工程，给水、排水工程，机电设备安装工程，以及其他行业的专业工程质量保证资料，要求根据各类工程的规律和特点，按照相关技术规范、标准、规程的规定进行系统整理。

（一）材质证明及材料试验资料

1. 原材料的材质证明

（1）原材料的出厂合格证或材质证明，应进行统计汇总装订。

(2)各种原材料应有现场复试报告,并有试验汇总表。

2. 成品、中成品出厂质量合格证

(1)应有质量合格证和交接手续。

(2)出厂应有试验报告及现场的汇总表。

3. 构配件的质量证明

(1)预制构件、管材、管件、钢构件等应有出厂合格证。

(2)有相应的技术资料和试验汇总表。

4. 设备出厂合格证明文件

(1)各类设备应有出厂合格证、汇总表。

(2)各类设备的安装技术及使用说明书等资料应齐全。

(3)各类设备质量文件应进行分类收集装订。

5. 开箱检验报告

(1)工程成套设备和配件应有开箱检验记录。

(2)跟随设备的技术文件应齐全完整。

(3)交接双方应有签认手续。

(二)施工实验记录资料

1. 土壤试验报告

(1)素土、灰土干密度试验报告齐全,并有汇总表。

(2)素土、灰土击实试验报告齐全,并有汇总表。

2. 砂浆试块试验报告

(1)应有试配申请和试配后的配合比通知单。

(2)应有砂浆(试块)的标准养护抗压强度试验报告。

(3)应有砂浆试块强度统计、评定记录。

3. 混凝土试块试验报告

(1)应有试配后的配合比通知单。

(2)应有混凝土试块强度试验报告。

(3)应有混凝土试块强度统计、评定记录。

4. 道路压实、强度试验记录

(1)回填土、路床压实试验及土质试验报告应齐全。

(2)应有各类无机混合料基层标准击实试验报告。

(3)应有道路的强度、压实度试验记录。

5. 钢材试验报告

(1)应有钢筋(材)焊、连接试验报告。

(2)试验报告应齐全、完整、汇总。

6. 隐蔽工程检查(验收)记录

(1)隐蔽工程检查(验收)记录应附图及文字说明;

(2)隐蔽工程检查(验收)的项目、内容、评语应齐全准确;各方代表签字手续应齐备。

7. 功能性试验资料

(1)应有道路工程的弯沉试验记录,桥梁的动、静载试验记录。

(2)应有压力、非压力管道的强度、通球、严密性等试验记录。
(3)应有电气绝缘、接地电阻测试记录,照明、动力试运行记录。
(4)凡有其他功能性试验记录也应齐全完整。

三、工程检验评定资料

工程检验评定资料是建设工程施工全过程中按照国家现行工程质量检验标准,对施工项目进行单位工程、分部工程、分项工程的划分,再由分项工程、分部工程、单位工程逐级对工程质量做出综合评定的工程检验评定资料。但是,由于各行业、各部门的专业特点不同,各类工程的检验评定均有相应的技术标准,工程检验评定资料的建立应按相关的技术标准办理。

(一)工序工程质量评定记录

(1)按相关专业工程质量验收标准的规定填写。
(2)参加检验评定的签章手续应完备。

(二)部位工程质量评定记录

(1)应按相关专业工程质量验收标准的规定评定填写。
(2)相关验收基础资料应配套。
(3)参加评定的签章手续应完备。

(三)分部工程质量评定记录

(1)应按相关的专业工程验收标准评定。
(2)与分部工程相关的验收资料应配套。
(3)参加评定的签章手续应完备。

(四)单位工程质量评定表

(1)报验单位应齐全配套。
(2)验收评定手续应完整。

四、工程竣工图

竣工图是建设工程施工完毕的实际成果和反映,是建设工程竣工验收的重要备案资料。竣工图的编制整理、审核盖章、交接验收应按国家对竣工图的要求办理。承包人应根据施工合同的约定,提交合格的竣工图。

(一)竣工图编制的有关规定

竣工图是真实、准确、完整反映与记录各种地下和地上建筑物、构筑物等详细情况的技术文件,是工程竣工验收、投产或交付使用后进行维修、扩建、改建的依据,是生产(使用)单位必须长期妥善保存和进行竣工备案的重要工程档案资料。

竣工图的编制,应按国家建委 1982 年(建发施字 50 号)《关于编制基本建设竣工图的几项暂行规定》执行。地下管线工程竣工图的编制,应按 1995 年中华人民共和国行业标准

《城市地下管线探测技术规程》(CJJ61—2017)中的有关规定执行。

国家档案局、国家计委印发的《基本建设项目档案资料管理暂行规定》第十二条规定:“竣工图是工程的实际反映,是工程的重要档案,工程承发包合同或施工协议要根据国家对编制竣工图的要求,对竣工图的编制、整理、审核、交接、验收做出规定,施工单位不按时提交合格竣工图的,不算完成施工任务,并应承担责任。”

(二)编制竣工图所需的费用

编制竣工图所需的费用,《基本建设项目档案资料管理暂行规定》第十四条规定:编制竣工图的费用,按下列办法处理:

(1)因设计失误造成变更较大,施工图不能代用或利用的,由设计单位绘制竣工图,并承担其费用。

(2)因建设单位或主管部门要求变更设计,需要重新绘制竣工图时,由建设单位绘制或委托设计单位绘制,其费用由建设单位在基建投资中解决。

(3)第1、第2项规定以外的,则由施工单位负责编制竣工图,所需费用,由施工单位自行解决。

(三)竣工图编制的基本要求

1. 施工图没有重大变更、变动

施工图没有变更、变动的,可由承包人(包括总包和分包)在原施工图上加盖“竣工图”章标志,即作为竣工图;在施工中,虽有一般设计变更,但能将原施工图加以修改补充作为竣工图的,可不再重新绘制,由承包人负责在原施工图(但必须是新蓝图)上注明修改的部分,并附设计变更通知单和施工说明,加盖“竣工图”章后,即可作为竣工图。

2. 施工图有重要变更、变动

施工图有结构形式改变、工艺改变、平面布置改变、项目改变以及其他重大的改变,不宜在原施工图上修改、补充的,应重新绘制改变后的竣工图。由于设计原因造成的,由设计人负责重新绘制;由于施工原因造成的,由承包人重新绘制;由于其他原因造成的,由发包人(或监理人)自行绘制或委托设计人绘制,承包人在新图上加盖“竣工图”章标志,并附有关记录和说明,作为竣工图。重大的改建、扩建工程涉及原有工程项目变更时,应将相关项目的竣工图资料统一整理归档,并在原案卷内增补必要的说明。

3. 各种建设工程的隐蔽部位都应绘制竣工图

各种竣工图的绘制,应在施工过程中着手准备,由项目技术负责人和现场施工管理人员负总责,在施工中做好隐蔽工程检查验收记录,整理好设计变更文件,确保竣工图的编制质量。在编制竣工图前,对工程的全部变更文件逐一进行审查核对,并分别盖上“已执行”和“未执行”章。如整个变更文件已执行,则在该变更文件标题处盖“已执行”章,未执行的情况则盖“未执行”章;如一份变更文件中有部分条款未执行,则分别在已执行或未执行条款处盖“已执行”和“未执行”章。

4. 竣工图必须与实际情况和竣工资料相符

要保证竣工图图纸质量,做到规格统一,图面整洁、字迹清楚,不得用圆珠笔或其他易褪色的墨水绘制,并经项目技术负责人审核签认。按照现行《建设工程监理规范》规定,竣工图还要提交监理人审查签认,作为竣工资料备案方为有效。竣工图的编制一般不得少于两套,有特殊要求的,如全国性的重大项目等,按约定或规定,可另增加编制一套,并按规定的初步验收和竣工验收程序移交,作为工程档案长期保存。竣工图章的内容和规格尺寸,应符合国家和地方档案主管部门或备案部门的规定。

五、规定的其他应交资料

除上述资料外,项目竣工档案还需包括以下资料:

1. 建设工程施工合同。

2. 施工图预算、竣工结算。

3. 工程项目施工管理机构(项目经理部)及负责人名单。

4. 工程竣工验收记录。

5. 工程质量保修书。

6. 凡有引进技术或引进设备的项目,要做好引进技术和引进设备的图纸、文件的收集与整理。

7. 地方行政法规、技术标准已有规定和施工合同约定的其他应交资料,均应作为竣工资料汇总移交。

第十一章　基础工程设计的原则及要求

第一节　基础工程概述

一、基础工程的设计内容

基础工程设计包括基础设计与地基设计。基础设计包括基础形式的选择、基础埋置深度的选择及基底面积大小、基础内力和基础断面计算等内容；地基设计包括地基原载力的确定、地基变形计算、地基抗滑及抗倾覆等计算。基础工程设计应综合考虑上部结构形式、荷载大小及其分布情况，以及地基土的物理力学性质、土层分布、地下水位及其变化等情况，即包括基础结构设计和地基设计两部分内容，简称为地基基础设计。

二、基础工程的设计原则

（一）建筑结构功能要求

为了保证建筑物的安全、稳定和正常使用，《建筑结构可靠性设计统一标准》（GB 50068—2018）规定，建筑结构应满足以下功能要求：

（1）安全性。安全性是指能承受在正常施工和正常使用过程中可能出现的各种作用（结构荷载、施工荷载等）。

（2）适用性。适用性是指在使用过程中应具有良好的工作性能。

（3）耐久性。耐久性是指在正常维护条件下应能满足使用年限的要求。

（4）稳定性。稳定性是指在偶然事件发生时且发生后，仍能保持必需的整体稳定。

（二）基本设计计算原则

建筑物的地基基础和上部结构是共同作用的，基础作为建筑物的下部结构，显然必须满足上述要求。地基承受建筑物的全部荷载，一旦破坏，基础与上部结构都会发生不同程度的位移、变形甚至破坏，因而，地基也应适应建筑物的设计要求。因此，在进行基础工程设计时，首先必须有一个上部结构——基础、地基相互作用的整体观点。基础工程设计的目的是设计一个安全、经济和可行的地基与基础，以保证上部结构的安全和正常使用。基础工程的基本设计计算原则如下：

（1）地基应具有足够的强度，满足地基承载力的要求。这个原则的核心是通过基础传递给地基的平均压力（即基底压力）应小于或等于修正后地基承载力的特征值。这意味着地基经过一段时间的压缩变形后即可趋于稳定，能够保证结构的正常使用。相反，如果基底压力等于地基极限承载力，那就意味着地基处于破坏临界状态，没有足够的安全保证。

（2）地基与基础的变形应满足建筑物正常使用的允许要求。这个原则是根据建筑物的破坏,多数是由于地基变形不均匀造成的事实提出的。上部结构除木结构外,砖石结构和混凝土结构等都只能适应较小的差异沉降,而地基的变形往往较大,可能从几厘米至几十厘米,并且难以准确计算。一般来说,地基的变形越大,产生的差异变形也越大。在执行这个原则时,还应明确以下两个问题:

地基变形计算是在未考虑上部结构刚度的情况下进行的,与实际情况会有相当大的误差;地基允许变形值是根据实际建筑物在不同类型地基上的长期观测资料提出来的,它是上部结构、基础、地基三者相互作用的结果。只有充分认识这两个问题后,才能灵活运用这个原则。再则,由于计算与实测存在基本条件方面的差别,易于引出错误的结论,造成浪费;另一方面,也会发生认为计算值不可靠,而忽视计算的倾向,其结果也将造成大量的浪费,甚至造成严重的工程事故。

(3)地基与基础的整体稳定性应有足够保证。这个原则的制定目的是使地基基础具有抗倾覆、抗滑的能力。众所周知,地基失稳破坏造成的事故往往是灾难性的,如房屋倒塌、人员伤亡和交通阻断。在山区建设中,为了防止地基失稳而修建的支挡结构和排水设施,其所需费用可达到整个工程造价的50%以上。

(4)基础本身应有足够的强度、刚度和耐久性。

(5)地基基础的设计,还必须坚持因地制宜、就地取材的原则。根据岩土工程勘察资料,综合考虑结构类型、材料供应与施工条件等因素,精心设计,以保证建筑物的安全和正常使用。

随着科学技术的发展,为与国际上建筑物及基础工程设计标准接轨,我国目前新制定的许多工程设计规范规定“建筑物采用以概率理论为基础的极限状态设计方法”,以便在建筑设计上做到技术先进、经济合理和安全适用。

第二节　基础工程的设计等级及基本要求

一、基础工程的设计等级

建(构)筑物的安全和正常使用,不仅取决于上部结构的安全储备,还要求地基基础有一定的安全度。因为地基基础是隐蔽工程,所以不论地基或基础哪一方面出现问题或发生破坏都很难修复,轻者影响使用,重者导致建(构)筑物破坏,甚至酿成灾害。因此,地基基础设计在建(构)筑物设计中的地位举足轻重。根据地基复杂程度、建筑物规模和功能特征,以及由于地基问题可能造成建筑物破坏或影响正常使用的程度,《建筑地基基础设计规范》(GB 50007—2011)将地基基础设计分为三个设计等级(表11-1),设计时应根据具体情况进行选用。

《公路桥涵地基与基础设计规范》(JTG D63—2007)中虽然没有明确在基础设计中划分建(构)筑物安全等级,但在实际应用中是根据公路等级与桥涵跨径分类相结合的原则来区分建(构)筑物等级的。

表 11－1　地基基础设计等级

设计等级	建筑和地基类型
甲级	重要的工业与民用建筑物； 30 层以上的高层建筑； 体型复杂，成熟相差超过 10 层的商低层连成一体的建筑物； 大面积的多层地下建筑物（如地下车库、商场、运动场等）； 对地基变形有特殊要求的建筑物； 复杂地质条件下的坡上建筑物（包括高边坡）； 对原有工程影响较大的新建建筑物； 场地和地基条件复杂的一般建筑物； 位于复杂地质条件及软土地区的二层及二层以上地下室的基坑工程； 开挖深度大于 15 m 的基坑工程； 周边环境条件复杂、环境保护要求高的基坑工程
乙级	除甲级、丙级以外的工业与民用建筑物； 除甲级、丙级以外的基坑工程
丙级	场地和地基条件简单、载荷分布均匀的七层及七层以下民用建筑及一般工业建筑；次要的轻型建筑物； 非软土地区且场地地质条件简单、基坑周边环境条件简单、环境保护要求不高且开挖深度小于 5.0 m 的基坑工程

二、基础工程的基本要求

根据《建筑地基基础设计规范》（GB 50007—2011）的规定，地基基础的设计与计算应满足承载力极限状态和正常使用极限状态的要求。根据建筑物地基基础设计等级及长期荷载作用下地基变形对上部结构的影响程度，地基基础设计应符合下列规定：

（1）所有建筑物的地基计算均应满足承载力计算的有关规定。

（2）设计等级为甲级、乙级的建筑物，均应按地基变形设计。

（3）表 11－2 所示范围内设计等级为丙级的建筑物可不作变形验算，按承载力进行设计，即只要求基底压力小于或等于地基承载力，不要求变形验算。认为承载力满足要求后，建筑物沉降就会满足允许变形值。这种方法最为简单，节省了设计计算工作量。

表 11－2　可不作地基变形计算的丙级建筑物范围

地基主要受力层情况	地基承载力特征值 f_{ak}/kPa			$80 \leqslant f_{ak} < 100$	$100 \leqslant f_{ak} < 130$	$130 \leqslant f_{ak} < 160$	$160 \leqslant f_{ak} < 200$	$200 \leqslant f_{ak} < 300$
	各土层坡度%			≤5	≤10	≤10	≤10	≤10
建筑类型	砌体承重结构、框架结构(层数)			≤5	≤5	≤6	≤6	≤7
	单层排架结构(6 m柱距)	单跨	吊车额定起重质量/t	10～15	15～20	20～30	30～50	50～100
			厂房跨度/m	≤18	≤24	≤30	≤30	≤30
		多跨	吊车额定起重质量/t	5～10	10～15	15～20	20～30	30～75
			厂房跨度/m	≤18	≤24	≤30	≤30	≤30
	烟囱		高度/m	≤40	≤50	≤75		≤100
	水塔		高度/m	≤20	≤30	≤30		≤30
			容积/m^3	50～100	100～200	200～300	300～500	500～1 000

注:1. 地基主要受力层是指条形基础底面下深度为 $3b$(b 为基础底面宽度),独立基础下为 $1.5b$,且厚度均不小于 5 m 的范围(二层以下一般的民用建筑除外)。

2. 地基主要受力层中如有承载力特征值小于 130 kPa 的土层时,表中砌体承重结构的设计,应符合《建筑地基基础设计规范》(GB 50007—2011)的有关要求。

3. 表中砌体承重结构和框架结构均指民用建筑,对于工业建筑可按厂房高度、荷载情况折合成与其相当的民用建筑层数。

4. 表中吊车额定起质量、烟囱高度和水塔容积的数值是指最大值。

但设计等级为丙级的建筑物,如有下列情况之一时,仍应作变形验算(以保证建筑物不因地基沉降影响正常使用):

①地基承载力特征值小于 130 kPa,且体型复杂的建筑。

②在基础上及其附近有地面堆载或相邻基础荷载差异较大,可能引起地基产生过大的不均匀沉降时。

③软弱地基上的建筑物存在偏心荷载时。

④相邻建筑距离过近,可能发生倾斜时。

⑤地基内有厚度较大或厚薄不均的填土,其自重固结未完成时。

(4)对经常受水平荷载作用的高层建筑、高耸结构和挡土墙等,以及建造在斜坡上或边坡附近的建筑物和构筑物,还应验算其稳定性。

(5)基坑工程应进行稳定性验算。

(6)当地下水埋藏较浅,建筑地下室或地下构筑物存在上浮问题时,还应进行抗浮验算。

第三节　地基基础设计中的两种极限状态

一、建筑结构可靠度和极限状态设计

为了在建筑设计上做到技术先进、经济合理、安全适用，建筑物宜采用以概率理论为基础的极限状态设计，简称为概率极限状态设计方法。这种方法以失效概率或结构可靠度指标代替以往的安全系数。

结构的工作状态可以用荷载效应 S（指荷载在结构或构件内引起的内力或位移等）和结构抗力 R（指抵抗破坏或变形的能力）的关系描述。即

$$Z = R - S$$

式中，Z 为功能函数。显然，当 $Z>0$ 或 $R>S$ 时，结构处于可靠状态；当 $Z<0$ 或 $R<S$ 时，结构处于失效状态；当 $Z=0$ 即 $R=S$ 时，结构处于极限状态。

由于影响荷载效应和结构抗力的因素很多，各个因素又有许多不确定性，都是随机变量，R 和 S 自然也是随机变量。最简单的情况是假定 R 和 S 的概率分布为正态分布，则按概率理论，功能函数 Z 也是正态分布的随机变量。

$f(Z)$ 为 Z 的概率密度函数，u_Z 为 Z 的平均值，σ_Z 为 Z 的标准差，P_f 为曲线下的阴影面积与总面积之比（称为失效概率），β 值称为结构可靠性指标。如果能对荷载效应和结构抗力进行概率分析，从而确定功能函数的平均值 μ_Z 和标准差 σ_Z，就可求得概率密度函数 $f(Z)$，从而计算 Z 的失效概率 P_f 和结构可靠性指标 β。

用 P_f 或 β 来评价结构的可靠性比单一安全系数更为合理，无疑是今后努力的方向。但是由于影响 R 和 S 的因素很多，且缺乏统计资料，当前直接用概率分析方法计算结构的可靠度还较困难，于是只能采用较为实用的极限状态设计方法。这种方法要求结构必须满足以下两种极限状态的要求：

（1）承载能力极限状态。承载能力极限状态是结构的安全性功能要求，即使结构物发挥其最大限度的承载能力，荷载效应若超过此种限度，结构或构件即发生强度破坏，或者丧失稳定性。

（2）正常使用极限状态。正常使用极限状态是结构物的使用功能要求，若变形超过某一限度，就会影响结构物的正常使用和建筑外观。

考虑可靠性的要求，在进行极限状态设计时，荷载效应中应以荷载乘以分项系数和组合系数作为设计值；抗力中应以强度的标准值乘以分项系数作为设计值。这些系数，一般都是分别考虑了各个参数的离散性，根据概率统计得出，所以这种极限状态设计是建立在概率理论基础上的极限状态设计。

二、地基基础设计的两种极限状态

地基、基础和上部结构是一幢建筑物不可缺少的组成部分，显然应该在统一的原则下，用同一种方法进行设计。但是地基与基础和上部结构是两种性质完全不同的材料，各有其特殊性，自然在设计方法中应该得到反映。例如，上部结构构件的刚度远比地基土层的刚度大，在荷载作用下，构件产生的变形往往并不大，而相应的地基土则相反，往往产生较大

的变形。因此,地基的极限状态设计也必定要反映自身的这一特点。

为了保证建筑物的安全使用,同时充分发挥地基的承载力,根据《建筑地基基础设计规范》(GB 50007—2011)的规定,在地基基础设计中一般应满足以下两种极限状态:

(一)承载能力极限状态

表示为

$$p \leqslant f_a$$

式中　p——相应于荷载效应标准组合时基础底面处的平均压力值,kPa;

f_a——修正后的地基承载力特征值,kPa。

为了保证地基具有足够的强度和稳定性,基底压力应小于或等于地基承载力。为了使地基不发生破坏,地基承载力一般应控制在界限荷载 $p_{1/4}$ 范围内,使大部分地基土仍处于压密状态。当基底压力过大时,地基可能出现连续贯通的塑性破坏区,进入整体破坏阶段,导致地基承载能力丧失而失稳。另外,建造在斜坡上的建筑物会沿斜坡滑动,丧失稳定性;承受很大水平荷载的建筑物,也会在地基中出现滑动面,建筑物和滑动面以内土体发生滑动而失去稳定。

(二)正常使用极限状态

表示为

$$s \leqslant [s]$$

式中　s——相应于荷载效应准永久组合时建筑物地基的变形;

$[s]$——建筑物地基的变形允许值。

为了保证地基的变形值在允许范围内,地基在荷载及其他因素的影响下,应发生变形(均匀沉降或不均匀沉降),变形过大时可能危害到建筑物结构的安全(裂缝、倒塌或其他不允许的变形),或者影响建筑物的正常使用。因此,对地基变形的控制,实质上是根据建筑物的要求而制定的。

在工业与民用建筑工程中,地基的强度问题一般不大,常以变形作为控制条件。受很大水平荷载或建在斜坡上的建筑物(构筑物),地基稳定性将会成为主要问题,要求具有足够的抗倾覆及抗滑的能力。

第四节　地基基础设计的作用效应组合

一、结构荷载的相关概念

(1)永久荷载。在结构使用期间,其值不随时间变化或其变化与平均值相比可以忽略不计的荷载。例如结构自重、土压力、预应力等。

(2)可变荷载。在结构使用期间,其值随时间变化,或其变化与平均值相比不可以忽略不计的荷载。例如,建筑物楼面活荷载、屋面活荷载、风荷载、雪荷载等。

(3)设计基准期。为确定可变荷载代表值而选用的时间参数。

(4)荷载效应。由荷载引起的结构或构件的反应,例如内力、变形和裂缝。

(5)标准值。荷载的基本代表值,为设计基准期内最大荷载统计分布的特征值。

(6)组合值。对可变荷载,使组合后的荷载效应在设计基准期内的超越概率(类似失效概率),能与该荷载单独出现时的相应概率趋于一致的荷载值,或使组合后的结构具有统一规定的可靠指标的荷载值。

(7)准永久值。对可变荷载,在设计基准期内,其超越的总时间约为设计基准期一半的荷载值。

(8)基本组合。承载能力极限状态计算时,永久作用与可变作用的组合。

(9)标准组合。正常使用极限状态计算时,采用标准值或组合值为荷载代表值的组合。

(10)准永久组合。正常使用极限状态计算时,对可变荷载采用准永久值为代表值的组合。

(11)荷载设计值。荷载代表值与荷载分项系数的乘积。荷载代表值为设计中用于验算极限状态所采用的荷载量值。例如标准值、组合值和准永久值。

二、作用在基础上的荷载

按地基承载力确定基础底面积及其埋置深度,必须分析传至基础底面上的各种荷载。作用在建筑物基础上的荷载,根据轴力 N、水平力 T 和力矩 M 的组合情况分为四种情形,即中心竖向荷载、偏心竖向荷载、中心竖向荷载及水平荷载、偏心竖向荷载及水平荷载。

轴向力、水平力和力矩又由静荷载和动荷载两部分组成。静荷载包括建筑物和基础自重、固定设备的重力、土压力和正常稳定水位的水压力。由于静荷载长期作用在地基基础上,它是引起基础沉降的主要因素。可变荷载又分为普通可变荷载和特殊可变荷载(又称偶然荷载)。特殊可变荷载(如地震作用、风荷载等)发生的机会不多,作用的时间短,故沉降计算只考虑普通可变荷载。但在进行地基稳定性验算时,则应考虑特殊可变荷载。

在轴力作用下,基础发生沉降;在力矩作用下,基础作用在地基上的压力不均匀,基础将发生倾斜。另外,水平力对基础底面也产生力矩,使基础发生倾斜,并增加地基基础丧失稳定性的可能。所以,受水平力较大的建筑物(如挡土墙),除验算沉降外,还需进行沿地基与基础接触面的滑动、沿地基内部滑动和沿基础边缘倾覆等方面的验算。

三、作用效应组合

地基基础设计时,作用组合的效应设计值应符合下列规定:

(1)在正常使用极限状态下,标准组合的效应设计值 S_k 用下式确定:

$$S_k = S_{Gk} + S_{Q1k} + \Psi_{c2}S_{Q2k} + \cdots + \Psi_{cn}S_{Qnk}$$

式中　S_{Gk}——永久荷载效应的标准值;

S_{Qnk}——可变荷载效应的标准值;

Ψ_{cn}——可变荷载的组合值系数,按《建筑结构荷载规范》(GB 50009—2012)的规定取值。

(2)在承载力极限状态下,由可变作用控制的基本组合效应设计值 S_d 用下式表示:

$$S_d = \gamma_G S_{Gk} + \gamma_{Q1}S_{Q1k} + \gamma_{Q2}\Psi_{c2}S_{Q2k} + \cdots + \gamma_{Qn}\Psi_{Qn}S_{Qnk}$$

式中　γ_G——永久荷载的分项系数,按《建筑结构荷载规范》(GB 50009—2012)的规定取值。

γ_{Qn}——第 n 个可变荷载的分项系数,按《建筑结构荷载规范》(GB 50009—2012)的规定取值。

对由永久作用控制的基本组合,也可采用简化规则,作用基本组合的效应设计值 S_d 按下式确定:

$$S_d = 1.35S_k$$

式中 S_k——标准组合的作用效应设计值。

四、作用效应组合的规范规定

地基基础设计时,荷载组合应符合《建筑结构荷载规范》(GB 50009—2012)的规定,所采用的作用效应与相应的抗力限值应按下列规定:

(1)按地基承载力确定基础底面积及埋置深度,或按单桩承载力确定桩数时,传至基础或承台底面上的作用效应,应按正常使用极限状态下作用的标准组合。相应的抗力应采用地站原载力特征值或单桩承载力特征值。

(2)计算地基变形时,传至基础底面上的作用效应,应按正常使用极限状态下作用的准永久组合,不应计入风作用和地震作用;相应的限值应为地基变形允许值。

(3)计算挡土墙土压力、地基或斜坡稳定及基础抗渗稳定时,作用效应应按承载能力极限状态下作用的基本组合,但其分项系数均为1.0。

(4)在确定基础或桩基承台高度、支挡结构截面、计算基础或支挡结构内力、确定配筋和验算材料强度时,上部结构传来的作用效应和相应的基底反力、挡土墙土压力及滑坡推力,应按承载能力极限状态下作用的基本组合,采用相应的分项系数;当需要验算基础裂缝宽度时,应按正常使用极限状态下作用标准组合。

(5)基础设计安全等级、结构设计使用年限、结构重要性系数,应按有关规范的规定采用,但结构重要性系数 γ_0 不应小于1.0。

上述地基基础设计中两种极限状态对应的作用组合及使用范围见表11-3。

表11-3 地基基础设计两种极限状态对应的作用组合及使用范围

设计状态	作用组合	设计对象	适用范围
承载能力极限状态	基本组合	基础	基础的高度、剪切、冲切计算
正常使用极限状态	标准组合 频遇组合 准永久组合	地基	滑移、倾覆或稳定问题
		基础	基础底面确定、裂缝宽度计算等
		地基	沉降、差异沉降、倾斜等

第五节 地基变形特征指标及其允许变形值

一、地基变形特征指标

由于不同类型建筑物的变形特征不同,对地基变形的适应性也不同,因而计算变形时,应考虑不同建筑物采用不同的地基变形指标来比较和控制。《建筑地基基础设计规范》(GB 50007—2011)将地基变形指标依其特征分为以下四种:

(一)沉降量

沉降量为基础中心点的沉降值

沉降量 S 的计算方法参见《建筑地基基础设计规范》(GB 50007—2011)。在下列情况下需计算沉降量:

(1)主要用于地基比较均匀时的单层排架结构的柱基,在满足允许沉降盘后可不再验算相邻柱基的沉降差。

(2)在工艺上考虑沉降所预留建筑物有关部分之间净空、连接方法及施工顺序时也需用到沉降量,此时往往需要分别预估施工期间和使用期间的地基变形值。

(二)沉降差

沉降差为基础两点或两相邻单独基础沉降量之差,即

$$\Delta S = S_2 - S_1$$

在下列情况下需计算沉降差:

(1)地基不均匀、荷载差异大时,控制框架结构及单层排架结构的相邻柱基的沉降差。

(2)存在相邻结构物的影响时,需计算其与相邻建筑物的沉降差。

(3)在原有基础附近堆积重物时。

(4)当必须考虑在使用过程中结构物本身及与之有联系部分的标高变动时。

(三)倾斜值

倾斜值为基础在倾斜方向上两端点的沉降差与其水平距离的比值,即

$$\tan\theta = S_1 - S_2$$

对有较大偏心荷载的基础和高耸构筑物基础,其地基不均匀或附近堆有地面荷载时,要验算倾斜值;在地基比较均匀且无相邻荷载影响时,高耸构筑物的沉降量在满足允许沉降量后,可不验算倾斜值。

(四)局部倾斜值

局部倾斜值为砖石砌体承重结构沿纵墙 6 ~ 10 m 内基础两点的沉降差与其水平距离的比值,即

$$\tan\theta = \frac{S_1 - S_2}{L}$$

一般承重墙房屋(如墙下条形基础),距离 L 可根据具体建筑物情况,如横隔墙的间距而定。一般应将沉降计算点选择在地基不均匀、荷载相差很大或体形复杂的局部段落的纵横墙交点处。

据调查分析,砌体结构墙体开裂多由于墙身局部倾斜过大所致,所以当地基不均匀、荷载差异大、建筑体形复杂时,就要验算墙身的局部倾斜。

二、地基允许变形值

(1)地基允许变形值的概念:在正常使用条件下,建筑物所能承受的变形限度。

（2）地基允许变形值的确定：地基允许变形值的确定是一项十分复杂的工作，应通过建筑物沉降观测，并根据建筑物的结构类型及使用情况，从大量资料中进行总结，以及考虑地基和上部结构的共同工作，进行全面分析研究而确定。为了找出不同建筑物所能承受的变形限度，《建筑地基基础设计规范》（GB 50007—2011）根据大量常见建筑物系统沉降观测资料，经过计算分析，总结出各类建筑的允许变形值。

第十二章　浅基础设计

第一节　浅基础设计概述

基础是连接工业与民用建筑上部结构或桥梁墩、台与地基之间的过渡结构，其作用是保证上部结构物的正常使用。因此，基础工程的设计必须根据上部结构传力体系的特点、建筑物对地下空间使用功能的要求、地基土的物理力学性质，结合施工设备能力，坚持保护环境并考虑经济造价等各方面要求，合理承受各种荷载安全传递至地基，并使地基在建筑物允许的沉降变形值内正常工作，从而保证合理选择建筑地基基础设计方案。

进行基础工程设计时，应将地基、基础视为一个整体，在基础底面处满足变形协调条件及静力平衡条件（基础底面的压力分布与地基反力大小相等，方向相反）。作为支撑建筑物的地基，如为天然状态则为天然地基，若经过人工处理则为人工地基。基础一般按埋置深度分为浅基础与深基础。荷载相对传至浅部受力层，采用普通基坑开挖和敞坑排水施工方法的浅埋基础称为浅基础，如砖棍结构的墙下条形基础、柱下独立基础、柱下条形基础、十字交叉基础、筏形基础以及高层结构的箱形基础等；采用较复杂的施工方法，埋进于深层地基中的基础称为深基础，如桩基础、沉井基础、地下连续墙深基础等。本章将介绍各种浅基础类型及基础工程设计的有关基本原则。

一、基础设计所需的材料

基础设计是根据具体的场地工程地质和水文地质条件，并结合建筑物的类型、结构特点和使用要求等资料设计而成的，归纳起来，地基基础设计之前应具备下列几个方面的资料：

（1）场地地形图与建筑总平面图。

（2）建筑场地的岩土工程勘察报告。

（3）建筑物本身情况：建筑类型，建筑物的平面图、立面图，作用在基础上的荷载大小、性质、分布特点，设备基础和各种管道的布置及标高、使用要求。

（4）场地及其周围环境条件，有无临近建筑及地下管线等设施。

（5）建筑材料的来源及供应情况。

二、基础设计的一般步骤

在仔细研究建筑场地岩土工程勘察报告的基础上，充分掌握拟建场地的工程地质条件，综合考虑上部结构的类型，荷载的性质、大小和分布，建筑布置和使用要求，并进行现场了解和调查，充分了解拟建基础对周围环境的影响，即可按以下步骤进行浅基础设计：

（1）选择基础的材料、类型，进行基础平面布置。

（2）选择基础的持力层，确定基础埋置深度。

(3)确定持力层地基承载力。

(4)根据地基承载力,确定基础底面尺寸。

(5)根据地基等级进行必要的地基验算,包括地基持力层承载力验算,如果存在软弱下卧层,需要进行软弱下卧层承载力验算;地基变形验算;地基稳定验算。当地下水位埋藏较浅,地下室或地下构筑物存在上浮问题时,尚应进行抗浮验算,依据验算结果,必要时修改基础尺寸甚至埋置深度。

(6)进行基础结构设计及内力计算。

(7)绘制基础施工图,编制设计说明。

第二节　基础材料和基础类型

一、基础材料

(一)黏土砖

普通黏土砖具有一定的抗压强度,但抗拉强度和抗剪强度低。砖基础所用砖的标准尺寸为:长 240 mm、宽 115 mm、高 53 mm,强度等级不低于 MU1O,砂浆不低于 M5。在地下水位以下或当地基土潮湿时,应采用水泥砂浆砌筑。

砖和砂浆砌筑基础所用砖和砂浆的强度等级,根据地基土的潮湿程度和地区的严寒程度不同而要求不同。地面以下或防潮层以下的砖砌体、潮湿房间墙体所用材料强度等级不得低于表 12-1 中所规定的数值。

表 12-1　地面以下或防潮层以下的砌体、潮湿房间墙体所用材料的最低强度等级

基土的潮湿程度	烧结普通砖、蒸压灰砂砖		混凝土砌块	石材	水泥砂浆
	严寒地区	一般地区			
稍潮湿的	MU10	MU10	MU7.5	MU30	M5
很潮湿的	MU15	MU10	MU7.5	MU30	M7.5
含水饱和的	MU20	MU15	MU10	MU40	M10

注:1. 在冻涨地区,地面以下或防潮层以下的砌体,不宜采用多孔砖。

2. 对安全等级为一级或设计使用年限大于 50 年的房屋,表中材料强度等级至少提高一级。

(二)毛石

毛石是指未加工的石材,有相当高的抗压强度和抗冻性,是基础的良好材料。毛石基础采用未风化的硬质岩石,禁用风化毛石。毛石基础的强度取决于石材和砂浆强度,石材的强度等级有 MUIOO、MU80、MU60、MU50、MU40、MU30 和 MU20,砂浆的强度等级有 M15、MI0、M7.5、M5 和 M2.5,石块的最小厚度不宜小于 150 mm。毛石可就地取材,作为 7 层以下的建筑物基础,但不宜用于地下水位以下的基础。

（三）混凝土

素混凝土是由水泥、水、粗骨料（碎石）和细骨料（砂子）按一定配合比拌制成混合物，经一定时间硬化而成的人造石材。混凝土的抗压强度、耐久性、抗冻性相对较好，且便于机械化施工，但水泥耗量较大、造价较高，且一般需要支模板，较多用于地下水位以下的基础。强度等级一般常采用 C10～C15。为了节约水泥用量，可以在混凝土中掺入不超过基础体积 20%～30%的毛石，称为毛石混凝。如果在混凝土中配置一定比例的钢筋，由钢筋和混凝土共同受力的结构或构件称为钢筋混凝土。其不但具有很好的耐久性和抗冻性，而且有很好的抗压、抗拉、抗剪和抗弯能力，但材料造价高，常用于荷载大、土质软弱的地基或地下水位以下的扩展基础、筏形基础、箱形基础和壳体基础等。对于一般的钢筋混凝土基础，混凝土的强度等级应不低于 C20。

（四）灰土

灰土由石灰和黏性土按一定比例加适量的水搅拌和夯击而成，其配合比（体积比）为 3∶7或 2∶8。灰土拌和应按最佳含水量拌和，不宜太干或太湿，否则不易压实。灰土在水中硬化慢、早期强度低、抗水性差，另外，灰土早期的抗冻性也较差。所以，灰土作为基础材料，一般只用于地下水位以上。我国华北和西北地区，环境比较干燥，且冻胀性较小，常采用灰土做基础。

（五）三合土

三合土一般由石灰、砂（或黏性土）和骨料（碎石、碎砖或矿渣等）按一定比例拌和而成，其体积比为 1∶2∶4或 1∶3∶6。三合土基础强度取决于骨料强度，其中以矿渣形成的三合土强度最高，主要用于低层建筑基础。

二、基础类型

对上部结构而言，基础应是可靠的支座，对下部地基而言，基础所传递的荷载效应应满足地基承载力和变形的要求，这就有必要在墙柱下设置水平截面扩大的基础，即扩展基础。扩展基础可分为无筋扩展基础（刚性基础）和钢筋混凝土扩展基础（柔性基础）。

（一）无筋扩展基础

无筋扩展基础是指由砖、毛石、混凝土或毛石混凝土、灰土和三合土等材料组成的无须配置钢筋的墙下条形基础或柱下独立基础。无筋基础的材料都具有较好的抗压性能，但抗拉、抗剪强度都不高，为了使基础内产生的拉应力和剪力不超过相应材料的强度设计值，设计时需要加大基础的高度。因此，这种基础几乎不发生挠曲变形，故习惯上把无筋基础称为刚性基础。无筋扩展基础适用于多层民用建筑和轻型厂房。

1. 毛石基础

毛石基础采用毛石砌筑而成。砌筑时可分阶砌筑，每一阶梯宜用三排或三排以上的毛石，阶梯形毛石基础的每阶伸出宽度不宜大于 200 mm，地下水位以上可用混合砂浆，水位以下用水泥砂浆（强度等级按规范要求）。其优点是能就地取材、价格低；缺点是施工劳动强度大。

2. 砖基础

砖基础是由黏土砖砌筑而成。一般做成阶梯状，这个阶梯统称为大放脚。在砖基础底面以下，一般应先做 100 mm 厚的 C10 混凝土垫层。砖基础取材容易，应用广泛，一般可用于 6 层及 6 层以下的民用建筑和砖墙承重的厂房。

砖基础的砌筑形式可分为两皮一收和二一间隔收。两皮一收是指每次砌筑两层砖，然后收四分之一砖长。二一间隔收是间隔砌筑两层砖或一层砖收四分之一砖长。两种砌筑方式的最底部必须砌筑两层。

3. 混凝土或毛石混凝土基础

混凝土基础是采用混凝土浇筑而成的基础。常做成台阶式，台阶高度为 300 mm。

混凝土和毛石混凝土基础的强度、耐久性与抗冻性都优于砖石基础，因此，当荷载较大或位于地下水位以下时，可考虑选用混凝土基础。混凝土基础水泥用量大，造价稍高，当基础体较大时，可设计成毛石混凝土基础，即采用毛石混凝土浇筑而成。

4. 灰土基础

为节约砖石材料，常在砖石大放脚下面做一层灰土垫层，这个垫层习惯上称为灰土基础。一般将配置好的灰土分层压实或夯实，每层松铺 220 ~ 250 mm，压实 150 mm。灰土基础适用于 5 层或 5 层以下，地下水位以上的混合结构房屋和砖墙承重的轻型厂房（3 层及以上采用三步灰土，3 层以下采用两步灰土）。灰土基础施工方便，造价低，可节约水泥和砖石材料。灰土吸水逐渐硬化，年代越久强度越高。但灰土基础抗水性及抗冻性均较差，因而，在地下水位以下不宜采用，同时应设在冻结深度以下。

5. 三合土基础

三合土基础是在砖石大放脚下面做一层三合土垫层，这个垫层习惯上称为三合土基础。基本特点与灰土类似，适用于 4 层以下的混合结构房屋及砖墙承重的轻型厂房。

无筋扩展基础受上面柱子或墙体传来的荷载，同时，下面受地基反力作用，此时，其工作条件如同倒置的两边外伸的悬臂梁。这种结构受力后，在靠近柱边、墙边或断面突变处，容易产生弯曲破坏。为防止这种弯曲破坏，对于砖、砌石、灰土、混凝土等抗拉性能很差的刚性材料所做的基础，要求基础有一定的高度，使弯曲所产生的拉应力不会超过材料的抗拉强度。通常的控制办法是使基础外伸宽度和基础高度的比值不超过规定的允许值。因此，无筋扩展基础的共同特点是基础及各个台阶高度均受刚性角的限制。

（二）钢筋混凝土扩展基础

钢筋混凝土扩展基础包括柱下钢筋混凝土独立基础和墙下钢筋混凝土条形基础。这类基础的抗弯和抗剪性能良好，可在竖向荷载较大、地基承载力不高，以及承受水平力和力矩荷载等情况下使用。与无筋基础相比，其基础高度较小，因此，更适宜在基础埋置深度较小时使用。

1. 柱下钢筋混凝土独立基础

柱下钢筋混凝土独立基础的构造。现浇柱的独立基础可做成锥形或阶梯形；预制柱则采用杯口基础，杯口基础常用于装配式单层工业厂房。

2. 墙下钢筋混凝土条形基础

墙下钢筋混凝土条形基础的构造，一般情况下可采用无肋的墙基础，如地基不均匀，为了增强基础的整体性和抗弯能力，可以采用有肋的墙基础，肋部配置足够的纵向钢筋和箍筋,以承受由不均匀沉降引起的弯曲应力。

3. 墙下钢筋混凝土独立基础

墙下钢筋混凝土独立基础是在当上层土质松散而在不深处有较好的土层时,为了节省基础材料和减少开挖量而采取的一种基础形式。在单独基础之间放置钢筋混凝土过梁,以承受上部结构传来的荷载。

(三)柱下钢筋混凝土条形基础

如果柱子的荷载较大而土层的承载力又较低,采用单独基础需要很大的面积,因而互相接近甚至重叠。为增加基础的整体性并方便施工,在这种情况下,常将同一排的柱基础连通做成柱下钢筋混凝土条形基础。

(四)十字交叉条形基础

如果地基软弱且在两个方向分布不均,需要基础在两方向均具有一定的刚度来调整不均匀沉降,则可在柱网下沿纵横两向分别设置钢筋混凝土条形基础,从而形成柱下十字交叉条形基础。

(五)筏形基础

当柱下交叉条形基础底面积占建筑物平面面积的比例较大,或者建筑物在使用上有要求时,可以在建筑物的柱、墙下方做成一块满堂的基础,即筏(片筏)形基础。筏形基础由于其底面积大,故可减小基底压力,同时,也可提高地基土的承载力,并能更有效地增强基础的整体性,调整不均匀沉降。另外,筏形基础还具有前述各类基础所不完全具备的良好功能,例如,能跨越地下浅层小洞穴和局部软弱层;提供比较宽敞的地下使用空间;作为地下室、水池、油库等的防渗底板;增强建筑物的整体抗震性能;满足自动化程度较高的工艺设备对不允许有差异沉降的要求,以及工艺连续作业和设备重新布置的要求等。

(六)箱形基础

箱形基础是由钢筋混凝土的底板、顶板、外墙和内隔墙组成的具有一定高度的整体空间结构。其适用于软弱地基上的高层、重型或对不均匀沉降有严格要求的建筑物。与筏形基础相比,箱形基础具有更大的抗弯刚度,只能产生大致均匀的沉降或整体倾斜,从而基本上消除了因地基变形而使建筑物开裂的可能性。箱形基础埋深较大,基础中空,从而使开挖卸去的土重部分抵偿了上部结构传来的荷载(补偿效应),因此,与一般实体基础相比,它能显著减小基底压力、降低基础沉降量。另外,箱形基础的抗震性能较好。

高层建筑的箱基往往与地下室结合考虑,其地下空间可作人防、设备间、库房、商店以及污水处理等。冷藏库和高温炉体下的箱形基础有隔断热传导的作用,以防地基土产生冻胀或下缩。但由于内墙分隔,箱形地下室的用途不如筏形基础地下室广泛,例如不能用作地下停车场等。

箱形基础的钢筋水泥用量很大,工期长,造价高,施工技术比较复杂。在地下水位较高的地区采用箱形基础进行基坑开挖时,应考虑人工降低地下水位,坑壁支护和对相邻建筑物的影响问题,应与其他基础方案比较后择优选用。

第三节　基础埋置深度的确定

基础埋置深度一般是指基础底面到室外设计地面的距离,简称基础埋深。确定基础埋置深度是地基与基础设计中首先应解决的问题,它决定的是基础支承在哪一个土层上的问题。由于不同土层的承载力存在很大差别,因此,基础的埋置深度将直接关系到结构物的牢固、稳定和正常使用。另外,基础的埋置深度还会影响所采用的基础类型及相应的施工方法,也关系到工程的造价。在确定基础埋置深度时,应考虑以下原则:把基础设置在变形小而强度又比较大的持力层上,以保证地基强度满足要求,而且不致产生过大的沉降或沉降差;使基础有足够的埋置深度,以保证基础的稳定性,确保基础的安全。基础埋置深度的确定,必须综合考虑地基的地质、地形、河流的冲刷深度、当地的冻结深度、上部结构形式,以及保证基础稳定所需的最小埋深和施工技术条件、造价等因素。对于某一具体工程来说,往往是其中几个因素共同起决定作用,因此,在设计时必须从实际出发,以各种原始资料为依据,统一考虑结构物对地基与基础的各项技术要求,抓住主要因素进行分析研究,确定合理的埋置深度。

一、工程地质条件及水文地质条件

(1)工程地质条件。工程地质条件是影响基础埋置深度的重要因素之一。通常,地基由多层土组成,直接支撑基础的土层称为持力层,其下的各土层称为下卧层。在满足地基稳定和变形要求的前提下,基础应尽量浅埋,利用浅层土做持力层,当上层土的承载力低于下层土时,若取下层土为持力层,所需基底面积较小而埋深较大;而取上层土为持力层则情况恰好相反,此时应做方案比较后才能确定埋深大小。

当场地地基为非水平层地基时,若将整个建筑物的基础埋深控制在相同的设计标高,则持力层顶面倾斜过大可能造成建筑物不均匀沉降,此时也可考虑同一建筑物基础采用不同埋深来调整不均匀沉降。当基础埋置在易风化的软质岩层上时,施工时应在基坑开挖之后立即铺垫层,以免岩层表面暴露时间过长而被风化。

基础在风化岩石层中的埋置深度应根据岩石层的风化程度、冲刷深度及相应的原载力来确定。如岩层表面倾斜时,应尽可能避免将基础的一部分置于基岩上,而另一部分置于土层中,以防基础由于不均匀沉降而发生倾斜甚至断裂。在陡峭山坡上修建桥台时,还应注意岩体的稳定性。

(2)水文地质条件。选择基础埋深时,应注意地下水的埋藏条件和动态以及地表水的情况。当有地下水存在时,基础底面应尽量埋置在地下水位以上。若基础底面必须埋置在地下水位以下时,除应考虑基坑排水、坑壁围护,以及保护地基土不受扰动等措施外,还应考虑可能出现的其他施工与设计问题,例如,出现涌土、流沙现象的可能性;地下水浮托力引起基础底板的内力变化等,并采取相应的措施。

对埋藏有承压含水层的地基,选择基础埋深时必须考虑承压水的作用,以免在开挖基坑时坑底土被承压水冲破,引起突涌流沙现象。因此,必须控制基坑开挖的深度,使承压含水层顶部的静水压力小于该处由坑底土产生的总覆盖压力,否则应设法降低承压水头。

地表流水是影响桥梁墩台基础埋深的因素之一,桥梁墩台的修建,往往使流水面积缩小,流速增加,引起水流冲刷河床,特别是在山区和丘陵地区的河流,更应注意考虑季节性洪水的冲刷作用。在有冲刷的河流中,为防止桥梁墩、台基础四周和基底下土层被水流掏空,基础必须埋置在设计洪水的最大冲刷线以下一定深度,以保证稳定性。在一般情况下,小桥涵的基础底面应设置在设计洪水冲刷线以下不小于1 m。基础在最低冲刷线以下的最小埋置深度不应是一个定值,它与河床地层的抗冲刷能力、计算设计流量的可靠性、选用计算冲刷深度的方法、桥梁的重要性,以及破坏后修复的难易程度等因素有关。因此,对于大、中桥梁基础,在设计洪水冲刷线以下的最小埋置深度时,应考虑桥梁大小、技术的复杂性和重要性等因素予以确定。

二、建筑物相关条件

建筑结构条件包括建筑物用途、类型、规模与性质。某些建筑物需要具备一定的使用功能或宜采用某种基础形式,这些要求常成为基础埋深选择的先决条件,例如,必须设置地下室或设备层及人防时,通常基础埋深首先应考虑满足建筑物使用功能上提出的埋深要求。高层建筑物中常设置电梯,在设置电梯处,自地面向下需有至少1.4 m的电梯缓冲坑,该处基础埋深需要局部加大。

建筑物外墙常有上、下水、煤气等各种管道穿行,这些管道的标高往往受城市管网的控制,不易改变,这些管道一般不可以设置在基础底面以下,该处墙基础需要局部加深。另外,遇建筑物各部分的使用要求不同或地基土质变化较大,要求同一建筑物各部分基础埋深不同时,应将基础做成台阶形逐步过渡,台阶的宽高比为1:2,每阶高度不超过500 mm。

上部结构的形式不同,对基础产生的位移适应能力不同。对于静定结构,中、小跨度的简支梁来说,这项因素对确定基础埋置深度影响不大。但对超静定结构即使基础发生较小的不均匀沉降也会使结构构件内力发生明显变化,例如,拱桥桥台。

由于高层建筑荷载大,且又承受风力和地震作用等水平荷载,在抗震设防区,除岩石地基外,天然地基上的箱形和筏形基础其埋置深度不宜小于建筑物高度的1/15;桩箱或桩筏基础的埋置深度(不计桩长)不宜小于建筑物高度的1/18。位于岩石地基上的高层建筑,其基础埋深应满足抗滑要求。

位于稳定土坡坡顶上的建筑物,确定基础埋深应综合考虑基础类型、基础底面尺寸基础与坡顶间的水平距离等因素。对于条形基础或矩形基础,当垂直于坡顶边缘线的基础底面边长小于或等于3 m时,其基础埋深按下式确定:

$$\text{条形基础:} d \geqslant (3.5b - a)\tan\beta$$

$$\text{矩形基础:} d \geqslant (2.5b - a)\tan\beta$$

式中　a——基础底面外边缘线至坡顶的水平距离,m;

b——垂直于坡顶边缘线的基础底面边长,m;

d——基础埋置深度,m;

β——边坡坡角,(°)。

三、相邻建筑物的影响

在城市建筑密集的地方,为保证原有建筑物的安全和正常使用,新建建筑物的基础埋深不宜深于原有建筑物基础的埋深,并应考虑新加荷载的影响。当建筑物荷载大,楼层高,基础埋深要求大于原有建筑物基础埋深时,为避免新建建筑物对原有建筑物的影响,设计时应考虑与原有基础保持一定的净距。距离大小根据原有建筑物荷载大小、土质情况和基础形式确定，一般可取相邻基础底面高差的1～2倍，当不能满足净距方面的要求时，应采取分段施工，或设临时支撑、打板桩、地下连续墙等措施，或加固原有建筑物地基。

四、地基冻融条件的影响

季节性冻土地区，土体易出现冻胀和融沉。土体发生冻胀的机理，主要是由于土层在冻结期周围未冻区土中的水分向冻结区迁移、积聚所致。弱结合水的外层在0.5 ℃时冻结，越靠近土粒表面，其冰点越低，在－20 ℃以下才能全部冻结。当大气负温传入土中时，土中的自由水首先冻结成冰晶体，弱结合水的最外层也开始冻结，使冰晶体逐渐扩大，于是冰晶体周围土粒的结合水膜变薄，土粒产生剩余的分子引力；另外，由于结合水膜的变薄，使得水膜中的离子浓度增加，产生吸附压力，在这两种引力的作用下，下面未冻结区水膜较厚处的弱结合水便被上吸到水膜较薄的冻结区，并参与冻结，使冻结区的冰晶体增大，而不平衡引力却继续存在。如果下面未冻结区存在着水源（如地下水位距冻结深度很近）及适当的水源补给通道（即毛细通道），能连续不断地补充到冻结区来，那么，未冻结区的水分（包括弱结合水和自由水）就会继续向冻结区迁移和积聚，使冰晶体不断扩大，在土层中形成冰夹层，土体随之发生隆起，出现冻胀现象。当土层解冻时，土层中积聚的冰晶体融化，土体随之下陷，即出现融沉现象。位于冻胀区内的基础受到的冻胀力如大于基底以上的竖向荷载，基础就有被抬起的可能，造成门窗不能开启，严重的甚至引起墙体的开裂。当温度升高土体解冻时，由于土中的水分高度集中，使土体变得十分松软而引起融沉，且建筑物各部分的融沉是不均匀的，严重的不均匀融沉可能引起建筑物开裂、倾斜，甚至倒塌。

土体的冻胀会使路基隆起，使柔性路面鼓包、开裂，使刚性路面错缝或折断。路基土融沉后，在车辆反复碾压下，轻者路面变得松软，限制行车速度，重者路面开裂、冒泥，即出现翻浆现象，使路面完全破坏。因此，冻土的冻胀及融沉都会对工程带来危害，必须采取一定措施。

影响冻胀的因素主要有土的组成、水的含量及温度的高低。对于粗颗粒土，因不含结合水，不发生水分迁移，故不存在冻胀问题。而细粒土具有较显著的毛细现象，故在相同条件下，黏性土的冻胀性就比粉土、砂土严重得多。同时，该类土颗粒较细，表面能大，土粒矿物成分亲水性强，能持有较多结合水，从而能使大量结合水迁移和积聚。当冻结区附近地下水位较高，毛细水上升高度能够达到或接近冻结线，使冻结区能得到外部水源的补给时，将发生比较强烈冻胀。通常，将冻结过程中有外来水源补给的称为开敞型冻胀；而冻结过程中没有外来水源补给的称为封闭型冻胀。开敞型冻胀比封闭型冻胀严重，冻胀量大。如气温骤降且冷却强度很大时，土的冻结面迅速向下推移，即冻结速度很快。此时，土中弱结合水及毛细水来不及向冻区迁移就在原地冻成冰，毛细通道也被冰晶体所堵塞。这样，水分的迁移和积聚不会发生，在土层中几乎没有冰夹层，只有散布于土孔隙中的冰晶体，所形成的冻土一般无明显冻胀。

第四节　地基承载力

地基承载力是指地基土单位面积上承受荷载的能力。这里所谓的能力是指地基土体在荷载作用下保证强度和稳定、地基不产生过大沉降或不均匀沉降。地基基础设计中，确定地基承载力是满足地基土强度和稳定性，并确保具有足够安全度这一基本要求的首要工作。确定合适的地基承载力是一个非常重要和复杂的问题。一方面，地基承载力不仅与土的物理力学性质有关，而且与基础的形式、埋深、底面积、结构特点和施工等因素有关；另一方面，从设计的角度，确定合适的地基承载力需要综合考虑经济性和安全性双重因素。地基承载力设计值过小，地基土体不能充分发挥其承载性能、不经济，地基承载力取值偏大则不安全。

目前，在地基基础设计中，确定地基承载力的方法主要有以下三项：

(1)确定地基承载力，按原位测试方法直接确定地基承载力；

(2)确定地基承载力，按经验方法确定地基承载力；

(3)确定地基承载力，按地基土的强度理论确定地基承载力。

一、根据原位测试确定承载力特征值

建设场地对地基土体进行原位测试是确定地基承载力最直接有效的方法。目前，用于评价地基承载力的原位测试手段较多，主要有载荷试验、旁压试验、触探试验等。其中，载荷试验被认为是确定地基承载力的原位测试方法中最直接可信的方法。

(1)载荷试验确定地基承载力。地基土载荷试验是工程地质勘查工作中的一项原位测试。载荷试验包括浅层平板载荷试验、深层平板试验及螺旋板载荷试验。浅层平板载荷试验适用于3 m以内、无地下水地基；深层平极载荷试验适用于3 m以下、无地下水地基；螺旋板载荷试验适用于有地下水的地基。

由载荷试验得到的典型地基土 $p-s$ 曲线，反映了地基变形自开始加载至地基破坏过程，其先后经历三个变形阶段，即弹性变形阶段、塑性变形阶段和破坏阶段。根据 $p-s$ 曲线的形态及地基土在荷载作用下的变形特征，从经济性和安全性的双重角度，得出了依据实测 $p-s$ 曲线确定地基承载力特征值的方法和规定。《建筑地基基础设计规范》(GB 50007—2011)规定，浅层平板载荷试验在某一级荷载作用下，满足下列情况之一时，认为地基达到破坏，可终止加载：

①承压板周围的土明显地侧向挤出；

②沉降 s 急骤增大，$p-s$ 曲线出现陡降段；

③在某一级荷载下，24 h内沉降速率不能达到稳定标准；

④沉降量与承压板宽度或直径之比大于或等于0.06。

当满足以上前4种情况之一时，其对应的前一级荷载可取为极限荷载。则依据上述破坏标准，可得到完整 $p-s$ 曲线。《建筑地基基础设计规范》(GB 50007—2011)给出的依据 $p-s$ 曲线确定地基承载力特征值的方法如下：

①当 $p-s$ 曲线上有明显的比例界限时，取该比例界限所对应的荷载值；

②当极限荷载小于对应比例界限的荷载值的2倍时，取极限荷载值的一半；

③当不能按②要求确定,承压板面积为 0.25 ~ 0.5 m^2时,可取 $s/b = (0.01 \sim 0.015)$(b 为承压板宽度或直径)所对应的荷载,但其值不应大于最大加载量的一半。

按上述方法确定地基承载力时,同一土层参加统计的试验点不应少于3点,各试验实测值的极差不得超过其平同值的30%,实测地基承载力特征值应取其平均值。

载荷试验的优点是压力的影响深度可过1.5 ~2倍承压板宽度,故能较好地反映天然土体的压缩性。对于成分或结构很不均匀的土层,如杂填土、裂隙土、风化岩等,它能显出用别的方法所难以代替的作用;其缺点是试验工作量和费用较大,时间较长。

(2)按照静力、动力触探确定承载力。原位测试方法除载荷试验外,还有动力触探、静力触探、十字板剪切试验和旁压试验等方法。动力触探有轻型、重型和超重型三种。静力触探有单桥和双桥探头两种。各地应以载荷试验数据为基础,积累和建立相应的测试数据与土的承载力之间的相关关系。这种相关关系具有地区性、经验性,对于大量建设的丙级建筑的地基基础来说非常适用、经济,对于设计等级为甲、乙级建筑的地基基础,应按确定承载力特征值的多种方法综合确定。

二、地基承载力修正

理论分析和工程实践均证明,基础的埋深和基底尺寸均影响着地基承载力。所以,根据载荷试验或触探试验等原位测试、经验值等方法确定的承载力特征值,在地基基础设计中,应考虑基础埋深效应和基底尺寸效应。

当基础宽度大于3 m或埋置深度大于0.5 m时,从载荷试验或其他原位测试、经验值等方法确定的地基承载力特征值,尚应按下式修正:

$$f_n = f_{ak} + \eta_b \gamma (b - 3) + \eta_d \gamma_m (d - 0.5)$$

式中 f_n——修正后的地基承载力特征值,kPa;

f_{ak}——地基原载力特征值,kPa,可由载荷试验或其他原位测试,并结合工程实践经验等方法综合确定;

η_b、η_d——基础宽度和埋深的地基承载力修正系数;

b——基础底面宽度,m,当基础底面宽度小于3 m时按3 m取值,大于6 m时按6 m取值;

d——基础埋置深度,m,宜自室外地面标高算起。在填方整平地区,可向填土地面标高算起,但填土在上部结构施工后完成时,应从天然地面标高算起。对于地下室,如果用箱形基础或筏形基础时,基础埋置深度自室外地面标高算起;当采用独立基础或条形基础时,应从室内地面标高算起;

γ——基础底面以下土的重度,kN/m^3,地下水位以下取浮重度;

γ_m——基础底面以上土的加权平均重度,kN/m^3,位于地下水位以下的土层取有效重度。

三、根据《建筑地基基础设计规范》(GB 50007—2011)确定承载力特征值

从典型 $p-s$ 曲线可以看山,地基土在逐级加载至破坏的过程中,地基上可承受的荷载范围相当大。土力学中的临塑荷载、临界荷载和极限荷载定义了地基土在不同变形状态下承受荷载的能力。极限荷载是地基出现整体破坏时所能承受的荷载。显然,以此作为地基承载力特征值毫无安全度可言;临塑荷载是地基刚要出现塑性区时对应的荷载,以此作为

地基承载力又过于保守。实践证明，地基中出现一定小范围的塑性区，对于建筑物的安全并无妨碍。这里提到的小范围塑性区一般认为其塑性区最大深度不大于基础宽度的1/4。因此，选择临界荷载作为地基承载力特征值是合适的，应符合经济和安全的双重要求。《建筑地基基础设计规范》(GB 50007—2011)即采用以 $P_{1/4}$ 为基础的理论公式。

偏心距(e)小于或等于0.033倍基础底面宽度时，根据土的抗剪强度指标确定地基承载力特征值可按下式计算，并应满足变形要求：

$$f_a = M_b\gamma_b + M_d\gamma_m d + M_c c_k$$

式中　f_a——由土的抗剪强度指标确定的地基承载力特征值，kPa；

b——基础底面宽度，m，大于6 m时按6 m取值，对于砂土小于3 m时按3 m取值；

d——基础埋置深度，m；

C_k——基底下一短边宽度的深度范围内土的黏聚力标准值，kPa；

M_b，M_d、M_c——承载力系数。

第五节　基底尺寸的确定

在选定基础材料、类型，初步确定基础埋深后，则需要确定基础底面尺寸。根据地基基础设计的承载力极限状态和正常使用极限状态要求，合适的基础底面尺寸需要满足以下三个条件：

(1)通过基础底面传至地基持力层上的压力应小于地基承载力的设计值，以满足承载力极限状态。

(2)若持力层下存在软弱下卧层，则下卧层顶面作用的压力应小于下卧层的承载能力，以满足承载力极限状态要求。

(3)合适的基础底面尺寸应保证地基变形量小于变形容许值，以满足正常使用极限状态要求，且地基基础的整体稳定性得到满足。

一、基底压力及要求

(一)基底压力

(1)当承受轴心荷载作用时：

$$p_k = \frac{F_k + G_k}{A}$$

式中　P_k——相应于作用的标准组合时，基础底面处的平均压力值，kPa；

F_k——相应于作用的标准组合时，上部结构传至基础顶面的竖向力值，kN；

G_k——基础自重和基础上的土重，kN；

A——基础底面积，m^2。

(2)当偏心荷载作用时：

$$P_{kmax} = \frac{F_k + G_k}{A} + \frac{M}{W}$$

$$P_{kmin} = \frac{F_k + G_k}{A} - \frac{M}{W}$$

式中　M_k——相应于作用的标准组合时，作用于基础底面的力矩值，kN·m；

W——基础底面的抵抗矩，m^3；

P_{kmax}——相应于作用的标准组合时，基础底面边缘的最大压力值，kPa；

P_{kmin}——相应于作用的标准组合时，基础底面边缘的最小压力值，kPa。

（3）当基础底面为矩形，且偏心距 $e > b/6$ 时，P_{kmax} 应按下式计算：

$$P_{kmax} = \frac{2(F_k + G_k)}{3la}$$

式中　l——垂直于力矩作用方向的基础底面边长，m；

α——合力作用点至基础底面最大压力边缘的距离，m。

偏心距 e 可按下式计算：

$$e = \frac{M}{F_k + G_k}$$

（二）基底要求

基础底面的压力，应符合下列要求：

（1）当承受轴心荷载作用时：

$$p_k \leqslant f_a$$

式中　f_a——修正后的地基承载力特征值，kPa。

（2）当偏心荷载作用时，除符合 $p_k \leqslant f_a$ 外，还应符合下式：

$$p_{kmax} \leqslant 1.2 f_a$$

二、轴心受荷基础底面尺寸确定

基础在轴心荷载作用下，按地基持力层承载力计算基础底面尺寸时，要求基础底面压力满足 $p_k \leqslant f_a$，同时根据 $p_k = \frac{F_k + G_k}{A}$，得

$$\frac{F_k + G_k}{A} \leqslant f_a$$

因 $G_k = \gamma_G Ad$，代入上式，得

$$A \geqslant \frac{F_k}{fa - \gamma Gd}$$

式中　γ_G——基础及其上填土的平均重度，一般取 20 kN/m^3；

f_a——深宽修正后的地基承载力特征值，kPa，与宽度 b 有关。

宽度 b 可通过以下两种方法计算确定：

（1）假设 $b \leqslant 3$ m，只修正 d，得出 f_a；代入 $A \geqslant \frac{F_k}{fa - \gamma Gd}$ 计算出 b，若 $b \leqslant 3$ m，则假设正确，得出的 b 即为所求的基底尺寸；若 $b > 3$ m，则按 b 修正承载力特征值后再算一次，得出调整后的基底尺寸。

（2）先不做深宽修正，用修正前的承载力特征值 f_{ak} 代替 f_a 算出 b 若 $b \leqslant 3$ m，则只按 d 修正求 f_a，再代入 $A \geqslant \frac{F_k}{fa - \gamma Gd}$，得出调整后的基底尺寸；若 $b > 3$ m，则按 b、d 修正后求出 f_a，再

代入$A \geq \frac{F_k}{fa - \gamma Gd}$，得出调整后的基底尺寸。

如果是矩形基础按照 $l=(1\sim2)b$ 确定基础长宽，如果是条形基础长度取 1.0 m，然后据$A \geq \frac{F_k}{fa - \gamma Gd}$计算宽度。

三、偏心受荷基础底面尺寸确定

偏心受荷状态下，基础底面积计算步骤如下：

(1)先不考虑偏心，按照轴心受荷状态利用$A \geq \frac{F_k}{fa - \gamma Gd}$计算基础底面积。

(2)根据偏心大小，将轴心受荷状态下基础底面积扩大10%～40%。

(3)按照提高后的基础底面积，根据$p_k = \frac{F_k + G_k}{A}$、$P_{kmax} = \frac{F_k + G_k}{A} + \frac{M}{W}$、$P_{kmin} = \frac{F_k + G_k}{A} - \frac{M}{W}$、$P_{kmax} = \frac{2(F_k + G_k)}{3la}$计算平均基底压力$p_k$、最大基底压力$P_{kmax}$、最小基底压力$P_{kmin}$通过$p_k \leq f_a$、$p_{kmax} \leq 1.2f_a$验算。

(4)如果满足要求，则基底面积可行，如果不满足要求，需要重新调整基底面积，再进行验算，直到符合要求为止。

第六节　软弱下卧层承载力验算

一、基本要求

当地基受力层范围内有软弱下卧层时，应按下式验算软弱下卧层的地基承载力：

$$p_z + p_{cz} \leq f_{az}$$

式中　P_z——相应于作用的标准组合时，软弱下卧层顶面处的附加压力值，kPa；

p_{cz}——软弱下卧层顶面处土的自重压力值，kPa；

f_{az}——软弱下卧层顶面处经深度修正后的地基承载力特征值，kPa。

二、承载力验算

(一)附加压力计算

1. 条形基础

$$p_z = \frac{b(p_k - p_c)}{b + 2z\tan\theta}$$

2. 矩形基础

$$p_z = \frac{lb(p_k - p_c)}{(l + 2z\tan\theta)(b + 2z\tan\theta)}$$

式中　l——矩形基础底边的长度，m；

b——矩形基础或条形基础底边的宽度，m；

p_c——基础底面处土的自重压力值,kPa;

z——基础底面至软弱下卧层顶面的距离,m;

θ——地基压力扩散线与垂直线的夹角。

(二)自重应力计算

下卧层顶端土层的自重应力按下式计算:

$$P_{cz} = \sum_{i=1}^{n} \gamma_i h_i$$

式中 γ_i——下卧层顶部第 i 层土体重度,kN/m^3;

h_i——下卧层顶部端第 i 层土体厚度,m;

i——下卧层顶部土层数量。

第七节　沉降量计算和稳定性验算

一、沉降量计算

(一)沉降量

计算地基变形时,地基内的应力分布,可采用各向同性均质线性变形体理论。其最终变形量可采用应力面积法计算,具体计算公式如下:

$$s = \Psi_s s' = \Psi_s \sum_{i=1}^{n} \frac{p_0}{E_{si}} (\bar{a}_i z_i - \overline{a_{i-1} z_{i-1}})$$

式中 s——地基最终变形量,mm;

s'——按分层总和法计算出的地基变形量,mm;

Ψ_s——沉降计算经验系数,根据地区沉降观测资料及经验确定,无地区经验时可根据变形计算深度范围内压缩模量的当量值($\overline{E_s}$)、基底附加压力按表 12-2 取值;

p_0——相应于作用的准永久组合时基础底面处的附加压力,kPa;

E_{si}——基础底面下第 i 层土的压缩模量,MPa,应取土的自重压力至土的自重压力与附加压力之和的压力段计算;

n——地基变形计算深度范围内所划分的土层数;

$\bar{a}_i$、$\overline{a_{i-1}}$——基础底面计算点至第 i 层土、第 $i-l$ 层土底面范围内平均附加应力系数,可按《建筑地基基础设计规范》(GB 50007—2011)选取;

Z_i、Z_{i-1}——基础底面至第 i 层、第 $i-1$ 层土底面的距离,m。

表 12-2　沉降计算经验系数

基底附加压力$\overline{E_s}$/MPa	2.5	4.0	7.0	15.0	20.0
$p_0 \geq f_{ak}$	1.4	1.3	1.0	0.4	0.2
$p_0 < 0.75 f_{ak}$	1.1	1.0	0.7	0.4	0.2

当存在相邻荷载时，应计算相邻荷载引起的地基变形，其值可按应力叠加原理，采用角点法计算。

（二）压缩模量当量值

变形计算深度范围内压缩模量的当量值$\overline{E_s}$，应按下式计算：

$$\overline{E_s}=\frac{\sum A_i}{\sum \frac{A_i}{E_{si}}}$$

（三）地基变形计算深度 Z_n

按下式进行计算，当计算深度下部仍有较软土层时，应继续计算：

$$\Delta s_n' \leqslant 0.025\sum_{i=1}^{n}\Delta s_i'$$

式中　$\Delta s_i'$——在计算深度范围内，第 i 层土的计算变形值，mm；

$\Delta s_n'$——在由计算深度向上取厚度为 Δz 的土层计算变形值，mm。按表 12－3 确定。

表 12－3　Δz 的选取

b/m	≤2	2＜b≤4	4＜b≤8	b＞8
Δz/m	0.3	0.6	0.8	1.0

当无相邻荷载影响，基础宽度为 1～30 m 时，基础中点的地基变形计算深度也可按以下简化式进行计算。在计算深度范围内存在基岩时，z_n可取至基岩表面；当存在较厚的坚硬黏性土层，其孔隙比小于 0.5、压缩模量大于 50 MPa，或存在较厚的密实砂卵石层，其压缩模量大于 80 MPa 时，z_n可取至该层土表面。

$$z_n = b(2.5-0.4\ln b)$$

式中　b——基础宽度，m。

二、稳定性验算

地基稳定性可采用圆弧滑动面法进行验算。最危险的滑动面上诸力对滑动中心所产生的抗滑力矩与滑动力矩应符合下式要求：

$$M_R/M_s \geqslant 1.2$$

式中　M_R——抗滑力矩，kN · m；

M_s——滑动力矩，kN · m。

位于稳定土坡坡顶上的建筑，应符合下列规定：

（1）对于条形基础或矩形基础，当垂直于坡顶边缘线的基础底面边长小于或等于 3 m 时，其基础底面外边缘线至坡顶的水平距离应符合下式要求，且不得小于 2.5 m。

①条形基础：

$$a \geqslant 3.5b-\frac{d}{\tan\beta}$$

②矩形基础：

$$a \geqslant 2.5b - \frac{d}{\tan\beta}$$

式中 α——基础底面外边缘线至坡顶的水平距离，m；

b——垂直于坡顶边缘线的基础底面边长，m；

d——基础埋置深度，m；

β——边坡坡角，°。

(2)当基础底面外边缘线至坡顶的水平距离不满足以上两个公式要求时，可根据基底平均压力按式 $M_R/M_s \geqslant 1.2$ 确定基础距坡顶边缘的距离和基础埋深。当边坡坡角大于45°、坡高大于8 m时，应按式 $M_R/M_s \geqslant 1.2$ 验算坡体稳定性。

第八节　地基、基础与上部结构的相互作用

砌体结构的多层房屋由于地基不均匀沉降而产生开裂。这说明上部结构、基础、地基三者不仅在二者的接触面上保持静力平衡（例如基础底面处基底压力与基底反力平衡），并且三者是相互联系成整体来承担荷载并发生变形。这时，三部分都将按各自的刚度对变形产生相互制约的作用。从而使整个体系的内力和变形（墙体产生斜拉裂缝）发生变化。因此，原则上应该以地基、基础、上部结构之间必须同时满足静力平衡和变形协调两个条件为前提，揭示它们在外荷作用下相互制约、彼此影响的内在联系，达到经济、安全的设计目的。

一、地基与基础的共同作用

基础内力求解时，基底反力是作用在基础上的重要荷载，由于基础刚度对地基变形的顺从性差别较大，因此使基底反力的分布规律不相同。对于柔性基础，基础的挠度曲线为中部大、边缘小。如果要使基础底面的挠度曲线转变为沉降各点相同的直线，则基础必须具有无限大的抗弯刚度，受荷后基础不产生挠曲，当基础顶面承受的外荷载合力通过基底形心时，基底的沉降处处相等。此类基础属于刚性基础，即沉降后基础底面仍保持平面。因此，与刚性基础相比，对柔性基础，只有增大边缘处的变形值，减小中部的变形值，才可能达到沉降后基础底面保持平面的目的。变形是与基底反力的数值息息相关的，此时基底反力的分布必须中间数值减小，边缘数值增大。刚性基础跨越基底中部，将荷载相对集中地传至基底边缘的现象叫作基础的“架越作用”。由于基础的架越作用使边缘处的基底反力增大，但根据库仑定律与极限平衡理论，其数值不可能超过地基土体的强度，因而势必引起基底反力的重新分布。有些试验在基础底面埋设压力盒实测的基底反力的分布图为马鞍形，证明了这一观点。随着荷载的增加，基底边缘处土体的剪应力增大到与其抗剪强度达到极限平衡时，土体中产生塑性区，塑性区内的土体退出工作，继续增加的荷载必须靠基底中部反力的增大来平衡，因而，基底反力图由马鞍形逐渐变为抛物线形，地基土体接近整体破坏时将成为钟形。综上所述，基底反力的数值求解与基础刚度关系密切。

基底压力是地基土体产生沉降变形的根本原因，因此，土力学中关于地基计算模型的理论确定了地基沉降与基底压力之间的数学计算方法后，其解答可求得基础底面某点处的土体沉降数值。该数值应与基础在该点的挠度数值相等。两个相等的量可以建立方程，在

该点基底反力与基底压力相等，地基土体沉降数值与基础底面挠度数值相等，两个方程可以解决基底反力与沉降变形数值的计算问题。但由于建立的是微分方程，其解析只能在简单的情况下得出。其他情况必须利用有限单元法或有限差分法等求得问题的数值解。

二、基础与上部结构的共同作用

上部结构刚度能大大改善基础的纵向弯曲程度，同时，也引起了结构中的次生应力，严重时可以导致上部结构的破坏。例如，钢筋混凝土框架结构，由于框架结构构件之间的刚性连接，在调整地基不均匀沉降的同时，也引起了结构中的次生应力。当上部结构为柔性结构时，上部结构对地基的不均匀沉降和基础的挠曲完全没有制约作用。与此同时，基础的不均匀沉降也不会引起上部结构中的次生应力。

三、地基与上部结构的共同作用

从地基变形和上部结构的相互作用来看，地基变形使上部结构产生附加内力，并随其刚度的增大而增大；上部结构的刚度又调节着地基的变形，刚度增大，调节能力也增大。因此，为减少不均匀沉降，可加强上部结构刚度（抵抗）；为减少上部结构附加应力，可采用刚度小的不敏感性结构（适应）。为减少地基的过大变形或不均匀变形，可进行地基处理（改造）。

第九节　无筋扩展基础设计

一、无筋扩展基础的构造要求

无筋扩展基础的抗拉和抗剪强度较低，因此，必须控制基础内的拉应力和剪应力。结构设计时可以通过控制材料强度等级和台阶宽高比（台阶的宽度与其高度之比）来确定基础的截面尺寸，而无须进行内力分析和截面强度计算。无筋扩展基础的构造，要求基础每个台阶的宽高比都不得超过无筋扩展基础台阶高宽比的允许值。

由于台阶宽高比的限制，无筋扩展基础的高度一般都较大，但不应大于基础埋深，再则，应加大基础埋深或选择刚性角较大的基础类型（如混凝土基础）。如仍不满足，可采用钢筋混凝土基础。

采用无筋扩展基础的钢筋混凝土柱，其柱脚高度不应小于300 mm。当柱纵向钢筋在柱脚内的竖向锚固长度不满足锚固要求时，可沿水平方向弯折，弯折后的水平锚固长度不应小于$10d$也不应大于$20d$（d为柱中的纵向受力钢筋的最大直径）。

为节约材料和施工方便，基础常做成阶梯形。分阶时，每一台阶除应满足台阶宽高比的要求外，还需符合相关的构造规定。

砖基础的砌筑方式。在基底宽度相同的情况下，二一间隔收砌法可减小基础高度，并节省用砖量。毛石基础的每阶伸出宽度不宜大于200 mm，每阶高度通常取400～600 mm，并由两层毛石错缝砌成。混凝土基础每阶高度不应小于200 mm，毛石混凝土基础每阶高度不应小于300 mm。灰土基础施工时每层虚铺灰土220～250 mm，夯实至150 mm，称为“一步灰土”。根据需要可设计成二步灰土或三步灰土，即厚度为300 mm或450 mm，三合土基础厚度不应小于 300 mm。

无筋扩展基础也可由两种材料叠合组成,例如,上层用砖砌体,下层用混凝土。

二、无筋扩展基础的设计计算

(一)无筋扩展基础高度

无筋扩展基础设计时一般先选择适当的基础埋深和基础底面尺寸,设基底宽度为 b,则按构造要求,基础高度应满足下列条件:

$$H_0 \geqslant \frac{b - b_0}{2\tan \alpha}$$

式中 H_0——基础高度,m;

b——基础底面宽度,m;

b_0——基础顶面的墙体宽度或柱脚宽度,m;

$\tan \alpha$——基础台阶宽高比 $b_2 : H_0$;

b_2——基础台阶宽度,m。

(二)受剪承载力

对于混凝土基础,当基础底面的平均压力超过 300 kPa 时,应按下式验算沿墙(柱)边缘或台阶变化处的受剪承载力:

$$V_s \leqslant 0.366 f_t A$$

式中 V_s——相应于作用的基本组合时的地基土平均净反力产生的沿墙(柱)边缘或台阶变化处单位长度的剪力设计值,kN/m;

f_t——混凝土轴心抗拉强度设计值,kN/m^2;

A——沿墙(柱)边缘或台阶变化处混凝土基础单位长度面积,m^2/m。

(三)局部抗压强度验算

当基础由不同材料组成时,应对接触部分进行局部抗压强度验算。

第十节　扩展基础设计

建设场地地基承载力小,上部结构传来荷载较大时,要满足地基强度条件,基础尺寸必然要加大。若采用刚性基础,基础必然有一部分外露地表。在基础尺寸需要加大,同时基础又要浅埋的情况下,就只能采用扩展基础方案。

扩展基础是指柱下钢筋混凝土独立基础和墙下钢筋混凝土条形基础。这种基础的埋置深度和平面尺寸的确定方法与刚性基础相同。由于采用了钢筋承担弯曲所产生的拉应力,扩展基础可以不满足刚性角的要求,高度可以较小,但需满足抗剪和抗冲切破坏的要求。

一、扩展基础的构造要求

钢筋混凝土扩展基础构造应满足如下要求:

(1)锥形基础的边缘高度不宜小于 200 mm,且两个方向的坡度不宜大于 1∶3;阶梯形基础的每阶高度,宜为 300～500 mm。

(2)垫层的厚度不宜小于 70 mm,垫层混凝土强度等级不宜低于 C10。

(3)扩展基础受力钢筋最小配筋率不应小于 0.15%,底板受力钢筋的最小直径不宜小于 10 mm,间距不宜大于 200 mm,也不宜小于 100 mm。墙下钢筋混凝土条形基础纵向分布钢筋的直径不宜小于 8 mm;间距不宜大于 300 mm;每延米分布钢筋的面积应不小于受力钢筋面积的 15%。当有垫层时钢筋保护层的厚度不应小于 40 mm;无垫层时不应小于 70 mm。

(4)混凝土强度等级不应低于 C20。

(5)当柱下钢筋混凝土独立基础的边长和墙下钢筋混凝土条形基础的宽度大于或等于 2.5 m 时,底板受力钢筋的长度可取边长或宽度的 0.9 倍,并宜交错布置。

(6)钢筋混凝土条形基础底板在 T 形及十字形交接处,底板横向受力钢筋仅沿一个主要受力方向通长布置,另一方向的横向受力钢筋可布置到主要受力方向底板宽度 1/4 处。在拐角处底板横向受力钢筋应沿两个方向布置。

二、扩展基础的设计计算

(一)柱下独立基础

1.计算要求

对柱下独立基础,当冲切破坏锥体落在基础底面以内时,应验算柱与基础交接处以及基础变阶处的受冲切承载力;对基础底面短边尺寸小于或等于柱宽加两倍基础有效高度的柱下独立基础,以及墙下条形基础,应验算柱(墙)与基础交接处的基础受剪切承载力;基础底板的配筋,应按抗弯计算确定;当基础的混凝土强度等级小于柱的混凝土强度等级时,应验算柱下基础顶面的局部受压承载力。

2.柱下独立基础受冲切承载力验算

柱下独立基础的受冲切承载力应按下列公式验算:

$$F_l \leqslant 0.7\beta_{hp}f_t h_0$$

$$\alpha_m = (\alpha_t + \alpha_b)/2$$

$$F_l = p_j A_l$$

式中　F_l——相应于作用的基本组合时作用在 A_l 的地基土净反力设计值,kPa;

β_{hp}——受冲切承载力截面高度影响系数,当 h 不大于 800 mm 时,β_{hp} 取 1.0;当 h 大于等于 2 000 mm 时,β_{hp} 也取 0.9,其间按线性内插法取用;

f_t——混凝土轴心抗拉强度设计值,kPa;

h_0——基础冲切破坏锥体的有效高度,m;

α_m——冲切破坏锥体最不利一侧计算长度,m;

α_t——冲切破坏锥体最不利一侧斜截面的上边长,m,当计算柱与基础交接处的受冲切承载力时,取柱宽;当计算基础变阶处的受冲切承载力时,取上阶宽;

α_b——冲切破坏锥体最不利一侧斜截面在基础底面积范围内的下边长,m,当冲切破坏锥体的底面落在基础底面以内,计算柱与基础交接处的受冲切承载力时,取柱宽加两倍基础有效高度;当计算基础变阶处的受冲切承载力时,取上阶宽加两倍该处的基础有效高度；

A_1——冲切验算时取用的部分基底面积，m^2；

p_j——扣除基础自重及其上土重后相应于作用的基本组合时的地基土单位面积净反力，kPa，对偏心受压基础可取基础边缘处最大地基土单位面积净反力。

3. 受剪承载力验算

当基础底面短边尺寸小于或等于柱宽加两倍基础有效高度时，应按下列公式验算柱与基础交接处截面受剪承载力：

$$V_s \leqslant 0.7\beta_{hs} f_t A_0$$

$$\beta_{hs} = (800/h_0)^{1/4}$$

式中　V_s——柱与基础交接处的剪力设计值，kN；

β_{hs}——柱与基础交接处的剪力设计值，kN；

A_0——验算截面处基础的有效截面面积，m^2。当验算截面为阶形或锥形时，可将其截面折算成矩形截面。

（二）墙下钢筋混凝土条形基础

墙下钢筋混凝土条形基础的内力计算一般可按平面应变问题处理，在长度方向可取单位长度计算。截面设计验算的内容主要包括基底宽度 b 和基础的高度 h 及基础底板配筋等。

1. 轴心荷载作用

(1)基础高度。基础内不配箍筋和弯起筋，故基础高度由混凝土的受剪承载力确定：

$$V \leqslant 0.7\beta_h f_t h_0$$

其中，V 为剪力设计值，可通过下式计算：

$$V = p_j b_1$$

因此，基础有效高度 h_0 为

$$h_0 \geqslant \frac{V}{0.7 f_t} = \frac{p_j b_1}{0.7 \beta_h f_t}$$

式中　p_j——相应于荷载效应基本组合时的地基净反力值，可按 $p_j = F/b$ 计算；

F——相应于荷载效应基本组合时上部结构传至基础顶面的竖向力值；

b——基础宽度；

f_t——混凝土轴心抗拉强度设计值；

b_1——基础悬臂部分计算截面的挑出长度，当墙体材料为混凝土时，b 为基础边缘至墙脚的距离；当为砖墙且放脚不大于 1/4 砖长时，为基础边缘至墙脚距离力加上 0.06 m。

(2)基础底板配筋。悬臂根部的最大弯矩设计值 M 通过下式计算：

$$M = \frac{1}{2} p_j b_1^2$$

基础每米长的受力钢筋截面面积：

$$A_s = \frac{M}{0.9 f_y h_0}$$

2. 偏心荷载作用

偏心荷载作用下，基底净反力可根据下式进行计算：

$$p_{j\min}^{j\max} = \frac{F}{A}(1 \pm \frac{6e}{b})$$

式中　e——荷载的净偏心距。

荷载的高度和配筋根据 $h_0 \geqslant \frac{V}{0.7ft} = \frac{p_j b_1}{0.7\beta_h f_t}$、$A_s = \frac{M}{0.9 f_y h_0}$ 计算，但其中的剪力设计值 V 和弯矩设计值 M 根据下式计算：

$$V = \frac{1}{2}(p_{j\max} + p_{j1})b_1$$

$$M = \frac{1}{6}(2p_{j\max} + p_{j1})b_1^2$$

式中　p_{j1}——计算截面处的净反力设计值，$p_{j1} = p_{j\min} + \frac{b - b_1}{b}(p_{j\max} - p_{j\min})$。

第十一节　柱下钢筋混凝土条形基础设计

当上部结构荷载较大，地基土的承载力较低时，采用一般的基础形式往往不能满足地基变形和强度要求，为增加基础的刚度，防止由于过大的不均匀沉降引起上部结构的开裂和损坏，常采用柱下条形基础或交叉条形基础。

梁式基础的设计与扩展基础相同，首先应确定基底反力，从而进行地基计算及基础结构设计。在实际工程中，柱下条形基础常按简化方法计算，就是将基础看作绝对刚性并假设基底反力呈直线分布，然后按静力分析法或将柱子作为支座、基底反力作为荷载，按连续梁计算基础内力，这就是人们所说的"倒梁法"。当上部结构与基础的刚度都较大，条形基础的长度较短、柱距较小，且地基土的分布较为均匀时，采用简化计算法一般能满足设计要求。由于这种方法计算简便，目前在国内外仍被广泛采用。

一、柱下钢筋混凝土条形基础的构造要求

柱下钢筋混凝土条形基础是由一根梁或交叉梁及其横向伸出的翼板组成的。其横断面一般呈倒T形。基础截面下部向两侧伸出部分称为翼板，中间梁腹部分称为肋梁。其构造除满足柱下条形基础的构造，符合柱下独立基础构造要求外，还应符合下列规定：

(1)柱下条形基础梁的高度宜为柱距的1/4～1/8。翼板厚度不应小于200 mm。当翼板厚度大于250 mm时，宜采用变厚度翼板，其顶面坡度宜小于或等于1∶3；条形基础的端部宜向外伸出，其长度宜为第一跨距的0.25倍；柱下条形基础的混凝土强度等级，不应低于C20。

(2)现浇柱与条形基础梁的交接处，基础梁的平面尺寸应大于柱的平面尺寸，且柱的边缘至基础梁边缘的距离不得小于50 mm。

(3)条形基础梁顶部和底部的纵向受力钢筋除应满足计算要求外，顶部钢筋应按计算配筋全部贯通，底部通长钢筋不应少于底部受力钢筋截面总面积的1/3。

二、柱下钢筋混凝土条形基础的设计计算

（一）基础底面尺寸的确定

将条形基础看作长度为 L、宽度为 b 的刚性矩形基础，按地基承载力设计值确定基础底面面尺寸。计算时先计算荷载合力的位置，然后调整基础两端的悬臂长度，使荷载合力重心尽可能与基础形心重合，地基反力为均匀分布，并要求：

$$P_k \leqslant f_a$$

式中　P_k——相应于荷载效应标准组合时，基础底面处的平均压力值，kPa；

f_a——经基础深宽修正后基础持力层土的地基承载力特征值，kPa。

如果是偏心受压，则需同时满足下式：

$$P_{kmax} \leqslant 1.2f_a$$

式中　P_{kmax}——相应于荷载效应标准组合时，基础底面处的最大压力值，kPa。

（二）翼板计算

基底沿宽度 b 方向的净反力：

$$p_{jmin}^{jmax} = \frac{F}{bl}(1 \pm \frac{6e}{l})$$

式中　p_{jmax}、p_{jmin}——基底宽度方向的最大和最小反力；

e——基底宽度 b 方向的偏心距。

然后按斜截面抗剪能力确定翼板的厚度，并将翼板作为悬臂按下式计算弯矩和剪力：

$$M = (\frac{p_{j1}}{3} + \frac{p_{j2}}{32})l_1{}^2$$

$$V = (\frac{p_{j1}}{2} + p_{j2})l_1$$

（三）基础梁的纵向内力计算

1.静力平衡法

当柱荷载比较均匀、柱距相差不大，基础与地基比较相对刚度较大时可以忽略柱子的不均匀沉降，满足静力平衡条件下梁的内力计算。地基反力以线性分布作用于梁底，用材料力学的截面法求解梁的内力。由于基础自重不会引起基础内力，故基础的内力分析应该用净反力，可参照$p_{jmin}^{jmax} = \frac{F}{bl}(1 \pm \frac{6e}{l})$不计基础自重 G 计算基础长度方向的最大和最小基底净反力，基础梁任意截面的弯矩和剪力可取脱离体按静力平衡条件求得。此法由于不考虑地基基础与上部结构的共同作用，因而在荷载和直线分布的反力作用下产生整体弯矩，所求得的基础最不利截面上的弯矩绝对值往往偏大。此法适用于柔性的上部结构，且基础的刚度比较大的情况。

2.倒梁法

倒梁法假定上部结构是绝对刚性的，各柱之间没有沉降差异，把柱脚视为条形基础的位支座，将基础梁按倒置的普通连续梁（采用弯矩分配法或弯矩系数法）计算，而荷载则为

直线分布的基底净反力 $p_{j}b$，以及除去柱的竖向集中力所余下的各种作用。这种计算方法只考虑出现于柱间的局部弯曲，不计沿基础全长发生的整体弯曲，所得的弯矩图正负弯矩最大值较为均衡，基础不利截面的弯矩最小。倒梁法适用于上部结构刚度很大的情况。

倒梁法计算步骤如下：

（1）按柱的平面布置和构造要求确定条形基础长度 L，根据地基承载力特征值确定基础底面积 A，以及基础宽度 $B = A/L$ 和截面抵抗矩 $W = BL^2/6$。

（2）按直线分布假设计算基底净反力：

$$p_{j\min}^{j\max} = \frac{F_i}{A} \pm \frac{M_i}{W}$$

式中　F_i——相应于荷载效应标准组合时，上部结构作用在条形基础上的竖向力；

　　M_i——相应于荷载效应标准组合时，对条形基础形心的力矩值。

当为轴心荷载时，$p_{j\max} = p_{j\min} = p_j$。

（3）确定柱下条形基础的计算，是为将柱脚作为不动铰支座的倒连续梁。基底净线反力 $p_j b$ 和除掉柱轴力以外的其他外荷载（柱传下的力矩、柱间分布荷载等）是作用在梁上的荷载。

（4）进行连续梁分析，可用弯矩分配法、连续梁系数表等方法。

（5）按求得的内力进行梁截面设计。

（6）翼板的内力和截面设计与扩展式基础相同。

倒连续梁分析得到的支座反力与柱轴力一般并不相等，这可以理解为上部结构的刚度对基础整体挠曲的抑制和调整作用使柱荷载的分布均匀化，也反映了倒梁法计算得到的支座反力与基底压力不平衡的缺点。为此提出了“基底反力局部调整法”，即将不平衡力（柱轴力与支座反力的差值）均匀分布在支座附近的局部范围（一般取 1/3 的柱跨）上再进行连续梁分析，将结果叠加到原先的分析结果上，如此逐次调整直到不平衡力基本消除，从而得到梁的最终内力分布。

倒梁法只进行了基础的局部弯曲计算，而未考虑基础的整体弯曲。实际上在荷载分布和地基都比较均匀的情况下，地基往往发生正向挠曲，在上部结构和基础刚度的作用下，边柱和角柱的荷载会增加，内柱则相应卸荷，于是条形基础端部的基底反力要大于按直线分布假设计算得到的基底反力值。为此，较简单的做法是将边跨的跨中和第一内支座的弯矩值按计算值再增加 20%。

当柱荷载分布和地基较不均匀时，支座会产生不等的沉陷，较难估计其影响趋势。此时可采用所谓“经验系数法”，即修正连续梁的弯矩系数，使跨中弯矩与支座弯矩之和大于 $ql^2/8$，从而保证了安全，但基础配筋量也相应增加。经验系数有不同的取值，一般支座采用 $(1/10 \sim 1/14)qL^2$，跨中则采用 $(1/10 \sim 1/16)ql^2$。

第十二节　柱下十字交叉条形基础设计

一、柱下十字交叉条形基础的构造要求

柱下十字交叉条形基础是由纵横两个方向的柱下条形基础所组成的一种空间结构，各

柱位于两个方向基础梁的交叉节点处。柱下十字交叉条形基础的作用除可以进一步扩大基础底面积外,主要是利用其巨大的空间刚度以调整不均匀沉降。交叉条形基础宜用于软弱地基上柱距较小的框架结构,其构造要求与柱下条形基础类似。

二、柱下十字交叉条形基础的计算

在初步选择交叉条形基础的底面积时,可假设地基反力为直线分布。如果所有荷载的合力对基底形心的偏心很小,则可认为基底反力是均布的,由此可求出基础底面的总面积。然后具体选择纵、横向各条形基础的长度和底面宽度。

条形基础的内力分析可采用简化计算法。当上部结构具有很大的整体刚度时,可以像分析条形基础时那样,将交叉条形基础作为倒置的二组连续梁来对待,并以地基的净反力作为连续梁上的荷载。如果地基较软弱而均匀,基础刚度又较大,那么可以认为地基反力是直线分布的。如果上部结构的刚度较小,则把交叉节点处的柱荷载分配到纵横两个方向的基础梁上,待柱荷载分配后,把交叉条形基础分离为若干单独的柱下条形基础。

确定交叉节点处柱荷载的分配值时,需满足 2 个条件:

①变形协调:纵、横基础梁在交叉节点处的位移应相等;

②静力平衡:各节点分配在纵、横基础梁上的荷载之和,应等于作用在该节点上的总荷载。

为了简化计算,设交叉节点处纵、横梁之间为铰接。当一个方向的基础梁有转角时,另一个方向的基础梁内不产生扭矩 E 节点上两个方向的弯矩分别由同向的基础梁承担,一个方向的弯矩不致引起另一个方向基础梁的变形,这就忽略了纵、横基础梁的扭转。为了防止这种简化计算使工程出现问题,于柱位的前后左右,基础梁都必须配置封闭型的抗扭箍筋($\varphi10 \sim \varphi12$),并适当增加基础梁的纵向配筋量。

实用上还有更粗略的分配方法,例如,简单地按交汇于某节点的两个方向上梁的线刚度比来分配该节点的竖向荷载,这样的分配并未考虑两个方向上梁的变形协调。有时当一个方向上梁的截面远小于另一个方向上的梁截面时,不再进行荷载分配,而将全部荷载作用在截面大的梁上进行单向条形基础计算,但另一方向的梁必须满足构造要求。

第十三节　筏形基础设计

当上部结构荷载过大,采用柱下交叉条形基础不能满足地基承载力要求,或虽然可以满足要求,但是基底间净距很小,或需加强基础刚度时,可以考虑采用筏形基础,即将柱下交叉条形基础基底下所有的底板连在一起。由于筏形基础整体性好,能很好地抵抗地基不均匀沉降。筏形基础分为平板式和梁板式。其选型应根据地基土质、上部结构体系、柱距、荷载大小、使用要求,以及施工条件等因素确定,框架—核心筒结构和筒中筒结构宜采用平板式筏形基础。平板式筏形基础的底板是一块厚度相等的钢筋混凝土平板。板厚一般为 0.5 ~ 1.5 m。平板式基础适用于柱荷载不大、柱距较小且等柱距的情况。底板的厚度可以按一层 50 mm 初步确定,然后校核板的抗冲切强度。平板式筏形基础的底版厚度不得小于 200 mm,通常,5 层以下的民用建筑,板厚不小于 250 mm;6 层民用建筑的板厚不小于 300 mm。当柱网间距大时,一般采用梁板式筏形基础。根据肋梁的设置可分为单向肋和双向肋两种形式。单向肋梁板式筏形基础是将两根或两根以上的柱下条形基础中间用底板连接成一个整体,以扩大基础的底面积并加强基础的整体刚度。双向肋梁板式筏形基础是在纵、横两个方向上的柱下都布置肋梁,有的也可在柱网之间再布置次肋梁以减小底的厚度。

筏形基础选用的原则如下:

(1)在软土地基上,用柱下条形基础或柱下交叉条形基础不能满足上部结构对变形的要求和地基承载力的要求时,可采用筏形基础。

(2)当建筑物的柱距较小而柱的荷载又很大,或柱的荷载相差较大将会产生较大的沉降差,需要增加基础的整体刚度以调整不均匀沉降时,可采用筏形基础。

(3)当建筑物有大型储液结构(如水池、油库等)时,结合使用要求,可采用筏形基础。

(4)风荷载及地震荷载起主要作用的多高层建筑物,要求基础有足够的刚度和稳定性时,可采用筏形基础。

一、筏形基础的构造

(一)筏形厚度

平板式筏基的板厚应满足柱下受冲切承载力的要求。梁极式筏形基础的板厚不应小于300 mm,且板厚与板格的最小跨度之比不宜小于1/12;对12层以上的建筑,板厚不应小于400 mm,且板厚与最大双向板格的短边净跨之比不得小于1/14。肋梁的高度(包括底板厚度在内)不宜小于平均柱距的1/6;肋梁宽度不宜过大,在满足设计剪力不大于$0.25\beta_0 f_c bh_0$的条件下,当梁宽小于柱宽时,可将肋梁在柱边加腋。板厚不应小于400 mm,且板厚与最大双向板格的短边净跨之比不得小于1/14。肋梁的高度(包括底板厚度在内)不宜小于平均柱距的1/6;肋梁宽度不宜过大,在满足设计剪力不大于$0.25\beta_0 f_c bh_0$的条件下,当梁宽小于柱宽时,可将肋梁在柱边加腋。平板式筏板厚度的最小厚度为400 mm,当地基土比较均匀、上部结构刚度较好时,厚跨比不小于1/6。当个别柱的冲切力较大而不能满足筏板的抗冲切承载力要求时,可将该柱下的筏板局部加厚或配置抗冲切钢筋。

(二)筏板混凝土

筏形基础的混凝土强度等级不应低于C30,当有地下室时应采用防水混凝土。防水混凝土的抗渗等级应按表12-4选用。对重要建筑,宜采用自防水并设置架空排水层。

表12-4　防水混凝土抗渗等级

埋置深度 d/m	设计抗渗等级	埋置深度 d/m	设计抗渗等级
$d<10$	P6	$20\leqslant d<30$	P10
$10\leqslant d<20$	P8	$D\geqslant30$	P12

采用筏形基础的地下室,应沿地下室四周设置厚度不小于250 mm的钢筋混凝土外墙及不小于200 mm的钢筋混凝土内墙,墙的截面设计除应满足承载力要求外,还应考虑变形、抗裂、防渗等要求,墙体内应设置双面钢筋,竖向和水平钢筋的直径不应小于12 mm,间

距不宜大于 200 mm，每层外墙底部、顶部施工缝处应设置通长止水带。

（三）基础梁连接

地下室底层柱、剪力墙与梁板式筏形基础的基础梁连接处，柱、墙的边缘至基础梁边缘的距离不应小于 50 mm，当交叉基础梁的宽度小于柱截面的边长时，交叉基础梁连接处应设置八字角，柱角与八字角之间的净距不宜小于 50 mm。

（四）筏板配筋

筏板按双向配筋，由计算确定。常规做法是，筏板的顶面和底面采取连续的双向配筋。当筏板的厚度大于 2 000 mm 时，板厚中间部位配置直径不小于 12 mm、间距不大于 250 mm 的双向钢筋网。受力钢筋直径不宜小于 12 mm，钢筋间距不宜大于 250 mm。

考虑到整体弯曲的影响，筏形基础的配筋除应满足计算要求外，对梁板式筏形基础，纵、横方向的支座钢筋应有 1/3 ~ 1/2 贯通全跨，且配筋率不应小于 0.15%；跨中钢筋应按计算配筋并全部连通。对于平板式筏形基础，柱下板带和跨中板带的底部钢筋应有 1/3 ~ 1/2 贯通全跨，且配筋率不应小于 0.15%；顶部钢筋按计算配筋并全部连通。

筏形基础在四角及四边处，往往地基反力较大，尤其是四角处应力更为集中，转角处板双向挑出时，宜将角部做成切角，角部板底加配辐射状钢筋，给予适当加强。

当地基较不均匀、压缩层厚度变化较大、柱网较不规则、柱荷载变化较大时，楼板式筏形基础的基础梁和板的底筋、面筋宜贯通，跨度及内力较大处可局部加强，梁的底筋、面筋配筋率不宜小于 0.35%，板的底筋、面筋配筋率不宜小于 0.2%；平板式筏形基础底面宜双层双向配筋，跨度、内力较大处，钢筋间距可局部加密，板底顶面钢筋配筋率任一方向均不宜小于 0.25%。

二、筏形基础的内力计算

筏形基础的设计方法可分为倒梁法、倒楼盖法和弹性地基板法三种。当地基土比较均匀、地基压缩层范围内无软弱土层或可液化土层、上部结构刚度较好，柱网和荷载较均匀、相邻柱荷载及柱间距的变化不超过 20%，且梁板式筏形基础梁的高跨比或平板式筏形基础极的厚跨比不小于 1/6 时，筏形基础可仅考虑局部弯曲作用。筏形基础的内力，可按基底反力直线分布进行计算，计算时基底反力应扣除底板自重及其上填土的自重。当不满足上述要求时，筏形基础内力可按弹性地基梁板方法进行分析计算。

（一）内力计算

筏形基础底面尺寸的确定和沉降量计算与扩展基础相同。对于高层建筑下的筏形基础，基底尺寸还应满足 $p_{\min} \geqslant 10$ 的要求，在沉降量计算中应考虑地基土回弹再压缩的影响。筏形基础基底净反力计算：

$$p_j(x,y) = \frac{\sum F}{A} \pm \frac{Fe_y}{I_X}y \pm \frac{Fe_y}{I_X}x$$

式中 e_x、e_y——荷载合力在 x、y 形心轴方向上的偏心距；

I_x、I_y——荷载合力对 x、y 轴的截面惯性矩。

1. 倒梁法

倒梁法把筏形基础底板划分为独立的条带，条带宽度为相邻柱列间跨中到跨中的距离。忽略条带间的剪力传递，则条带下的基底净线反力为

$$q_{j\max} = \frac{\sum F}{L} + \frac{6\sum M}{L^2}$$

式中　$\sum F$——条带的柱荷载之和；

$\sum M$——荷载对条带中心的合力矩。

采用倒梁法计算。可以采用经验系数，例如，对均布线荷载 q，支座弯矩取 $ql^2/10$，跨中弯矩取$(l/12 \sim 1/10)ql^2$（l 为跨中柱距，支座处取相邻柱距平均值）。计算弯矩的 2/3 由中间 $b/2$ 宽度的板带承受，两边 $b/4$ 宽的板带则各承受 1/6 的计算弯矩，并按此分配弯矩配筋。

2. 倒楼盖法

当地基比较均匀，上部结构刚度较好，梁板式筏形基础梁的高跨比或平板式筏形基础板的厚跨比不小于 1/6，且柱荷载及柱间距的变化不超过 20% 时，可采用倒楼盖法计算。此时，以柱脚为支座，荷载为线性分布的基底净反力。平板式筏板按倒无梁楼盖计算，可参照无梁楼盖方法截取柱下板带和跨中板带进行计算。柱下板带中，在柱宽及其两侧各 50% 板厚，且不大于 1/4 板跨的有效宽度范围内的钢筋配置量，不应小于柱下板带钢筋配置量的一半，且应能承受作用在冲切临界截面重心上的部分不平衡弯矩 $\alpha_m M$ 的作用，其中 M 是作用在冲切临界截面重心上的不平衡弯矩，α_m是不平衡弯矩传至冲切临界截面周边的弯曲应力系数，均可按《高层建筑筏形与箱形基础技术规范》（JGJ6—2011）中的方法计算，梁板式筏板则根据肋梁布置情况按倒双向板楼盖或倒单向板楼盖计算。其中，底板分别按连续的双向板或单向板计算，肋梁均按多跨连续梁计算，但求得的连续梁边跨跨中弯矩，以及第一内支座处的弯矩宜乘以 1.2 的系数。

3. 弹性地基法

当地基状况比较复杂，上部结构刚度较差，或柱荷载及柱距变化较大时，筏形基础内力宜按弹性地基板法进行分析。对于平板式筏形基础，可用有限差分法或有限单元法进行分析；对于梁板式筏形基础，则先划分肋梁单元或薄板单元，然后用有限单元法进行分析。

（二）结构验算

基础梁板需要进行冲切、弯、剪承载力验算。

1. 平板式筏基冲切承载力验算

平板式筏基进行抗冲切验算时应考虑作用在冲切临界面重心上的不平衡弯矩产生的附加剪力。对基础的边柱和角柱进行冲切验算时，其冲切力应分别乘以 1.1 和 1.2 的增大系数。距柱边 $h_0/2$ 处冲切临界截面的最大剪应力 $\tau_{\max}$应按式（12－1）、式（12－2）进行计算。板的最小厚度不应小于 500 mm。

$$\tau_{\max} = \frac{F_l}{u_m h_0} + a_s \frac{M_{\mathrm{unbc_{AB}}}}{I_s} \tag{12-1}$$

$$\tau_{\max} \leqslant 0.7(0.4 + 1.2/\beta_s)\beta_{hp} f_t \tag{12-2}$$

$$a_s = 1 - \frac{1}{1 + \frac{2}{3}\sqrt{C_1/C_2}} \tag{12-3}$$

式中　F_l——相应于作用的基本组合时的冲切力,kN,对内柱取轴力设计值减去筏板冲切破坏锥体内的基底净反力设计值;对边柱和角柱,取轴力设计值减去筏板冲切临界截面范围内的基底净反力设计值;

U_m——距柱边缘不小于 $h_0/2$ 处冲切临界截面的最小周长,m;

h_0——筏板的有效高度,m;

M_{unb}——作用在冲切临界截面重心上的不平衡弯矩设计值,KN·m;

c_{AB}——沿弯矩作用方向,冲切临界截面重心至冲切临界截面最大剪应力点的距离,m;

I_s——冲切临界截面对其重心的极惯性矩,m^4;

β_s——柱截面长边与短边的比值,当 $\beta_s<2$ 时,β_s取 2,当 $\beta_s>4$ 时,β_s取 4;

β_{hp}——受冲切承载力截面高度影响系数,当 $h\leqslant 800$ mm 时,取 $\beta_{hp}=1.0$;当 $h\geqslant$ 2 000 mm 时,取 $\beta_{hp}=0.9$,其间按线性内插法取值;

f_t——混凝土轴心抗拉强度设计值,kPa;

C_1——与弯矩作用方向一致的冲切临界截面的边长,m;

C_2——垂直于 C_1的冲切临界截面的边长,m;

a_s——不平衡弯矩通过冲切临界截面上的偏心剪力来传递的分配系数,根据式(12-3)计算。

当柱荷载较大,等厚度筏板的受冲切承载力不能满足要求时,可在筏板上面增设柱墩或在筏板下局部增加板厚或采用抗冲切钢筋等措施满足受冲切承载能力要求。

平板式筏基内筒下的板厚应满足受冲切承载力应按式(12-4)进行验算。当需要考虑内筒根部弯矩的影响时,距内筒外表面 $h_0/2$ 处冲切临界截面的最大剪应力可按式(12-1)计算,此时 $\tau_{max}\leqslant 0.7\beta_{hp}f_t/\eta$。

$$F_l/u_m h_0 \leqslant 0.7\beta_{hp}f_t/\eta \tag{12-4}$$

式中　F_l——相应于作用的基本组合时,内筒所承受的轴力设计值减去内筒下筏板冲切破坏锥体内的基底净反力设计值,kN。

u_m——距内筒外表面 $h_0/2$ 处冲切临界截面的周长,m;

h_0——距内筒外表面 $h_0/2$ 处筏板的截面有效高度,m;

η——内筒冲切临界截面周长影响系数,取 1.25。

2. 平板式筏基受剪承载力验算

平板式筏基除满足受冲切承载力外,还应验算距内筒和柱边缘 h_0处截面的受剪承载力。当筏板变厚度时,应验算变厚度处筏板的受剪承载力。

平板式筏基受剪承载力应按式(12-5)验算,当筏板的厚度大于 2 000 mm 时,宜在板厚中间部位设置直径不小于 12 mm、间距不大于 300 mm 的双向钢筋网。

$$V_s \leqslant 0.7\beta_{hs}f_t b_w h_0 \tag{12-5}$$

式中　V_s——相应于作用的基本组合时,基底净反力平均值产生的距内筒或柱边缘 h_0处筏板单位宽度的剪力设计值,kN;

b_w——筏板计算截面单位宽度,m;

h_0——距内筒或柱边缘 h_0 处筏板的截面有效高度，m。

3. 梁板式筏基

梁板式筏基底板除计算正截面受弯承载力外，其厚度还应满足受冲切承载力、受剪切承载力的要求。梁板式筏基底板受冲切承载力应按下式进行计算：

$$F_l \leqslant 0.7\beta_{hp}f_t b_w u_m h_0 \tag{12-6}$$

式中　F_l——作用的基本组合时，基底平均净反力设计值，kN；

u_m——距基础梁边 $h_0/2$ 处冲切临界截面的周长，m。

梁板式筏基双向底板斜截面受剪承载力应按下式进行计算：

$$V_s \leqslant 0.7\beta_{hs}f_t(l_{n2}-2h_0)h_0 \tag{12-7}$$

式中　V_s——距梁边缘 h_0 处的剪力设计值，kN。

第十四节　箱形基础设计

箱形基础是由钢筋混凝土顶、底板和内外纵横墙体组成的，具有相当大的刚度的空间整体结构。箱形基础埋置于地面下一定深度，能与基底和周围土体共同工作，从而增加建筑物的整体稳定性，并对抗震有良好作用。有抗震、人防和地下室要求的高层建筑宜采用箱形基础。由于箱形基础体积所占空间部分挖去的土方质量比箱基重很多，减少了基底附加压力，高层建筑得以建造在比较软弱的天然地基上，形成所谓补偿性基础，从而取得较好的经济效果。我国许多新建的10～20层建筑采用了箱形基础，并已有50余层的高层建筑采用天然地基上的箱形基础的实例。

箱形基础由于荷载重、埋置深、底面积大，其设计与施工较一般天然地基浅基础复杂得多。除应综合考虑地质条件、施工过程和使用要求外，还应考虑地基基础与上部结构的共同作用以及相邻建筑的影响。

一、箱形基础埋深及构造要求

（一）基础埋深

箱形基础的埋置深度应根据建筑物对地基承载力、基础倾覆及滑移稳定性、建筑物倾斜以及抗震设防烈度等的要求确定，一般可取等于箱形基础的高度，抗震设防区不宜小于建筑物的1/15。高层建筑同一单元内的箱形基础埋深宜一致，且不得局部采用箱形基础。箱形基础顶板、底板及墙身的厚度应根据受力情况、整体刚性及防水要求确定。一般底板厚度不应小于300 mm，外墙厚度不应小于250 mm，内墙厚度不应小于200 mm。顶底板厚度应满足受剪承载力验算的要求，底板应满足受冲切承载力的要求。

（二）构造要求

（1）混凝土强度及防水。箱形基础的混凝土强度等级不宜低于C25。箱形基础的外墙厚度不应小于250 mm，内墙厚度不应小于200 mm；当箱形基础兼作人防地下室时，其外墙厚度还应根据人防等级按实际情况计算后确定。箱形基础一般都埋于地下，其防水构造和要求类似于有防水的筏形基础。

(2)箱形基础底板、顶板厚度。箱形基础底板、顶板的厚度应根据荷载大小、跨度、整体刚度、防水要求确定。底板厚度不应小于300 mm,且板厚与最大双向板区格的短边尺寸之比不小于1/14。顶板厚度一般不应小于100 mm,且应能承受箱形基础整体弯曲产生的压力。当考虑上部结构嵌固于箱形基础顶板时,顶板的厚度不宜小于200 mm。对兼作人防地下室的箱形基础,其底板、顶板的厚度也应根据人防等级按实际情况计算后确定。

(3)与竖向构件的连接。底层柱纵向钢筋伸入箱形基础的长度为:柱下三面或四面有箱形基础墙的内柱,除四角钢筋直通基底外,其余钢筋可终止在顶板底面下40倍钢筋直径处;外柱、与剪力墙相连的边框柱及其他内柱的纵向钢筋应直通至基底。对多层箱形基础,柱子的纵向钢筋除四角钢筋直通至基底外,其余纵向钢筋可伸至箱形基础最上一层的墙底。

(4)箱形基础配筋构造。箱形基础顶板、底板及内外墙的钢筋应按计算确定,墙体一般采用双面钢筋,钢筋直径不宜小于10 mm,间距不应大于200 mm。除上部为剪力墙外,内、外墙的墙顶处宜配置两根直径不小于20 mm的通长构造钢筋。

二、箱形基础基底反力

箱形基础的底面尺寸应按持力层土体承载力计算确定,并应进行软弱下卧层承载力验算,同时还应满足地基变形要求。验算时,应符合筏形基础土体承载力要求,且 $p_{kmin} \geqslant 0$(p_{kmin}为荷载效应标准组合时基底边缘的最小压力值)。计算地基变形时,采用线性变形体条件下的分层总和法。

在实际工程中,箱形基础的基底反力分布受诸多因素影响,如土的性质、上部结构的刚度、基础刚度、形状、埋深、相邻荷载等,若要精确分析将十分困难。

我国于20世纪70—80年代在北京、上海等地进行的典型工程实测资料表明:一般的软黏土地基上,纵向基底反力分布呈马鞍形,反力最大值距基底端部为基础长边的1/8~1/9,反力最大值为平均值的1.06~1.34倍;一般第四纪黏土地基纵向基底反力分布呈抛物线形,基底反力最大值为平均值的1.25~1.37倍。在大量实测资料的统计结果上,《高层建筑筏形与箱形基础技术规范》(JGJ6—2011)中规定了基底反力的实用计算法,即把基础底面的纵向分成8个区格,横向分成5个区格,总计40个区格,对于方形基底面积,则纵向、横向均分为8个区格,总计64个区格。不同的区格采用表12-5、表12-6所示不同的基底平均反力的倍数。这两表适用于上部结构与荷载比较均匀的框架结构,地基土比较均匀,底板悬挑部分不超过0.8 m,不考虑相邻建筑物影响及满足各项构造要求的单幢建筑物的箱形基础。当纵横方向荷载不很均匀时,应分别求出由于荷载偏心引起的不均匀的地基反力,将该地基反力与按反力系数表求得的反力叠加,此时偏心所引起的基底反力可按直线分布考虑。对于上部结构刚度及荷载不对称、地基土层分布不均匀等不符合基底反力系数法计算的情况,应采用其他有效的方法进行基底反力的计算。

表12-5 黏土地基反力系数表

$l/b=1$							
1.381	1.179	1.128	1.108	1.108	1.128	1.179	1.381
1.179	0.952	0.898	0.879	0.879	0.898	0.952	1.179

表 12－5(续)

1.128	0.898	0.841	0.821	0.821	0.841	0.898	1.128
1.108	0.879	0.821	0.800	0.800	0.821	0.879	1.108
1.108	0.879	0.821	0.800	0.800	0.821	0.879	1.108
1.128	0.898	0.841	0.821	0.821	0.841	0.898	1.128
1.179	0.952	0.898	0.879	0.879	0.898	0.952	1.179
1.381	1.179	1.128	1.108	1.108	1.128	1.179	1.381
$l/b=2\sim3$							
1.265	1.115	1.075	1.061	1.061	1.075	1.115	1.265
1.073	0.904	0.865	0.853	0.853	0.865	0.904	1.073
1.046	0.875	0.835	0.822	0.822	0.835	0.875	0.046
1.073	0.904	0.865	0.853	0.853	0.865	0.901	1.073
1.265	1.115	1.075	1.061	1.061	1.075	1.115	1.265
$l/b=4\sim5$							
1.229	1.042	1.014	1.003	1.003	1.014	1.042	1.229
1.096	0.929	0.904	0.895	0.895	0.904	0.929	1.096
1.081	0.918	0.893	0.884	0.884	0.893	0.918	1.081
1.096	0.929	0.904	0.895	0.895	0.904	0.929	1.096
1.229	1.042	1.014	1.003	1.003	1.014	1.042	1.229
$l/b=6\sim8$							
1.214	1.053	1.013	1.008	1.008	1.013	1.053	1.214
1.083	0.939	0.903	0.899	0.899	0.903	0.939	1.083
1.070	0.927	0.892	0.888	0.888	0.892	0.927	1.070
1.083	0.939	0.903	0.899	0.899	0.903	0.939	1.083
1.214	1.053	1.013	1.008	1.008	1.013	1.053	1.214

表 12－6　软土地区地基反力系数表

0.906	0.966	0.814	0.738	0.738	0.814	0.966	0.906
1.124	1.197	1.009	0.914	0.914	1.009	1.197	1.124
1.235	1.314	1.109	1.006	1.006	1.109	1.314	1.235
1.124	1.197	1.009	0.914	0.914	1.009	1.197	1.124
0.906	0.966	0.814	0.738	0.738	0.814	0.966	0.906

三、箱形基础内力计算

(一)内力分析

在上部结构荷载和基底反力共同作用下,箱形基础整体上是一个多次超静定体系,产生整体弯曲和局部弯曲。若上部结构为剪力墙体系,箱形基础的墙体与剪力墙直接相连,可认为箱形基础的抗弯刚度为无穷大,此时顶板、底板犹如一支撑在不动支座上的受弯构件,仅产生局部弯曲,而不产生整体弯曲,故只需计算顶板、底板的局部弯曲效应。顶板按实际荷载,底板按均布的基底净反力计算;底板的受力犹如一倒置的楼盖,一般均设计成双向肋梁板或双向平板。根据板边界实际支撑条件按弹性理论的双向板计算。考虑到整体弯曲的影响,配置钢筋时除符合计算要求外,纵、横向支座尚应分别有 0.15% 和 0.10% 的钢筋连通配置,跨中钢筋全部连通。当上部结构为框架体系时,上部结构刚度较弱,基础的整体弯曲效应增大,箱形基础内力分析应同时考虑整体弯曲与局部弯曲的共同作用。整体弯曲计算时,为简化起见,工程上常将箱形基础当作一空心截面梁,按照截面面积、截面惯性矩不变的原则,将其等效成工字形截面,以一个阶梯形变化的基底反力和上部结构传下来的集中力作为外荷载,用静定分析或其他有效的方法计算任一截面的弯矩和剪力,其基底反力值可按前述基底反力系卡与数法确定。由于上部结构共同工作,上部结构刚度对基础的受力有一定的调整、分担,基础的实际弯矩值要比计算值小,因此,应将计算的弯矩值按上部结构刚度的大小进行调整。框架结构等效抗弯刚度的计算公式为

$$E_B I_B = \sum_{i=1}^{n}\left[E_b I_{bi}\left(1+\frac{K_{ui}+K_{li}}{2K_{bi}+K_{ui}+K_{li}}m^2\right)\right]+E_W I_W$$

式中 E_b——梁、柱混凝土弹性模量,kPa;

K_{ui},K_{li}、K_{bi}——第 i 层上柱、下柱和梁的线刚度,其值分别为 I_{ui}/h_{ui}、I_{li}/h_{li}、I_{bi}/h_{bi};

I_{ui}、I_{li}、I_{bi}——第 i 层上柱、下柱和梁的惯性矩,m^4;

h_{ui}、h_{li}——第 i 层上柱、下柱的高度,m;

L、l——上部结构弯曲方向的总长度和柱距,m;

E_w——在弯曲方向与箱形基础相连的连续钢筋混凝土墙的弹性模量,kPa;

I_w——在弯曲方向与箱形基础相连的连续钢筋混凝土墙的截面惯性矩,m^4,其值为 $I_w = th^3/12$,其中 t、h 为弯曲方向与箱形基础相连的连续钢筋混凝土墙体的厚度总和和高度,m;

m——在弯曲方向的节间数。

利用上部结构的等效刚度,就可按下式对箱形基础考虑上部结构共同作用时所承担的整体弯矩进行计算:

$$M_F = \frac{E_F I_F}{E_F I_F + E_B I_B}M$$

式中 M_F——考虑上部结构共同作用时箱形基础的整体弯矩(折减后),kN·m;

M——不考虑上部结构共同作用时箱形基础的整体弯矩,kN·m;

E_F——箱形基础混凝土的弹性模量,kPa;

I_F——箱形基础按工字形截面计算的惯性矩,m^4,工字形截面的上、下翼缘宽度分别为箱形基础顶、底板的全宽,腹板厚度为在弯曲方向墙体厚度的总和;

$E_B I_B$——上部结构等效抗弯刚度。

在整体弯曲作用下，箱形基础的顶、底板可看成是工字形截面的上、下翼缘。靠翼缘的拉、压形成的力矩与荷载效应相抗衡，其拉力或压力等于箱形基础所承受的整体弯矩除以箱基的高度。由于箱形基础的顶、底板多为双层、双向配筋，因此按混凝土结构中的拉、压构件计算出顶板或底板整体弯曲时所需的钢筋用量应除以 2，均匀地配置在顶板或底板的上层和下层，即可满足整体受弯的要求。

在局部弯曲作用下，顶、底板犹如一个支撑在箱形基础内墙上，承受横向力的双向或单向多跨连续板，顶板在实际使用荷载及自重。底板在基底压力扣除底板自重后的均布荷载（地基净反力）作用下，按弹性理论的双向或单向多跨连续板可求出局部弯曲作用时的弯曲值。由于整体弯曲的影响，局部弯曲时计算的弯矩值乘以 0.8 的折减系数后，再用其计算顶、底板的配筋量。算出的配筋量与前述整体弯曲配筋量叠加，即得顶、底板的最终配筋量。配置时，应综合考虑承受整体弯曲和局部弯曲钢筋的位置，以充分发挥钢筋的作用。

（二）结构强度计算

箱形基础的底板厚度应根据实际受力情况、整体刚度及防水要求确定，并不应小于 300 mm。底板除满足正截面的抗弯要求外，还需要满足抗剪及抗冲切要求，对于底板在剪力作用下，斜截面受剪承载力应符合下列要求：

$$V_s \leqslant 0.7 f_c b h_0$$

式中　V_s——扣除底板自重后基底净反力产生的板支座边缘处总的剪力设计值，kN；

f_c——支座至边缘处般的净宽，m；

b——混凝土轴心抗压强度设计值，10^3 kN/m^2；

h_0——底板的有效高度，m。

箱形基础底板应满足受冲切承载的要求。当底板区格为矩形双向板时，底板的截面有效高度应符合下式。与高层建筑相连的门厅等低矮单元基础，可采用从箱形基础挑出的基础梁方案。挑出长度不宜大于 0.15 倍箱形基础宽度，并应考虑挑梁对箱形基础产生的偏心荷载的影响。挑出部分下面应填充一定厚度的松散材料，或采取其他能防止挑梁下沉的措施。

$$h_0 = \frac{(l_{n1} + l_{n2}) - \sqrt{(l_{n1} + l_{n2})2 - \dfrac{4p_n l_{n1} l_{n2}}{p_n + 0.7\beta h_p f_t}}}{4}$$

式中　l_{n1}、l_{n2}——计算板格的短边和长边的净宽度，m；

p_n——扣除底板及其上填土自重后，相应于作用的基本组合时的基底平均净反力设计值，kPa。

箱形基础的内、外墙，除与剪力墙连接外，由柱根传给各片墙的竖向剪力设计值，可按相交于该柱下各片墙的刚度进行分配。墙身的受剪截面应符合下式要求：

$$V_w \leqslant 0.25 f_c A_w$$

式中　V_w——由柱根轴力传给各片墙的竖向剪力设计值，kN；

f_c——混凝土轴心受压强度设计值，10^3 kN/m^2；

A_w——墙身竖向有效截面面积，m^2。

箱形基础纵墙墙身截面的剪力计算时，一般可将箱形基础当作一根在外荷和基底反力

共同作用下的静定梁,用力学方法求得各截面的总剪力 V_j后,按下式将其分配至各道纵墙上:

$$\overline{V_{ij}} = \frac{V_j}{2}\left[\frac{b_i}{\sum b_i} + \frac{N_{ij}}{\sum N_{ij}}\right]$$

$\overline{V_{ij}}$为第 i 道纵墙 j 支座所分得的剪应力,将该剪力值分配至支座的左右截面后得:

$$V_{ij} = \overline{V_{ij}} - p_j(A_1 + A_2)$$

式中 $\overline{V_{ij}}$——为第 i 道纵墙 j 支座所分得的剪应力,kN;

V_{ij}——在第 i 道纵墙 j 支座处的截面左右处的剪力设计值,kN;

b_i——第 i 道纵墙宽度,m;

$\sum b_i$——各道纵墙宽度总和,m;

N_{ij}——第 i 道纵墙 j 支座处柱竖向荷载设计值,kN;

$\sum N_{ij}$——横向同一柱列中各柱的竖向荷载设计值之和,kN;

p_j——相应于荷载效应基本组合的地基土平均净反力设计值,kPa;

A_1、A_2——求 V_v时底板局部面积,m^2。

箱形基础的顶版、底板除满足正截面的抗弯要求外,还需要满足抗剪及抗冲切要求。箱形基础的外墙,在竖向荷载、土压力及水压力(地下水位于箱形基础底板以上时)的共同作用下,属于偏心受压构件,根据墙边界支撑条件的不同,先计算出横向力作用下的弯矩值,与作用在墙上的竖向荷载叠加后,按混凝土偏压构件计算。

第十五节　减少不均匀沉降的措施

一、建筑设计措施

(1)建筑物体型力求简单。在满足使用和其他要求的前提下,建筑物的体型应力求简单,避免平面形状复杂和立面高低悬殊。应采用长高比较小、高度一致的"一"字形建筑。如果网建筑设计需要,其建筑体型比较复杂时,就应采取措施,避免不均匀沉降所产生的危害。

(2)控制建筑物的长高比。建筑物的长高比是决定结构整体刚度的主要因素之一。过长的建筑物,纵墙将会因较大挠曲出现开裂。根据长期积累的工程经验,当基础计算沉降量大于 120 mm 时,二三层以上的砖承重房屋的长高比不宜大于 2.5。对于体型简单,内外墙贯通,长高比可适当放宽,但一般不宜大于 3.0。

(3)合理布置纵横墙。合理布置纵横墙是增强建筑物刚度的另一重要措施,纵横墙构成了建筑物的空间刚度,而纵横墙开洞、转折、中断都会削弱建筑物的整体刚度,因此适当加密横墙和尽可能加强纵横墙之间的连接,都有利于提高建筑物的整体刚度,增强抵抗不均匀沉降的能力。

(4)控制相邻建筑的间距。由于相邻建筑物或地面堆载的作用,会使建筑物地基的附加应力叠加而产生附加沉降和差异沉降。在软弱地基上,相邻建筑物的影响尤为强烈,因此，建造在软弱地基上的建筑物，应隔开一定距离。

(5)设置沉降缝。沉降缝将建筑物从屋面到基础分割成若干独立的沉降单元，使建筑物的平面变得简单，长高比减少，从而有效地减轻了地基不均匀沉降的影响。沉降缝应有足够的宽度，以不影响相邻单元各自的沉降为准。沉降缝应设置在建筑物的下列部位：

①建筑平面的转折部位；

②高度差异或荷载差异处；

③长高比过大的砌体承重结构或钢筋混凝土框架结构的适当部位；

④地基土的压缩性有显著差异处；

⑤建筑结构和基础类型不同处；

⑥分期修建的房屋交界处。

为了建筑立面易于处理，沉降缝通常将伸缩缝及抗震缝结合起来设置。

(6)控制与调整建筑物各部分的标高。建筑物各组成部分的标高，应根据可能产生的不均匀沉降量采取如下相应措施：

①室内地坪和地下设施的标高，应根据预估沉降量予以提高；

②建筑物各部分(或设备之间)有联系时，可将沉降较大者标高提高；

③建筑物与设备之间应留有净空，当建筑有管道穿过时，管道上方应留有足够尺寸的孔洞，或采用柔性的管道接头。

二、结构措施

(一)减轻建筑物的自重

在基底压力中，建筑物的自重占很大比例。据估计，工业建筑占50%左右；民用建筑占60%左右。因此，软土地基上的建筑物，常采用下列一些措施减轻自重，以减小沉降量：

(1)采用轻质材料，如各种空心砌块、多孔砖以及其他轻质材料以减少墙重；

(2)选用轻型结构，如预应力钢筋混凝土结构、轻钢结构及各种轻型空间结构等；

(3)减少基础和回填的质量，可选用自重轻、回填少的基础形式；设置架空地板代替室内回填土。

(二)减少或调整基底附加压力

(1)设置地下室或半地下室。利用挖出的土重去抵消(补偿)一部分甚至全部的建筑物质量，以达到减小沉降的目的。如果在建筑物的某一高、重部分设置地下室(或半地下室)，便可减少与较轻部分的沉降差。

(2)改变基础底面尺寸。采用较大的基础底面积，减小基底附加压力，一般可以减小沉降量。荷载大的基础宜采用较大的底面尺寸，以减小基底附加压力，使沉降均匀。应针对具体的情况，做到既有效又经济合理。

(3)设置圈梁。对于砌体承重结构，不均匀沉降的损害突出表现为墙体的开裂。因此，实践中常在墙内设置圈梁来增强其承受挠曲变形的能力。这是防止出现开裂及阻止裂缝开展的有效措施。

当墙体挠曲时，圈梁的作用如同钢筋混凝土梁内的受拉钢筋，主要承受拉应力，弥补了砌体抗拉强度不足的弱点。当墙体正向挠曲时，下方圈梁起作用，反向挠曲时，上方圈梁起作用。而墙体发生什么方式的挠曲变形往往不容易估计,故通常在上下方都设置圈梁。另外,圈梁必须与砌体结合为整体,否则便不能发挥应有的作用。

圈梁的布置,在多层房屋的基础和顶层处宜各设置一道圈梁,其他各层可隔层设置,必要时可层层设置。单层工业厂房、仓库,可结合基础梁、联系梁、过梁等酌情设置。圈梁应设置在外墙、内纵墙和主要内横墙上,并宜在平面内连成封闭系统。如在墙体转角及适当部位,设置现浇钢筋混凝土构造柱(用锚筋与墙体拉结),与圈梁共同作用,可更有效地提高房屋的整体刚度。另外,墙体上开洞时,也宜在开洞部位配筋或采用构造柱及圈梁加强。

(4)采用连续基础。对于建筑体型复杂、荷载差异较大的框架结构,可采用筏形基础、箱形基础、桩基础等加强基础整体刚度,减少不均匀沉降。

三、施工措施

在软弱地基上开挖基坑和修建基础时,合理安排施工顺序,采用合适的施工方法,以确保工程质量的同时减小不均匀沉降的危害。

对于高低、轻重悬殊的建筑部位或单体建筑,在施工进度和条件允许的情况下,一般应按照先重后轻、先高后低的顺序进行施工,或在高、重部位竣工并间歇一段时间后再修建轻、低部位。

带有地下室和裙房的高层建筑,为减小高层部位与裙房间的不均匀沉降,施工时可采用后浇带断开,待高层部分主体结构完成时再连接成整体。如果用桩基,可根据沉降情况,在高层部分主体结构未全部完成时连接成整体。

在软土地基:上开挖基坑时,要尽量不扰动土的原状结构,通常可在基坑底保留大约200 mm厚的原土层,待施工垫层时才临时挖除。如发现坑底软土已被扰动,可挖除扰动部分土体,用砂石回填处理。

在新建基础、建筑物侧边不宜堆放大量的建筑材料或弃土等重物,以免地面堆载引起建筑物产生附加沉降。在进行降低地下水的场地,应密切注意降水对邻近建筑物可能产生的不利影响。

第十三章　桩基础设计

第一节　桩基础概述

一、桩基础的概念

天然地基上的浅基础一般造价较低，施工简单，应尽量优先采用。但当上部建筑物荷载较大，而适合于作为持力层的土层又埋藏较深，用天然浅基础或仅作简单的地基加固仍不能满足要求时，常采用深基础方案。深基础主要有桩基础、沉井和地下连续墙等几种类型，其中以桩基础的历史最为悠久，应用最为广泛。我国古代早已使用木桩作为桥梁和建筑物的基础，如秦代的渭桥、隋朝的郑州超化寺、南京的石头城和上海的龙华塔等。随着近代科学技术的进步，桩的种类、桩基形式、施工工艺和设备，以及桩基础理论和设计方法都有了极大的发展，桩基础已广泛应用于工业与民用建筑、桥梁、铁路、水利、港口及采油平台等各工程部门。

桩基础由桩和承台两部分组成。桩是垂直或微斜埋置于土中的受力杆件，其作用是将上部结构的荷载传递给土层或岩层。承台将桩群在上部联结成一个整体，建筑物的荷载通过承台分配给各桩，桩群再把荷载传给地基。根据承台与地面的相对位置，一般可分为高承台桩基和低承台桩基。当承台底面位于土中时，称为低承台桩基；当承台高于地面时，称为高承台桩基，高承台桩基常用于港口码头、海洋工程及桥梁工程中。本章主要讨论低承台桩基设计问题。

桩基础一般承受竖直向下的荷载，但也可以承受一定的水平荷载和上拔力，如高压输电线塔等高耸结构物的基础。

桩基础具有承载力高、沉降小且均匀的特点，而且便于机械化施工，适应于各种不良土质。但是，桩基础也存在以下缺点：桩基础的造价一般较高，桩基础的施工比一般浅基础复杂（但比深井、沉箱等深基础简单），以打入等方式设桩存在振动及噪声等环境问题，而以成孔灌注方式设桩常对场地环境卫生带来影响。因此，在工程实践中对是否采用桩基础，需根据设计资料，从各方面作综合性的技术经济评价，再作定论。

二、桩基础的适用性

当建筑场地浅层的土质无法满足建筑物对地基变形和深度方面的要求，而又不宜进行地基处理时，就要利用下部坚实土层或岩层作为持力层，采用深基础方案。深基础主要有桩基础、墩基础、沉井和地下连续墙等几种类型，其中以桩基础应用最广泛。桩基已经成为土质不良地区修造建筑物，特别是高层建筑、重型厂房和各种具有特殊要求的构筑物广泛采用的一种基础形式。

桩基础一般由设置于土中的桩和承接上部结构的承台组成，桩顶埋入承台中。随着承台与地面的相对位置的不同，又有低承台桩基和高承台桩基之分。前者的承台底面位于地面以下，而后者则高出地面或水力冲刷线以上。在工业与民用建筑物中，几乎都使用低承台桩基，而且大盘采用的是竖直桩，很少采用斜桩。桥梁和港口工程中常用高承台桩且较多采用斜桩，以承受水平荷载。

下列情况，可考虑选择桩基础方案：

(1)高层建筑或重要的和有纪念性的大型建筑，不允许地基有过大的沉降和不均匀沉降；

(2)重型工业厂房，如设有大吨位重级工作制吊车的车间和荷载过大的仓库、料仓等；

(3)高耸结构，如烟囱、输电塔或需要采用桩基来承受水平力的其他建筑；

(4)需要减弱振动影响的大型精密机械设备基础；

(5)以桩基作为抗震措施的地震区建筑；

(6)软弱地基或某些特殊性土上的永久性建筑物。

当地基上部软弱而下部不太深处有坚实地层时，最宜采用桩基。如果软弱土层很厚，桩端达不到良好土层，则应考虑桩基的沉降等问题。通过较好土层而达到软弱土层的桩，把建筑物荷载传到软弱土层，反而可能使基础的沉降增加。在工程实践中，由于设计方面或施工方面的原因，致使桩基础未能达到要求，甚至酿成重大事故者已非罕见。因此，桩基础也可能出现变形超过允许值和承载力破坏问题。

三、桩基础的设计规定

桩基础应按下列两类极限状态设计：

(1)承载能力极限状态：桩基达到最大承载能力、整体失稳或发生不适于继续承载的变形。

(2)正常使用极限状态：桩基达到建筑物正常使用规定的变形限值或达到耐久性要求的某项限值。

根据建筑规模、功能特征、对差异变形的适应性、场地地基和建筑物体形的复杂性以及由于桩基问题可能造成建筑破坏或影响正常使用的程度，应将桩基设计分为表 13－1 所列的三个设计等级，桩基设计时，应根据表 13－1 确定设计等级。

表 13－1　建筑桩基设计等级

设计等级	建筑类型
甲级	(1)重要的建筑； (2)30 层以上或高度超过 100 m 的高层建筑； (3)体形复杂且应数相差超过 10 层的商低层(含纯地下室)连体建筑； (4)20 层以上框架－核心筒结构及其他对差异沉降有特殊要求的建筑； (5)场地利地基条件复杂的 7 层以上的一般建筑及坡地、岸边建筑； (6)对相邻既有工程影响较大的建筑
乙级	除甲级、丙级以外的建筑
丙级	场地和地基条件简单、荷载分布均匀的 7 层及 7 层以下的一般建筑

桩基应根据具体条件分别进行下列承载能力计算和稳定性验算：

(1)应根据桩基的使用功能和受力特征分别进行桩基的竖向承载力计算和水平承载力计算。

(2)小于 10 kPa 且长径比大于 50 的桩，应进行桩身压屈验算；对于混凝土预制桩，应按吊装、运输和锤击作用进行桩身承载力验算；对于钢管桩，应进行局部压屈验算。

(3)当桩端平面以下存在软弱下卧层时，应进行软弱下卧层承载力验算。

(4)对位于坡地、岸边的桩基，应进行整体稳定验算。

(5)对于抗浮、抗拔桩基，应进行基桩和群桩的抗拔承载力计算。

(6)对于抗震设防区的桩基，应进行抗震承载力验算。

第二节　桩基础的类型及质量检验

一、桩基础的类型

(一)按承载性状分类

作用在竖直桩顶的竖向外荷载由桩侧摩阻力和桩端阻力共同承担，摩阻力和端阻力的大小及外荷载的比例主要由桩侧和桩端地基土的物理力学性质、桩的几何尺寸、桩与土的刚度比及施工工艺等决定。根据摩阻力和端阻力占外荷载的比例大小将桩基分为摩擦型桩和端承型桩两大类。

1. 摩擦型桩

(1)摩擦型桩。在极限承载力状态下，桩顶荷载由桩侧阻力承受，即纯摩擦桩，桩端阻力忽略不计。例如，桩长径比很大，桩顶荷载只通过桩身压缩产生的桩侧阻力传递给桩周土，桩端土层分担荷载很小；桩端下无较坚实的持力层；桩底残留虚土或沉渣的灌注桩；桩端出现脱空的打入桩等。

(2)端承摩擦桩。在极限承载力状态下，桩顶竖向荷载主要由桩侧阻力承受。例如，置于软塑状态黏性土中的长桩，桩端土为可塑状态黏性土，端阻力承受小部分荷载，属于端承摩擦桩。

2. 端承型桩

(1)端承桩。在极限承载力状态下，桩顶荷载由桩端阻力承受，桩端阻力占少量比例。当桩的长径比较小(一般小于 10)，桩端设置在密实砂类、碎石类土层中或位于中、微风化及新鲜基岩中时，桩侧阻力可忽略不计，属于端承桩。

(2)摩擦端承桩。在极限承载力状态下，桩顶竖向荷载主要由桩端阻力承受。通常，桩端设置在中密以上的砂类、碎石类土层中或位于中、微风化及新鲜岩顶面。这类桩的侧阻力虽属次要，但不可忽略。

(二)按桩的使用功能分类

1. 竖向抗压桩

竖向抗压桩为主要承受竖向下压荷载(简称竖向荷载)的桩。大多数建筑桩基础为此种抗压桩。

2. 竖向抗拔桩

竖向抗拔桩为主要承受竖向上拔荷载的桩。抗拔桩在输电塔架、地下抗浮结构及码头结构物中应用较多。

3. 水平受荷桩

水平受荷桩为在桩顶或地面以上主要承受地震力、风力及波浪力等水平荷载的桩，常用于港口码头、输电塔架、基坑支护等结构物中。

4. 复合受荷桩

复合受荷桩为承受竖向、水平荷载均较大的桩。例如，各种桥梁的桩基础。

（三）按桩身材料分类

1. 木桩

以木材制桩常选用松木、杉木等硬质木材。木桩在古代及20世纪初有大量应用，随着建筑物向高、重、大方向发展，木桩因其长度较小、不易接桩、承载力较低以及在干、湿度交替变化环境下易腐烂等缺点而受到很大限制，只在少数工程中因地制宜地采用。

2. 混凝土桩

混凝土桩是工程中大量应用的一类桩型。混凝土桩还可分为素混凝土桩、钢筋混凝土桩及预应力钢筋混凝土桩三种。

（1）素混凝土桩。素混凝土桩受到混凝土抗压强度高和抗拉强度低的局限，通过地基成孔、灌注方式成桩，一般只在桩承压条件下采用，不适于荷载条件复杂多变的情况，因而其应用已很少。

（2）钢筋混凝土桩。钢筋混凝土桩应用最多。钢筋混凝土桩的长度主要受到设桩方法的限制，其断面形式可以是方形、圆形或三角形等；可以是实心的，也可以是空心的。这种桩一般做成等断面的，也有因土层性质变化而采用变断面的桩体。钢筋混凝土桩以桩体抗压、抗拉强度均较高的特点，可适应较复杂的荷载情况，因而得到广泛应用。

（3）预应力钢筋混凝土桩。预应力钢筋混凝土桩通常在地表预制，其断面多为圆形或管状。由于在预制过程中对钢筋及混凝土体施加预应力，使得桩体在抗弯、抗拉及抗裂等方面比普通的钢筋混凝土桩有较大的优越性，尤其适用于冲击与振动荷载情况，在海港、码头等工程中已有普遍使用，在工业与民用建筑工程中也在逐渐推广。

3. 钢桩

钢桩在我国目前应用较少。对于建在软土地基上的高重结构物，近年来开始采用大直径开口钢管桩，宽翼缘工字钢及其他型钢桩也偶有采用。

钢桩的主要特点：桩身抗压强度高、抗弯强度也很大，特别适用于桩身自由度大的高桩码头结构；其次是其贯入性能好，能穿越相当厚度的硬土层，以提供很高的竖向承载力；另外，钢桩施工比较方便，易于裁接，工艺质量比较稳定，施工速度快。钢桩的最大缺点是价格昂贵，目前只在特别重大的或特殊的工程项目中应用。另外，钢桩还存在环境腐蚀等问题，在设计与施工中需做特殊考虑。

4. 组合材料桩

组合材料桩是指用两种不同材料组合的桩。例如，钢管桩内填充混凝土，或上部为钢管桩、下部为混凝土等形式的组合桩，主要用于特殊地质条件及施工技术等情况下。

(四)按施工方法分类

1.预制桩

预制桩是指在工厂或现场预先制作成型,再用各种机械设备沉入地基至设计标高的桩。材料与规格:除木桩、钢桩外,目前,大量应用的预制桩是钢筋混凝土桩。钢筋混凝土预制桩成桩质量比较稳定、可靠。其横截面有方、圆等多种形状。一般普通实心方桩的截面边长为300~500 m,桩长25~30 m,工厂预制时分节长度不大于12 m,沉桩时在现场连接到所需桩长。预制桩的接头方式有钢板焊接法、法兰西法及硫黄胶泥浆锚等多种方法。通常,采用钢板焊接法,用钢板、角钢焊接,并涂以沥青以防止腐蚀。也可采用钢板垂直插头加水平销连接,其施工快捷,不影响桩的强度和承载力。分节接头应保证质量,以满足桩身承受轴力、弯矩和剪力的要求。沉桩方法:预制桩根据设桩方法还可分为打入桩、振沉桩、静压桩及旋入桩等。

(1)打入法。打入法是采用打桩机用桩锤把桩击入地基的沉桩方法,这种方法存在噪声大、振动强等缺点。

(2)振动法。振动法是在桩顶装上振动器,使预制桩随着振动下沉至设计标高。振动法的主要设备为振动器。振动器内置有成对的偏心块,当偏心块同步反向旋转时.产生竖向振动力,使桩沉入土中。振动法适用于砂土地基,尤其在地下水位以下的砂土,受震动使砂土发生液化,桩易于下沉。振动法对于自重不大的钢桩的沉桩效果较好,不适合一般的蒙古土地基。

(3)静力压桩法。静力压桩法采用静力压桩机,将压制桩压入地基中,适宜于均质软土地基。静力压桩法的优点是:无噪声、无振动,对周围的邻近建筑物不产生不良影响。

(4)旋入法。旋入法是在桩端处设一螺旋板,利用外部机械的扭力将其逐渐旋入地基中,这种桩的桩身断面一般较小,而螺旋板相对较大,在旋入施工过程中对桩侧土体的扰动较大,因而主要靠桩端螺旋板承担桩体轴向的压力或拉力。

预制桩沉桩深度:沉桩的实际深度应根据桩位处桩端土层的深度而确定。由于桩端持力层面倾斜或起伏不平,沉桩的实际深度与设计桩长常不相同。

施工时以最后贯入度和桩尖设计标高两方面控制。最后贯入度是指沉至某标高时,每次锤击的沉入量,通常以最后每阵的平均贯入量表示。锤击法常以10次锤击为一阵,振动沉桩以1 min为一阵。最后贯入度指标根据计算或地区经验确定,一般可取最后两阵的平均贯入度为10~50 mm/阵。压桩法的施工参数是不同深度的压桩力,它们包含着桩身穿过的土层的信息。

预制桩的缺点:打入或振动式预制桩施工噪声大,污染环境,不宜在居民区周围使用;预制桩桩身需用高强度等级混凝土、高含筋率,主筋要求通长配置,用钢量大,造价高;由于桩的节长规格无法临时变动,当沉桩无法到达设计标高时,就不得不截桩,而设计桩长较长时,则需接桩,给施工造成困难;预制桩的接头常形成桩身的薄弱环节,易脱桩并影响桩身垂直度。但预制桩的桩身质量易于保证,单方混凝土承载力高于灌注桩。

2.灌注桩

灌注桩是在所设计桩位处成孔,然后在孔内安放钢筋笼(也有直接插筋或省去钢筋的)再浇灌混凝土而成。其横截面呈圆形,可以做成大直径和扩底桩。保证灌注桩承载力的关键在于桩身的成型及混凝土质量。根据成孔方法灌注桩通常可分为以下几类:

(1)沉管灌注桩。沉管灌注桩属于有套管护壁作业桩,这种桩的直径一般为300~500 mm,桩长不超过25 m,分为振动沉管桩和锤击沉管桩两种,可打至硬塑黏土层或中、粗砂层。其优点是设备简单、打桩进度快、成本低。

要求沉管灌注桩在拔管时,防止钢管内的混凝土被吸住上拉,因而产生缩颈质量事故。在饱和软黏土中,由于沉管的挤压作用产生的孔隙水压力,也可能使混凝土桩缩颈。尤其在软土与表层“硬壳层”交界处最容易产生缩颈现象。

灌注管内混凝土量充盈系数(混凝土实际用量与计算的桩身体积之比)一般应达1.10~1.15。对于混凝土灌注充盈系数小于1的灌注桩,应采取全长复打桩。对于断桩及有缩颈的桩,可采用局部复打桩,其复打深度必须超过断桩或缩颈区1 m以下。复打施工必须在第一次灌注的混凝土初凝之前进行,要求在原位重新沉管,再灌注混凝土,前后两次沉管的轴线应重合。

(2)钻(冲)孔灌注桩。钻(冲)孔灌注桩用钻机(如螺旋钻、振动钻、冲抓锥钻和旋转水冲砖等)钻土成孔,然后清除孔底残渣,安放钢筋笼,浇灌混凝土。常用有的钻机成孔后,可撑开钻头的扩孔刀刃使之旋转切土扩大桩孔,浇灌混凝土后在底端形成扩大桩端,但扩底直径不宜大于3倍桩身直径。

钻(冲)孔灌注桩通常采用泥浆护壁,泥浆应选用膨润土或高塑性黏土在现场加水搅拌制成,一般要求其相对密度为1.1~1.15,黏度为10~25 s,含砂率小于6%,胶体率大于95%。施工时泥浆水面应高出地下水面1 m以上,清孔后在水下浇灌混凝土,直径可达0.3~2 m。其最大优点是入土深,桩长可达一二百米,能进入岩层,刚度大,承载力高,桩身变形小,并可方便地进行水下施工,而且施工过程中无挤土、无(少)振动、无(低)噪声,环境影响小,是各类灌注桩中应用最为广泛的一种。

(3)挖孔桩。挖孔桩可采用人工和机械挖掘成孔,逐段边开挖边支护,达到所需深度后再进行扩孔、安装钢筋笼及浇灌混凝土而成。

挖孔桩一般内径应不小于800 mm,开挖直径不小于1 000 mm,护壁厚度不小于100 mm,分节支护,每节高500~1 000 mm,可用混凝土浇筑或砖砌筑,桩身长度宜限制在30 m以内。

挖孔桩可直接观察地层情况,孔底易清除干净,设备简单,噪声小,场区内各桩可同时施工,且桩径大、适应性强,比较经济。但由于挖孔时可能存在塌方、缺氧、有害气体、触电等危险,易造成安全事故,因此应严格规定。

(五)按成桩方式分类

1.非挤土桩

干作业挖孔桩、泥浆护壁钻(冲)孔桩和套管护壁灌注桩,这类在成桩过程中基本上对桩相邻土不产生挤土效应的桩,称为非挤土桩。其设备噪声较挤土桩小,而废泥浆、弃土运输等可能会对周围环境造成影响。

2.部分挤土桩

当挤土桩无法施工时,可采用预钻小孔后打较大直径预制或灌注桩的施工方法;或打入部分敞口桩,如冲孔灌注桩、钻孔挤扩灌注桩、搅拌劲芯桩、预钻孔打入(静压)预制桩等。

3.挤土桩

打入式的预制桩或沉管灌注桩称为挤土桩。挤土桩除施工噪声外,不存在泥浆及弃土污染问题,当施工质量好,方法得当时,其单方混凝土材料所提供的承载力比非挤土桩及部分挤土桩高。

(六)按桩径大小分类

1. 小直径桩

桩径 $d \leqslant 250$ mm 的桩称为小直径桩。由于桩径小,施工机械、施工场地及施工方法一般较为简单。小桩多用于基础加固(树根桩或静压锚杆桩)及复合桩基础。

2. 中等直径桩

桩径 250 mm $< d <$ 800 mm 的桩称为中等直径桩。这类桩长期以来在工业与民用建筑物中大量使用,成桩方法和工艺繁杂。

3. 大直径桩

桩径 $d \geqslant 800$ mm 的桩称为大直径桩。近年来发展较快,范围逐渐增多。因为桩径大且桩端还可以扩大,因此单桩承载力较高。此类桩除大直径钢管桩外,多数为钻、冲、挖孔灌注桩。通常,用于高重型建(构)筑物基础,并可实现柱下单桩的结构形式。正因为如此,也决定了大直径桩施工质量的重要性。

二、桩基础质量检验

桩基础属于地下隐蔽工程,尤其是灌注桩,很容易出现缩颈、夹泥、断桩或沉渣过厚等多种形态的质量缺陷,影响桩身结构完整性和单桩承载力,因此,必须进行施工监督、现场记录和质量检测,以保证质量、减少隐患。对于柱下单桩或大直径灌注桩工程,保证桩身质量就更为重要。目前,已有多种桩身结构完整性的检测技术,下列几种较为常用:

(1)开挖检查。只限于对所暴露的桩身进行观察检查。

(2)抽芯法。在灌注桩桩身内钻孔(直径 100 ~ 150 mm),取混凝土芯样进行观察和单轴抗压试验,了解混凝土有无离析、空洞、桩底沉渣和夹泥等现象,也可检测桩长、桩身质量及判断桩身完整性类别等。有条件时也可采用钻孔电视直接观察孔壁孔底质量。

(3)声波透射法。可检测桩身缺陷程度及位置,判定桩身完整性类别。预先在桩中埋入 3 ~ 4 根金属管,利用超声说在不同强度(不同弹性模量)的混凝土中传播速度的变化来检测桩身质量。试验时在其中一根管内放入发射器,而在其他管中放入接收器,通过测读并记录不同深度处声波的传递时间来分析判断桩身质量。

(4)动测法。动测法是指在桩顶施加一动态力(动态力可以是瞬态冲击力或稳定激振力),桩—土系统在动态力的作用下产生动态响应,采用不同功能的传感器在桩顶监测动态响应信号(如位移、速度和加速度信号),通过对信号的时域分析、频域分析或传递函数分析,判断桩身结构完整性,推断单桩承载力。动测法又分为低应变动测法和高应变动测法。低应变动测法作用在桩顶的动荷载小于桩的使用荷载,其能量小,只能使桩上产生弹性变形,无法使桩土之间产生足够的相对位移或使土阻力充分发挥,主要用于检测桩身完整性。低应变动测法主要有球击频率分析法、共振法、机械阻抗法、水电效应法和动力参数法等;高应变动测法主要有波动方程法、锤贯法、波形拟合法、动力打桩公式法、CASE 法和 TNO 法等。

第三节　竖向载荷作用下单桩的工作性能

一、竖向荷载的传递

桩的承载力是桩与土共同作用的结果，了解单桩在轴向荷载下桩土间的传力途径、单桩承载力的构成特点，以及单桩受力破坏形态等基本概念，对正确确定单桩承载力具有指导意义。

桩在轴向压力荷载作用下，桩顶发生轴向位移（沉降），其值为桩身弹性压缩和桩底以下土层压缩之和。置于土中的桩与其侧面土是紧密接触的，当桩相对于土向下位移时就产生土对桩向上作用的桩侧摩阻力。桩顶荷载沿桩身向下传递的过程中，必须不断地克服这种摩阻力，桩身轴向力就随深度逐渐减小，传至桩底的轴向力也即桩底支承反力，它等于桩顶荷载减去全部桩侧摩阻力。桩顶荷载是桩通过桩侧摩阻力和桩底阻力传递给土体的。

因此，可以认为土对桩的支承力由桩侧摩阻力和桩底阻力两部分组成。桩的极限荷载（或称极限承载力）等于桩侧极限摩阻力和桩底极限阻力之和。桩侧摩阻力和桩底阻力的发挥程度与桩土间的变形性有关，并且各自达到极限值时所需要的位移量是不相同的。试验表明：桩底阻力的充分发挥需要有较大的位移值，在黏性土中约为桩底直径的25%，在砂性土中为8% ~10%；而桩侧摩阻力只要桩土间有不太大的相对位移就能得到充分的发挥，具体数虽目前尚不能有一致的意见，但一般认为新性土为4 ~6 mm，砂性土为6 ~10 mm。因此，在确定桩的承载力时，应考虑这一特点。柱桩由于桩底位移很小，桩侧摩阻力不易得到充分发挥。对于一般柱桩，桩底阻力占桩支承力的绝大部分，桩侧摩阻力很小，常忽略不计。但对较长的柱桩且覆盖层较厚时，由于桩身的弹性压缩较大，也足以使桩侧摩阻力得到发挥。对于这类柱桩，国内已有规范建议可计算桩侧摩阻力。置于一般土层上的摩擦桩，桩底土层支承反力发挥到极限值时需要比发生桩侧极限摩阻力大得多的位移值，这时总是桩侧摩阻力先充分发挥出来，然后桩底阻力才逐渐发挥，直至达到极限值。对于桩长很大的摩擦桩，也因桩身压缩变形，桩底反力尚未达到极限值，桩顶位移已超过使用要求所容许的范围，且传递到桩底的荷载也很微小，此时确定桩的承载力时桩底极限阻力不宜取值过大。

二、桩侧摩阻力和端阻力

（1）桩侧摩阻力的影响因素及其分布。桩侧摩阻力除与桩 - 土间的相对位移有关，还与土的性质、桩的刚度、时间因素和土中应力状态，以及桩的施工方法等因素有关。

桩侧摩阻力实质上是桩侧土的剪切问题。桩侧土极限摩阻力值与桩侧土的剪切强度有关，并随着土的抗剪强度的增大而增加。而土的抗剪强度又取决于其类别、性质、状态和剪切面上的法向应力。不同类别、性质、状态和深度处的桩侧土将具有不同的桩侧摩阻力。

从位移角度分析，桩的刚度对桩侧摩阻力也有影响。桩的刚度较小时，桩顶截面的位移较大而桩底较小，桩顶处的桩侧摩阻力常较大；当桩刚度较大时，桩身各截面位移较接近，由于桩下部侧面土的初始法向应力较大，土的抗剪强度也较大，致使桩下部桩侧摩阻力大于桩上部。

由于桩底地基土的压缩是逐渐完成的，因此桩侧摩阻力所承担荷载将随时间由桩身上部向桩下部转移。在桩基施工过程中及完成后，桩侧土的性质、状态在一定范围内会有变化，从而影响桩侧摩阻力，并且往往也有时间效应。

影响桩侧摩阻力的诸因素中，土的类别、性状是主要因素。在分析基桩承载力等问题时，各因素对桩侧摩阻力大小与分布的影响，应分情况予以注意。例如，在塑性状态黏性土中打桩，由于在桩侧造成对土的扰动，再加上打桩的挤压影响，会在打桩过程中使桩周围土内的孔隙水压力上升，土的抗剪强度降低，桩侧摩阻力变小。待打桩完成并经过一段时间后，超孔隙水压力逐渐消散，再加上黏土的触变性质，使桩周围一定范围内的抗剪强度不但能得到恢复，而且往往还可能超过其原来的强度，桩侧摩阻力得到提高。又例如，在砂性土中打桩时，桩侧摩阻力的变化与砂土的初始密度有关，如密实砂性土有剪胀性，会使摩阻力出现峰值后有所下降。

桩侧摩阻力的大小及其分布决定着桩身轴向力随深度的变化及数值，因此，掌握、了解桩侧摩阻力的分布规律，对研究和分析桩的工作状态有重要作用。由于影响桩侧摩阻力的因素即桩土间的相对位移、土中的侧向应力、土质分布及性状均随深度变化，因此要精确地用物理力学方程描述桩侧摩阻力沿深度的分布规律较复杂。在黏性土中的打入桩的桩侧摩阻力沿深度分布的形状近乎抛物线，在桩顶处的摩阻力等于零，桩身中段处的摩阻力比桩的下段大。而钻孔灌注桩的施工方法与打入桩不同，其桩侧摩阻力具有某些不同于打入桩的特点。从地面起的桩侧摩阻力呈线性增加，其深度仅为桩径的5～10倍，而沿桩长的摩阻力分布则比较均匀。为简化起见，假设打入桩桩侧摩阻力在地面处为零，沿桩入土深度成线性分布；而对钻孔灌注桩则假设桩侧摩阻力沿桩身均匀分布。

(2)桩端阻力的影响因素及其深度效应。桩底阻力与土的性质、持力层上覆荷载(覆盖土层厚度)、桩径、桩底作用力、时间及桩底端进入持力层深度等因素有关，但其主要影响因素仍为桩底地基土的性质。桩底地基土的受力刚度和抗剪强度大，则桩底阻力也大。桩底极限阻力取决于持力层土的抗剪强度和上覆荷载及桩径大小的影响。由于桩底地基土层受压团结作用是逐渐完成的，桩底阻力将随土层固结度的提高而增长。

模型和现场的试验研究表明，桩的承载力(主要是桩底阻力)随着桩的入土深度，特别是进入持力层的深度而变化，这种特性称为深度效应。

桩底端进入持力砂土层或硬黏土层时，桩的极限阻力随着进入持力层的深度呈线性增加。达到一定深度后，桩底阻力的极限值保持稳定。这一深度称为临界深度 h_c，它与持力层的上覆荷载和持力层土的密度有关。上覆荷载越小、持力层土的密度越大，则 h_c 越大。当持力层下为软弱土层时，也存在一个临界厚度 t_c。当桩底至下卧软弱层顶面的距离 $t < t_c$ 时，桩底阻力将随着 t 的减小而下降。持力层土的密度越高、桩径越大，则 t_c 越大。

由此可见，当以夹于软层中的硬层做桩底持力层时，应根据夹层厚度，综合考虑基桩进入持力层的深度和桩底下硬层的厚度。必须指出，群桩的深度效应概念与上述单桩不同。在均匀砂或有覆盖层的砂层中，群桩的承载力始终随着桩进入持力层的深度而增大，不存在临界深度；当有下卧软弱土层时，软弱土层对群桩承载力的影响比对单桩的影响更大。

三、桩侧负摩阻力

(1)负摩阻力的概念。在桩顶竖向荷载作用下，当桩相对于桩侧土体向下位移时，土对桩产生向上作用的摩阻力，构成了单桩承载力的一部分，称为正摩阻力。但是，当桩侧土体由于某种原因发生下沉,而且其下沉量大于相应深度处桩的下沉量,即桩侧土体相对于桩产生向下位移时,土对桩就会产生向下作用的摩阻力,称为负摩阻力。

桩身受到负摩阻力作用时,相当于在桩身上施加了一个竖直向下的荷载,而使桩身的轴力加大,桩身的沉降增加,桩的承载力降低。因此,负摩阻力的存在对桩的荷载传递是一种不利因素。当遇下列情况之一且桩周土层产生的沉降超过基桩的沉降时,应计入桩侧负摩阻力:桩穿越较厚松散填土、自重湿陷性黄土、欠固结土、液化土层进入相对较硬土层时;桩周存在软弱土层,邻近桩侧地面承受局部较大的长期荷载,或地面大面积堆载(包括填土)时;由于降低地下水位,使桩周土有效应力增大,并产生显著压缩沉降时。

(2)负摩阻力的分布特征。了解桩的负摩阻力的分布特征,必须首先明确土与桩之间的相对位移以及负摩阻力与相对位移之间的关系。

由于桩侧负摩阻力是由桩周土层的固结沉降引起的,土层的竖向位移和桩身截面位移都是时间的函数,因此,负摩阻力的产生和发展也要经历一定的时间过程。中性点的位置、摩阻力以及桩身轴力都将随时间而有所变化。当沉降趋于稳定时,中性点也将稳定在某一固定深度 l_n 处。另外,中性点深度 l_n 与桩周土的压缩和变形条件、桩和持力层土的刚度等因素有关。

(3)中性点深度的确定。中性点深度 l_n 应按桩周土层沉降与桩沉降相等的条件计算确定,也可参照表 13-2 确定。

表 13-2　中性点深度

持力层性质	黏性土、粉土	中密以上砂	砾石、卵石	基岩
中性点深度比 l_n/l_0	0.5~0.6	0.7~0.8	0.9	1.0

注:1. l_n、l_0 分别为自桩顶算起的中性点深度和桩周软弱土层下限深度。

2. 桩穿过自重湿陷性黄土层时,l_n 可按表列值增大 10%(持力层为基岩除外)。

3. 当桩周土层团结与桩基固结沉降同时完成时,取 $l_n=0$。

4. 当桩周土层计算沉降量小于 20 mm 时,l_n 应按表列值乘以 0.4~0.8 折减。

(4)负摩阻力计算。当无实测资料时桩侧负摩阻力可按下列规定计算:

中性点以上单桩桩周第 i 层土负摩阻力标准值,可按下列公式计算:

$$q_{si}^{n} = \xi_{ni}\sigma_i' \tag{13-1}$$

当填土、自重湿陷性黄土湿陷、欠固结土层产生团结和地下水降低时:

$$\sigma_i' = \sigma_{\gamma i}' \tag{13-2}$$

当地面分布大面积荷载时:

$$\sigma_i' = p + \sigma_{\gamma i}' \tag{13-3}$$

$$\sigma_{\gamma i}' = \sum_{m=1}^{i-1}\gamma_m \Delta z_m + \frac{1}{2}\gamma_i \Delta z_i \tag{13-4}$$

式中　q_{si}^{n}——第 i 层土桩侧负摩阻力标准值;当式(13-1)计算值大于正摩阻力标准值时,取正摩阻力标准值进行设计;

ξ_{ni}——桩周第 i 层土负摩阻力系数,可按表 13-3 取值;

$\sigma_{\gamma i}'$——由土自重引起的桩周第 i 层土平均竖向有效应力;桩群外围桩自地面算起,桩群内部桩自承台底算起;

σ_i'——桩周第 i 层土平均竖向有效应力；

γ、γ_m——分别为第 i 计算土层和其上第 m 土层的重度，地下水位以下取浮重度；

Δz_i、Δz_m——第 i 层土、第 m 层土的厚度；

p——地面均布荷载。

表 13－3 负摩阻力系数 ξ_{ni}

土类	ξ_n
饱和软土	0.15～0.25
黏性土、粉土	0.25～0.40
砂土	0.35～0.50
自重湿陷性黄土	0.20～0.35

注：1. 在同一类土中，对于挤土桩，取表中较大值，对于非挤土桩，取表中较小值。

2. 填土按其组成取表中同类土的较大值。

（5）下拉荷载计算。考虑群桩效应的基桩下拉荷载可按下式计算：

$$Q_R^n = \eta_n \cdot \mu \sum_{i=1}^{n} q_{si}^n l_i \tag{13－5}$$

$$\eta_n = s_{ax} \cdot s_{ay} \Big/ \left[\pi d \left(\frac{q_s^n}{\gamma_m} + \frac{d}{4} \right) \right] \tag{13－6}$$

式中 n——中性点以上土层数；

l_i——中性点以上第 i 土层的厚度；

η_n——负摩阻力群桩效应系数；

s_{ax}、s_{ay}——分别为纵、横向桩的中心距；

q_s^n——中性点以上桩周土层厚度加权平均负摩阻力标准值；

γ_m——中性点以上桩周土层厚度加权平均重度（地下水位以下取浮重度）。

对于单桩基础或按式（13－6）计算的群桩效应系数$\eta_n > l$时，取$\eta_n = 1$。

（6）下拉荷载验算。桩周土沉降可能引起桩侧负摩阻力时，应根据工程具体情况考虑负摩阻力对桩基承载力和沉降的影响；当缺乏可参照的工程经验时，可按下列规定验算：

①对于摩擦型基桩可取桩身计算中性点以上侧阻力为零，并可接下式验算基桩承载力：

$$N_k \leqslant R_a \tag{13－7}$$

②对于端承型基桩除应满足式（13－7）要求外，还应考虑负摩阻力引起基桩的下拉荷载Q_g^n，并可按下式验算基桩承载力：

$$N_k + Q_g^n \leqslant R_a \tag{13－8}$$

③当土层不均匀或建筑物对不均匀沉降较敏感时，还应将负摩阻力引起的下拉荷载计入附加荷载验算桩基沉降。本条中基桩的竖向承载力特征值R_a只计中性点以下部分侧阻值及端阻值。

【例 4－1】已知钢筋混凝土预制方桩边长为 300 mm，桩长为 22 m，桩顶入土深度为 2 m，桩端入土深度为 24 m，桩端为中密粉砂，场地地层条件见表 13－4。不考虑群桩效应，对于单桩基础，负摩阻力群桩效应系数 $\eta_n = 1$，当地下水位由 0.5 m 降至 5 m 时，计算桩基桩由于负摩阻力引起的下拉荷载。

表13-4　场地地层条件

层序	土层名称	层底深度/m	厚度/m	天然重度 $\gamma/(\mathrm{kN \cdot m^{-3}})$	极限桩侧阻力标准值 q_{sik}/kPa
①	填土	1.20	1.20	18.0	
②	粉质黏土	2.00	0.80	18.0	
③	淤泥质黏土	12.00	10.00	17.0	28.00
④	黏土	22.70	10.70	18.0	55.00

解　由地质条件可知,第④层土将产生固结沉降,从而引起桩侧摩阻力。

(1)确定中性点深度。桩长范围内压缩厚度 $l_0=20.7$ m,桩端为中密粉砂,查表13-2可得:

$$l_n = 0.7l_0 = 0.7 \times 20.7 \approx 14.5(\mathrm{m})$$

(2)计算单桩负摩阻力标准值。

由式(13-1)可得:

深度5~12 m处:

$q_{s1}^n=0.28\times(2\times18+3\times17/2)=17.2(\mathrm{kPa})$

$q_{s2}^n=0.2\times(2\times18+3\times17/2+7\times7/2)=17.2(\mathrm{kPa})<28\ \mathrm{kPa}$

$q_{s3}^n=0.2\times(2\times18+3\times17/2+7\times7+4.5\times8/2)=25.7(\mathrm{kPa})<55\ \mathrm{kPa}$

(3)计算基桩的下拉荷载。

由式(13-1)可得:

$Q_g^n=1\times1.2\times(17.2\times3+17.2\times7+25.7\times5)=360.6(\mathrm{kPa})$

四、单桩的破坏模式

单桩在轴向受压荷载作用下,处于不同情况的不同破坏模式可按下述几种常遇的典型情况作一简略分析。

第一种情况,当桩底支承在很坚硬的地层上,桩侧土为软土层且其抗剪强度很低时,桩在轴向受压荷载作用下,如同一根压杆似地出现纵向挠曲破坏。此时在荷载-沉降 $p-s$ 曲线上呈现出明确的破坏荷载,桩的承载力取决于桩身的材料强度。

第二种情况,当具有足够强度的桩穿过抗剪强度较低的土层,而达到强度较高的层时,桩在轴向受压荷载作用下,桩底土体能形成滑动面出现整体剪切破坏,这是因为桩底持力层以上的软弱土层不能阻止滑动土模的形成。此时在 $p-s$ 曲线上可求得明确的破坏荷载,桩的承载力主要取于桩底土的支承力,桩侧摩阻力也起一部分作用。

第三种情况,当具有足够强度的桩入土深度较大或桩周土层抗剪强度较均匀时,桩在轴向受压荷载作用下,将会出现刺入式破坏。根据荷载的大小和上质的不同,试验中得到的 $p-s$ 曲线上可能没有明显的转折点,或有明显的转折点(表示破坏荷载)。此时桩所受荷载由桩侧摩阻力和桩底反力共同支承,即一般所称的摩擦桩,或几乎全由桩侧摩阻力支承,即纯摩擦桩。因此,桩的轴向受压承载力,取决于桩周土的强度或桩本身的材料强度。一般情况下,桩的轴向承载力都是由土的支承能力控制的,对于柱桩和穿过土层土质较差的长摩擦桩,则两种因素均有可能是决定因素。

第四节　单桩竖向承载力确定

桩的承载力是桩基础设计的关键。单桩竖向承载力的确定取决于两个方面:一是桩本身的材料强度;二是地基土的承载力。我国主要依据《建筑地基基础设计规范》(GB 50007—2011)和《建筑桩基技术规范》(JGJ94—2008)确定桩的承载力。

一、按材料强度确定

设计计算中桩身混凝土强度应满足桩的承载力设计要求。可将桩视为轴心受压杆件,根据《建筑桩基技术规范》(JGJ94—2008)进行计算。

(1)当桩顶以下 $5d$(d 为桩径)范围内的桩体螺旋式箍筋间距不大于 100 mm 时,竖向抗压承载力值可按下式计算:

$$N \leqslant \varphi_c f_c A_{ps} + 0.9 f_y' A_s' \tag{13-9}$$

(2)当桩体配筋不符合(1)中的条件时,竖向抗压承载力设计值可按下式计算:

$$N \leqslant \varphi_c f_c A_{ps} \tag{13-10}$$

式中　N——荷载效应基本组合下的桩顶轴向压力设计值,kN;

f_c——混凝土轴心抗压强度设计值,N/mm^2;

f_y'——纵向主筋抗压强度设计值,N/mm^2;

A_s'——纵向主筋截面面积,mm^2;

φ_c——基桩成桩工艺系数,混凝土预制桩、预应力混凝土空心桩取 $\varphi_c = 0.85$,干作业非挤土灌注桩取 $\varphi_c = 0.90$;泥浆护壁和套管护壁非挤土灌注桩、部分挤土灌注桩、挤土灌注桩取 $\varphi_c = 0.7 \sim 0.8$;软土地区挤土灌注桩 $\varphi_c = 0.6$。

二、按静载荷试验确定

(一)试验目的

在建筑工程现场实际工程地质条件下,用与设计采用的工程桩规格尺寸完全相同的试桩进行静载荷试验,加载至破坏。确定单桩竖向极限承载力,并进一步计算出单桩竖向承载力特征值。

(二)试验准备

(1)在工地选择有代表性的桩位,将与设计工程桩截面、长度完全相同的试桩沉至设计标高。

(2)根据工程规模、试桩尺寸、地质情况,设计采用的单桩竖向承载力及经费情况,确定加载装置。

(3)筹备荷载与沉降量测仪表。

(4)确定从成桩到试桩需间歇的时间。在桩身强度达到设计要求的前提下,间歇时间对于砂类土不应少于10 d,对于粉土和一般性蒙古土不应少于15 d,对于淤泥或淤泥质土中的桩不应少于25 d。其用以消除沉桩时产生的空隙水压力和触变等影响,只有这样才能反映桩端承载力与桩侧阻力的真实大小。

(三)试验加载装置

一般采用油压千斤顶加载。千斤顶反力装置常用下列形式:

(1)锚桩横梁反力装置,试桩与两端锚桩的中心距不应小于桩径。如果采用工程桩作为锚桩,则锚桩数量不得少于4 根,并应检测试验过程中锚桩的上拔量。

(2)压重平台反力装置,压重平台支墩边到试桩的净距不应小于3 倍桩径,并应大于1.5 m,压重不得小于预计试桩荷载的1.2 倍。压重在试验开始时加上,均匀稳定放置。

(3)锚桩压重联合反力装置。当试桩最大加载量超过锚桩的抗拔能力时,可在横梁上放置一定的重物,由锚桩和重物共同承担反力。

(4)千斤顶应放在试桩中心。两个以上千斤顶加载时,应使千斤顶并列同步工作,使千斤顶合力通过试桩中心。

(四)荷载与沉降的测量

桩顶荷载测量有以下两种方法:

(1)在千斤顶上安置应力环和应变式压力传感器直接测定桩顶荷载,或采用连于千斤顶上的压力表测定油压,根据千斤顶率定曲线换算荷载。

(2)试桩沉降量测一般采用百分表或电子位移计。对于大直径桩,应在其两个正交直径方向对称安装4 个百分表;对于中小直径桩,可安装2 ~3 个百分表。

(五)静载试验要点

(1)加载采用慢速维持荷载法,即逐级加载。每级荷载相对稳定后再加下一级荷载,直到试桩破坏,然后分级卸荷到零。

(2)加载分级。分级荷载 $\Delta p = (1/8 \sim 1/5)K$。

(3)测读桩沉降量的间隔时间:每级加载后,分别间隔5 min、10 min、15 min、15 min 时各测读一次,以后每隔15 min 读一次,累计1 h 后每隔30 min 测读一次。

(4)沉降相对稳定的标准:在每级荷载下,连续2 次每小时桩的沉降量小于0.1 mm 时可视为稳定。

(5)终止加载条件。符合下列条件之一时可终止加载:

①荷载 - 沉降($Q-s$)曲线上有可判定极限承载力的陡降段,且桩顶总沉降量超过40 mm 时。

②$\frac{\Delta S_{n+1}}{\Delta S_n} \geqslant 2$ 且经24 h 尚未达到稳定时,ΔS_n 指第 n 级载荷的沉降增量,ΔS_{n+1} 指第 $n+1$ 级载荷的沉降增量。

③对于25 m 以上的嵌岩桩,曲线呈缓变形,桩顶总沉降量为60 ~80 mm。

④在特殊条件下,可根据具体要求加载至桩顶总沉降量大于100 mm。

⑤桩底支承在坚硬岩(土)层上,桩的沉降量很小时,最大加载量不应小于设计荷载的2 倍。

（六）单桩竖向极限承载力的确定

单桩竖向极限承载力可按下列方法确定：

（1）作荷载－沉降（$Q-s$）曲线和其他辅助分析所需的曲线。

（2）当陡降段明显时，取陡降段起点对应的荷载值。

（3）$\frac{\Delta S_{n+1}}{\Delta S_n} \geqslant 2$，且经 24 h 尚未达到稳定时，取前一级荷载值。

（4）荷载－沉降（$Q-s$）曲线呈缓变形时，取桩顶总沉降量 $s=5\sim40$ mm 所对应的荷载值。当桩长大于 40 m 时，宜考虑桩体的弹性压缩。

（5）当按上述方法判断有困难时，可结合其他辅助分析方法综合判定。对桩基沉降有特殊要求者，应根据具体情况选取。

①对于参加统计的试桩，当其荷载极差不超过平均值的 30% 时，可取其平均值作为单桩竖向极限承载力。极差超过平均值的 30% 时，宜增加试桩数量并分析极差过大的原因，结合工程具体情况确定极限承载力。

②对桩数为 3 根及 3 根以下的柱下桩基础，取最小值作为单桩竖向极限承载力值。

（6）单桩竖向承载力特征值的确定。将单桩竖向极限承载力除以安全系数 2，即为单桩竖向承载特征值 R_a。

三、按静力触探确定

当根据单桥探头静力触探资料确定混凝土预制桩单桩竖向极限承载力标准值时，如无当地经验，可按下式计算：

$$Q_{uk}=Q_{sk}+Q_{pk}=u\sum q_{sik}l_i+ap_{sk}A_p \tag{13-11}$$

当 $p_{sk1}\leqslant p_{sk2}$ 时：

$$p_{sk}=\frac{1}{2}(p_{sk1}+\beta\cdot p_{sk2}) \tag{13-12}$$

当 $p_{sk1}\geqslant p_{sk2}$ 时：

$$p_{sk}=p_{sk2} \tag{13-13}$$

式中　Q_{sk}、Q_{pk}——分别为总极限侧阻力标准值和总极限端阻力标准值；

u——桩身周长；

q_{sik}——用静力触探比贯入阻力值估算的桩周第 i 层土的极限侧阻力；

l_i——桩周第 i 层土的厚度；

a——桩周阻力修正系数，可按表 13－5 取值；

p_{sk}——撞断附近的静力触探比贯入阻力标准值（平均值）；

A_p——桩端面积；

p_{sk1}——桩端全截面以上 8 倍桩径范围内的比贯入阻力平均值；

p_{sk2}——桩端全截面以下 4 倍桩径范围内的比贯入阻力平均值，如桩端持力层为密实的砂土层，其比贯入阻力平均值 p_s 超过 20 MPa 时，则需乘以表 13－6 中系数 C 予以折减后，再计算 p_{sk1} 及 p_{sk2} 值；

β——折减系数，按表 13－7 选用。

表 13-5　桩端阻力修正系数 α 值

桩长/m	$l<15$	$15\leqslant l\leqslant 30$	$30<l\leqslant 60$
α	0.75	0.75～0.90	0.90

注：桩长 $15\leqslant l\leqslant 30$ m，α 值按 l 值直线内插；l 为桩长（不包括桩尖高度）。

表 13-6　系数 C

p_{sk}	20～30	35	>40
系数 C	5/6	2/3	1/2

表 13-7　折减系数 β

p_{sk2}/p_{sk1}	<5	7.5	12.5	≥15
β	1	5/6	2/3	1/2

当根据双桥探头静力触探资料确定混凝土预制桩单桩竖向极限承载力标准值时，对于黏性土、粉土和砂土，如无当地经验时可按下式计算：

$$Q_{uk}=Q_{sk}+Q_{pk}=u\sum l_i\beta_i f_{si}+a\cdot q_c\cdot A_p \tag{13-14}$$

式中　f_{si}——第 i 层土的探头平均侧阻力，kPa；

q_c——桩端平面上、下探头阻力，取桩端平面以上 $4d$（d 为桩的直径或边长）范围内按土层厚度的探头阻力加权平均值，kPa，然后再和桩端平面以下 $1d$ 范围内的探头阻力进行平均；

α——桩端阻力修正系数，对于黏性土、粉土取 2/3，饱和砂土取 1/2；

β——第 i 层土桩侧阻力综合修正系数，黏性土、粉土：$\beta_i=10.04(f_{si})^{-0.55}$；砂土：$\beta_i=5.05(f_{si})^{-0.45}$。

四、按经验公式确定

经验公式方法是根据桩侧阻力、桩端阻力与土层的物理、力学状态指标的经验关系来确定单桩竖向承载力特征值。这种方法可用于初估单桩竖向承载力特征值及桩数，在各地区、各部门均有应用。

（一）中小直径桩

根据土的物理指标与承载力参数之间的经验关系，可建立如下单桩竖向极限承载力标准值的计算公式：

$$Q_{uk}=Q_{sk}+Q_{pk}=u\sum q_{sik}l_i+q_{pk}A_p \tag{13-15}$$

式中　q_{sik}——桩侧第 i 层土的单桩极限侧阻力标准值，当无当地经验值时，按表 13-8 取值；

q_{pk}——单桩极限端阻力标准值；

A_p——桩端截面面积，m^2；

u——桩身周长，m；

l_i——按土层划分的各段桩长，m。

表 13－8　桩的极限侧阻力标准值 q_{sik}/kPa

土的名称	土的状态		混凝土预制桩	泥浆护壁钻（冲）孔桩	干作业冲孔桩
填土			22～30	20～28	20～28
淤泥			14～20	12～18	12～18
淤泥质土			22～30	20～28	20～28
黏性土	流塑	$I_L > 1$	24～40	21～38	21～38
	软塑	$0.75 < I_L \leqslant 1$	40～55	38～53	38～53
	可塑	$0.50 < I_L \leqslant 0.75$	55～70	53～68	53～66
	硬可塑	$0.25 < I_L \leqslant 0.50$	70～86	68～84	66～82
	硬塑	$0 < I_L \leqslant 0.25$	86～98	84～96	82～94
	坚塑	$I_L \leqslant 0$	98～105	96～102	94～104
红黏土	$0.7 < a_w \leqslant 1$		13～32	12～30	12～30
	$0.5 < a_w \leqslant 0.7$		32～74	30～70	30～70
粉土	稍密	$e > 0.9$	26～46	24～42	24～42
	中密	$0.75 \leqslant e \leqslant 0.9$	46～66	42～62	42～62
	密实	$e < 0.75$	66～88	62～82	62～82
粉细砂	稍密	$10 < N \leqslant 15$	24～48	22～46	22～46
	中密	$15 < N \leqslant 30$	48～66	46～64	46～64
	密实	$N > 30$	66～88	64～86	64～86
中砂	中密	$15 < N \leqslant 30$	54～74	53～72	53～72
	密实	$N > 30$	74～95	72～94	72～94
粗砂	中密	$15 < N \leqslant 30$	74～95	74～95	76～98
	密实	$N > 30$	95～116	95～116	98～120
砾砂	稍密	$5 < N_{63.5} \leqslant 15$	70～110	50～90	60～100
	中密	$N_{63.5} > 15$	116～138	116～130	112～130
圆砾、角砾	中密、密实	$N_{63.5} > 10$	160～200	135～150	135～150
碎石、卵石	中密、密实	$N_{63.5} > 10$	200～300	140～170	150～170
全风化软质岩		$30 < N \leqslant 50$	100～120	80～100	80～100
全风化硬质岩		$30 < N \leqslant 50$	140～160	120～140	120～150
强风化软质岩		$N_{63.5} > 10$	160～240	140～200	140～200
强风化硬质岩		$N_{63.5} > 10$	220～300	160～240	160～260

注：1. 对于尚未完成自重固结的填土和以生活垃圾为主的杂填土，不计算其侧阻力。

2. a_w 为含水比，$a_w = w/w_1$，w 为土的天然含水量，w_1 为土的液限。

3. N 为标准贯入击数；$N_{63.5}$ 为重型圆锥动力触探击数。

4 全风化、强风化软质岩和全风化、强风化硬质岩是指其母岩分别为 $f_{rk} \leqslant 15$ MPa、$f_{rk} > 30$ MPa 的岩石。

(二)大直径桩

$$Q_{uk} = Q_{sk} + Q_{pk} = u\sum \varphi_{si} q_{sik} l_i + \varphi_p q_{pk} A_p \quad (13-16)$$

式中 φ_{si}、φ_p——大直径桩侧阻、端阻尺寸效应系数,按表 13-9 取值;

q_{pk}——桩径为 800 mm 的极限端阻力标准值,对于干作业挖孔(清底干净)可采用深层载荷板试验确定;当不能进行深层载荷试验时,可按表 13-10 采用。

表 13-9 大直径灌注桩侧阻尺寸效应系数φ_{si}、端阻尺寸效应系数φ_p

土类型	黏性土、粉土	砂土、碎石类土
φ_{si}	$(0.8/d)^{1/5}$	$(0.8/d)^{1/3}$
φ_p	$(0.8/d)^{1/4}$	$(0.8/d)^{1/3}$

注:当为等直径桩时,表中 $D=d$。

表 13-10 干作业桩(清底干净,d_b=0.8 m)极限端阻力标准值 q_{pk}/kPa

土的名称		状态		
黏性土		$0.25<I_L\leqslant 0.75$	$0<I_L\leqslant 0.25$	$I_L\leqslant 0$
		800~1 800	1 800~2 400	2 400~3 000
粉土		—	$0.75<e\leqslant 0.9$	$e\leqslant 0.75$
		—	100~1 500	1 500~2 000
砂土、碎石类土		稍密	中密	密实
	粉砂	500~700	800~1 000	1 200~2 000
	细砂	700~1 000	1 200~1 800	2 000~2 500
	中砂	1 000~2 000	2 200~3 200	3 500~5 000
	粗砂	1 200~2 200	2 500~3 500	4 000~5 000
	砾砂	1 400~2 400	2 600~4 000	5 000~7 000
	圆砾、角砾	1 600~3 000	3 200~5 000	6 000~9 000
	卵石、碎石	2 000~3 000	3 300~5 000	7 000~11 000

注:1. q_{pk}取值宜考虑桩端持力层的状态及桩进入持力层的深度效应,当进入持力层深度 h_b分别为 $h_b\leqslant d_b$,$d_b<h_b\leqslant 4d_b$,$h_b\geqslant 4d_b$时,q_{pk}可分别取较低值、中值、较高值,db 为桩端直径。

2. 砂土密实可根据标准贯入锤击数 N 判定,$N\leqslant 10$ 为松散,$10<N\leqslant 15$ 为稍密,$15<N\leqslant 30$ 为中密,$N\geqslant 30$ 为密实。

3. 当对沉降要求不严时,可适当提高 q_{pk}值。

(三)嵌岩桩

桩端置于完整、较完整基岩的嵌岩桩单桩竖向极限承载力,由桩周土总极限侧阻力和嵌岩段总极限阻力组成。当根据岩石单轴抗压强度确定单桩竖向极限承载力标准值时,可按下式计算:

$$Q_{uk} = Q_{sk} + Q_{rk} \quad (13-17)$$

$$Q_{sk}=u\sum q_{sik}l_i \quad (13-18)$$

$$Q_{rk}=\xi_r f_{rk}A_p \quad (13-19)$$

式中　Q_{sk}、Q_{rk}——分别为土的总极限侧阻力标准值、嵌岩段总极限阻力标准值；

q_{sik}——桩周第 i 层土的极限侧阻力标准值，无当地经验时，可根据成桩工艺按表13－8取值；

f_{rk}——岩石饱和单轴抗斥强度标准值，黏土岩取天然温度单轴抗斥强度标准值；

ξ_r——嵌岩段侧阻和端阻综合系数，与嵌岩深径比 h_r/d、岩石软硬程度和成桩工艺有关，按表13－11采用，表中数值适用于泥浆护壁成桩，对于干作业成桩（清底干净）和泥浆护壁成桩后注浆，ξ_r应取表列数值的1.2倍。

表13－11　嵌岩段侧阻和端阻综合系数 ξ_r

嵌岩深径比 h_r/d	0	0.5	1.0	2.0	3.0	4.0	5.0	6.0	7.0	8.0
极软岩、软岩	0.60	0.80	0.95	1.18	1.35	1.48	1.57	1.63	1.66	1.70
较硬岩、坚硬岩	0.45	0.65	0.81	0.90	1.00	1.04				

注：1. 极软岩、软岩是指 $f_{rk}\leqslant 15$ MPa，较硬岩、坚硬岩是指 $f_{rk}>30$ MPa，介于二者之间可内插取值。
2. h_r为桩身嵌岩深度，当岩面倾斜时，以坡下方嵌岩深度为准；当 h_r/d 为非表列值时，ξ_r可内差取值。

第五节　桩基竖向承载力

一、桩顶作用效应

（1）桩顶作用效应。对于一般建筑物和受水平力（包括力矩与水平剪力）较小的高层建筑群桩基础，当桩基中桩径相同时，应按下列公式计算群桩中基桩的桩顶作用效应：

$$N_k=\frac{F_k+G_k}{n} \quad (13-20)$$

偏心竖向作用力下，有

$$N_{ik}=\frac{F_k+G_k}{n}\pm\frac{M_{xk}y_i}{\sum y_j^2}\pm\frac{M_{yk}x_i}{\sum x_j^2} \quad (13-21)$$

水平力作用下，有

$$H_{ik}=\frac{H_k}{n}(13.22)$$

式中　F_k——荷载效应标准组合下．作用于承台顶面的竖向力；

G_k——桩基承台和承台上土的自重标准值，对稳定的地下水位以下部分应扣除水的浮力；

N_k——荷载效应标准组合轴心竖向力作用下，基桩或复合基桩的平均竖向力；

M_{xk}、M_{yk}——荷载效应标准组合下，作用于承台底面，绕过桩群形心的 x、y 主轴的力矩；

x_i、y_i、x_j、y_j——第 i、j 基桩或复合基桩至 y 轴、x 轴的距离；

H_k——荷载效应标准组合下,作用于桩基承台底面的水平力;

H_{ik}——荷辑效应标准组合下,作用于第 i 基桩或复合基桩的水平力;

n——桩基中的桩数。

式(13－21)是以下列假设为前提的:

①承台是刚性的。

②各桩刚度 $K_i(K_i = N_i/S_i, S_i$ 为 N_i 作用下的桩顶沉降)相同。

③x、y 是桩顶平面的惯性主轴。

当基桩承受较大的水平力,或为高承台基桩时,桩顶作用效应的计算应考虑承台与基桩协调工作和土的弹性抗力。对烟囱、水塔、电视塔等高耸结构物桩基常采用圆形或环形刚性承台,其基桩宜布置在直径不等的同心圆周上,同一圆周上的桩基相等。对这类桩基,只要取对称轴为坐标轴,则式(13－21)依然适用。

(2)对于抗震设防区主要承受竖向荷载的低承台桩基,当同时满足下列要求时,桩顶作用效应计算可不考虑地层作用:

①按《建筑抗震设计规范》(GB 50011—2010)可不进行天然地基和基础抗震承载力计算的建筑物。

②不位于斜坡地带或地震可能导致滑移、地裂地段的建筑物。

③桩端及桩身周围无液化土层。

4. 承台周围无液化土、淤泥、淤泥质土。

二、桩基竖向承载为计算

(一)桩基竖向原载力计算要求

桩基中基桩的竖向承载力计算,应符合荷载效应标准组舍利地震效应组合极限状态计算表达式。

1. 荷载效应标准组合

承受轴心竖向荷载的桩基,其基桩承载力设计值 R 应符合下式的要求:

$$N_k \leqslant R \tag{13-23}$$

承受偏心荷载的桩基,除应满足(13－23)的要求外,尚应满足下式要求:

$$N_{kmax} \leqslant 1.2R \tag{13-24}$$

式中 N_k——荷载效应标准组合轴心竖向力作用下,基桩或复合基桩的平均竖向力;

N_{kmax}——荷载效应标准组合偏心竖向力作用下,桩顶最大竖向力。

2. 地震作用效用组合

从地震震害调查结果得知,不论桩周土的类别如何,基础的竖向受庭承载力均可提高25%。因此,对于抗震设防区必须进行抗震验算的桩基,可按下列公式验算基础的竖向承载力。

轴心竖向力作用下,应满足下式:

$$N_{Ex} \leqslant 1.25R \tag{13-25}$$

偏心竖向力作用下,除应满足式(13－25)的要求外,还应满足下式:

$$N_{Emax} \leqslant 1.5R \tag{13-26}$$

式中 N_{Ex}——地震作用效应和荷载效应标准组合下,基桩或复合基桩的平均竖向力;

N_{Emax}——地震作用效应和荷载效应标准组合下,基桩或复合基桩的最大竖向力;

R——基桩或复合基桩竖向承载力特征值。

(二)基桩或复合基桩竖向承载力特征值 R_a 的确定

1. 单桩竖向承载力特征值的确定

$$R_a = \frac{1}{k} Q_{uk} \tag{13.27}$$

式中　Q_{uk}——单桩竖向极限承载力标准值;

k——安全系数,取 $k=2$。

2. 承台效应的概念

摩擦型群桩在竖向荷载作用下,由于桩土相对位移,桩间土对承台产生一定竖向抗力,成为桩基竖向承载力的一部分而分担荷载,这种效应称为承台效应。承台底地基土承载力特征值发挥率称为承台效应系数。承台效应和承台效应系数随下列因素影响而变化:

(1)桩距大小的影响。桩顶受荷载下沉时,桩周土受桩侧剪应力作用而产生竖向位移为 ω_r,即

$$\omega_r = \frac{1 + u_s}{E_0} q_s d \ln \frac{nd}{r} \tag{13-28}$$

由式(13-28)可以看出,桩周土竖向位移随桩侧剪应力 q_s 和桩径 d 增大而线性增加,随与桩中心距离 r 增大,呈自然对数关系减小,当距离 r 达到 nd 时,位移为零;而 nd 根据实测结果为 $(6\sim10)d$,随土的变形模量减小而减小。显然,土竖向位移越小,土反力越大,对于群桩,桩距越大,土反力越大。

(2)承台土抗力随承台宽度与桩长之比 B_c/L 减小而减小。现场原型试验表明,当承台宽度与桩长之比较大时,承台土反力形成的压力泡包围整个桩群,由此导致桩侧阻力、端阻力发挥值降低,承台底地基土抗力随之加大。

(3)承台土抗力随区位和桩的排列而变化。承台内区(桩群包络线以内)由于桩土相互影响明显,土的竖向位移加大,导致内区土反力明显小于外区(承台悬挑部分),即呈马鞍形分布。对于单排桩条基,由于承台外区面积比大,故其土抗力显著大于多排桩桩基。多排桩和单排桩基承台分担荷载比明显不同证实了这一点。

(4)承台土抗力随荷载的变化。桩基受荷后承台底产生一定土抗力,随荷载增加,土抗力及其荷载分担比的变化分两种模式。一种模式是,到达工作荷载时,荷载分担比趋于稳值,也就是说土抗力和荷载增速是同步的。这种变化模式出现于 $B_c/L\leqslant1$ 和多排桩。对于 $B_c/L\leqslant1$ 和单排桩桩基则属于第二种变化模式,即 $P_c/L\leqslant1$ 在荷载达到 $P_c/L>2$ 后仍随荷载水平增大而持续增长。这种变化模式说明这两种类型桩基承台土抗力的增速持续大于荷载增速。

考虑承台效应的前提条件是承台底面必须与土保持接触,因此,一般摩擦型桩基承台下的桩间土参与承担部分外荷载。需要注意的是,桩基承台下地基土与天然地基是不同的,由于桩的存在,桩间土的承载力往往不能全部发挥出来。

3. 基桩或复合基桩竖向承载力特征值

对于端承型桩基、桩数少于4根的摩擦型柱下独立桩基,或由于地层土性、使用条件等因素不宜考虑承台效应时,基桩竖向承载力特征值应取单桩竖向承载力特征值,即 $R=R_a$。

对于符合下列条件之一的摩擦型桩基，宜考虑承台效应确定其复合基桩的竖向承载力特征值：上部结构整体刚度较好、体型简单的建（构）筑物；对差异沉降适应性强的排架结构和柔性构筑物（如钢板罐体）；按变刚度调平原则设计的桩基刚度相对弱化区；软土地基减沉复合疏桩基础。

考虑承台效应的复合基桩竖向承载力特征值可按下列公式确定：

不考虑地震作用时：

$$R = R_a + \eta_c f_{ak} A_c \tag{13-29}$$

考虑地震作用时：

$$R = R_a + \frac{\xi_a}{1.25}\eta_c f_{ak} A_c \tag{13-30}$$

$$A_c = (A - nA_{ps})/n \tag{13-31}$$

式中 η_c——承台效应系数，可按表 13－12 取值；

f_{ak}——承台下 1/2 承台宽度且不超过 5 m 深度范围内各层土的地基承载力特征值按厚度加权的平均值；

A_c——计算基桩所对应的承台底净面积；

A_{ps}——为桩身截面面积；

A——为承台计算域面积，对于柱下独立桩基，A 为承台总面积；对于桩筏基础，A 为柱、墙筏板的 1/2 跨距和悬臂边 2.5 倍筏板厚度所围成的面积；桩集中布置于单片墙下的桩筷基础，取墙两边各 1/2 跨距围成的面积，按条形承台计算 η_c；

ξ_a——地基抗震承载力调整系数。

表 13－12　承台效应系数 η_c

B_c/l	s_a/d				
	3	4	5	6	>6
≤0.4	0.06～0.08	0.14～0.17	0.22～0.26	0.32～0.38	0.50～0.80
0.4～0.8	0.08～0.10	0.17～0.20	0.26～0.30	0.38～0.44	
>0.8	0,10～0.12	0.20～0.22	0.30～0.34	0.44～0.50	
单排桩条形承台	0.15～0.18	0.25～0.30	0.38～0.45	0.50～0.60	

注：1. 表中 s_a/d 为桩中心距与桩径之比；B_c/l 为承台宽度与桩长之比。当计算基桩为非正方形排列时，$S_a = \sqrt{(A/n)}$，A 为承台计算域面积，n 为总桩数：

2. 对于被布置于墙下的箱、筏承台，η_c 可按单排桩条形承台取值；

3. 对于单排桩条形承台，当承台宽度小于 1.5d 时，η_c 按非条形承台取值；

4. 对于采用后注浆灌注桩的承台，η_c 易取低值；

5. 对于饱和黏性土中的挤土桩基、软土地基上的桩基承台，η_c 宜取低值的 0.8 倍.

当承台底为可液化土、湿陷性土、高灵敏度软土、欠固结土、新填土，沉桩引起孔隙水压力和土体隆起时，不考虑承台效应，取 $\eta_c = 0$。

三、软弱下卧层验算

当桩端平面以下受力层范围内存在软弱下卧层时，应按下列规定验算软弱下卧层的承载力:对于桩距 $S_a \leqslant 6d$ 时的群桩基础,当桩端平面以下软弱下卧层承载力与桩端持力层相差过大(低于持力层的 1/3)且荷载引起的局部压力超出其承载力过多时,将软弱下卧层侧向挤出,桩基偏沉,严重者引起失稳。其承载力可按下列公式计算:

$$\sigma_z + \gamma_m z \leqslant f_{az} \tag{13-32}$$

$$\sigma_z = \frac{(F_k + G_k) - 3/2(A_0 + B_0)\sum q_{sik} l_i}{(A_0 + 2t\tan\theta)(B_0 + 2t\tan\theta)} \tag{13-33}$$

式中　σ_z——作用于软弱下卧层顶面的附加应力;

γ_m——软弱层顶面以上各土层重度(地下水位以下取浮重度)按厚度加权平均值;

t——硬持力层厚度;

f_{az}——软弱下卧层经深度 z 修正的地基承载力特征值;

A_0、B_0——桩群外缘矩形底面的长、短边边长;

q_{sik}——桩周第 i 层土的极限侧阻准值;

θ——桩端硬持力层压力扩散角,按表 13-13 取值。

表 13-13　桩端硬持力层压力扩散角

E_{s1}/E_{s2}	$t=0.25B_0$	$t\geqslant 0.5B_0$
1	4°	12°
3	6°	23°
5	10°	25°
10	20°	30°

注:1. E_{s1}/E_{s2} 为硬持力层、软弱下卧层的压缩模量。

2. 当 $t=0.25B_0$ 时,取 $\theta=0°$,必要时,宜通过实验确定;当 $0.25B_0<t<0.5B_0$ 时,可内插取值。

第六节　桩的水平承载力计算

根据桩的入土深度、桩土相对软硬程度以及桩的受力分析方法,桩可分为长桩、中长桩与短桩三种类型。其中,短桩为刚性桩,长桩及中长桩属于弹性桩。

作用于桩基上的水平荷载有推力、厂房吊车制动力、风力及水平地震惯性力等。在水平荷载作用下,桩体的水平位移按刚性桩与弹性桩考虑有较大差别。当地基土比较松软而桩长较小时,桩的相对抗弯刚度大,故桩体会如刚性体一样绕桩体或土体某一点转动。主与桩前方土体受到桩侧水平挤压应力作用而屈服破坏时,桩体的侧向变形会迅速增大甚至倾覆,失去承载作用。桩的入土深度较大而桩周土比较硬时,桩体会产生弹性挠曲变形。随着水平荷载的增加,桩侧土的屈服由上向下发展,但不会出现全范围内的屈服。当水平位移过大时,可因桩体开裂而造成破坏。

一、水平载荷作用下桩的工作性状

桩在水平荷载(垂直于桩轴线的横向力和弯矩)作用下,桩体会产生水平位移或挠曲,并与桩侧土协调变形。桩体对桩周土体会产生侧向压力,同时,桩侧土会反作用于桩,产生侧向土抗力,桩、土共同作用,相互影响。随着水平荷载的加大,桩的水平位移与土的变形增大,会发生土体明显开裂、隆起;当桩基水平位移超过容许值时,桩体产生裂缝以致断裂或拔出,桩基失效或破坏。实践证明,桩的水平承载力比竖向承载力低得多。影响桩侧水平承载力的因素主要有桩身截面刚度、入土深度、桩侧土质条件、桩顶位移允许值、桩顶嵌固情况等。

二、单桩水平静载试验

单桩水平静载试验是在现场条件下对桩施加水平荷载,然后量应力等项目,以确定其水平承载力。

(1)试验装置。试验装置包括加载系统和位移观测系统,采用水平施加荷载的千斤顶同时对两根桩施加对顶荷载,力的作用线应通过工程桩基承台标高处。千斤顶与试桩接触处宜设置一球形铰座,以保证作用力能水平通过桩体轴线。桩的水平位移宜用大量程百分表量测,若需测定地面以上桩体转角,则在水平力作用线以上 500 mm 左右处安装 1 ~ 2 只百分表。固定百分表的基准桩与试桩净距不应小于一倍试桩直径。

(2)试验方法。对于承受反复作用水平荷载(风力、波浪冲击力、汽车制动力、地震力等)的桩基,宜采用单项多循环加卸载法加荷;对于个别承受长期水平荷载的桩基(或测量桩体应力及应变的试桩),也可采用慢速维持加载法进行试验。

单项多循环加卸载法的操作要点如下:

①荷载分级。取预估水平极限承载力的 1/15 ~ 1/10 作为每级荷载的加荷增量;根据桩径大小并适当考虑土层软硬,对于直径为 300 ~ 1 000 mm 的桩,每级荷载增量可取为 2.5 ~ 20 kN。

②加载程序与位移观测。每级荷载施加后,恒载 4 min 测读水平位移,然后卸载至 0,停 2 min 测读残余水平位移,至此完成一个加卸载循环。如此循环 5 次便完成一级荷载的试验观测,随后进行下一级的加荷试验与观测。每级加载时间应尽量缩短,测量位移的间隔时间应严格准确,试验不得中途停歇。

③终止试验的条件。当桩体出现折断,水平位移超过 30 ~ 40 mm(软土或大直径桩时取高值),或桩侧地表出现明显裂缝,或隆起时即可终止试验。

三、单桩水平荷载特征值确定

受水平荷载的一般建筑物和水平荷载较小的高大建筑物,单桩基础和群桩中基桩应满足下式要求:

$$H_{ik} \leqslant R_h \tag{13-34}$$

式中 H_{ik}——在荷载效应标准组合下,作用于基桩 i 桩顶处的水平力;

R_h——单桩基础或群桩中基桩的水平承载力特征值,对于单桩基础,可取单桩的水平承载力特征值 R_{ha}。

单桩的水平承载力特征值的确定应符合下列规定:

(1)对于受水平荷载较大的设计等级为甲级、乙级的建筑桩基,单桩水平承载力特征值应通过单桩水平静载试验确定,试验方法可按现行行业标准《建筑基桩检测技术规范》(JGJ106—2014)执行。

(2)对于钢筋混凝土预制桩、钢桩、桩身正截面配筋率不小于 0.65% 的灌注桩,可根据静载试验结果取地面处水平位移为 10 mm(对于水平位移敏感的建筑物取水平位移 6 mm)所对应的荷载的 75% 为单桩水平承载力特征值。

(3)对于桩身配筋率小于 0.65% 的灌注桩,可取单桩水平静载试验的临界荷载的 75% 为单桩水平承载力特征值。

(4)当缺少单桩水平静载试验资料时,可按下列公式估算桩身配筋率小于 0.65% 的灌注桩的单桩水平承载力特征值:

$$R_{ha} = \frac{0.75\alpha\gamma_m f_t W_0}{v_M}(1.25 + 22\rho_g)(1 \pm \frac{\xi_n \cdot N}{\gamma_m f_t A_n}) \qquad (13-35)$$

式中　R_{ha}——单桩水平承载力特征值,± 号根据桩顶竖向力性质确定,压力取"+",拉力取"-";

γ_m——桩截面模量塑性系数,圆形截面 $\gamma_m=2$,矩形截面 $\gamma_m=1.75$;

f_t——桩身混凝土抗拉强度设计值;

W_0——桩身换算截面受拉边缘的截面模量,圆形截面为:$W_0=\frac{\pi d}{32}[d^2+2(a_E-1)\rho_g d_0^2]$;方形截面为:$W_0=\frac{b}{6}[b^2+2(a_E-1)\rho_g b_0^2]$,其中 d 为桩直径,d_0为扣除保护层厚度的桩直径;b 为方形截面边长,b_0为扣除保护层厚度的桩截面宽度;a_E为钢筋弹性模量与混凝土弹性模量的比值;

ν_M——桩身最大弯矩系数,按表 13-14 取值,当单桩基础和单排桩基纵向轴线与水平力方向相垂直时,按桩顶铰接考虑;

ρ_g——桩身配筋率;

A_n——桩身换算截面面积,圆形截面为:$A_n=\frac{\pi d^2}{4}[1+(a_E-1)\rho_g]$;方形截面为:$A_n=b^2[1+(a_E-1)\rho_g]$;

ξ_n——桩顶竖向力影响系数,竖向压力取 0.5,竖向拉力取 1.0;

N——在荷载效应标准组合下桩顶的竖向力,kN;

α——桩的水平变形系数,$\alpha=\sqrt[5]{\frac{m b_0}{EI}}$,其中 m 为桩侧土水平抗力系数的比例系数,b_0为桩身的计算宽度,对于圆形桩,当直径 $d\leqslant 1m$ 时,$b_0=0.9(1.5d+0.5)$;当直径 $d>1m$ 时,$b_0=0.9(1.5d+0.5)$;对于方形桩,当边宽 $d\leqslant 1m$ 时,$b_0=0.9(d+1)$;当边宽 $d>1m$ 时,$d_0=b+1$;EI 桩身抗弯刚度,对于钢筋混凝土桩,$EI=0.85E_cI_0$,其中 E_c为混凝土弹性模量,I_0为桩身换算截面惯性矩;圆形截面为 $I_0=W_0d_0/2$;矩形截面为 $I_0=W_0d_0/2$。

表 13-14　桩顶(身)最大弯矩系数 V_m和桩顶水平位移系数 V_x

桩顶约束情况	桩的换算埋深 ah	V_m	V_x
铰接、自由	4.0	0.768	2.441
	3.5	0.750	2.502
	3.0	0.703	2.727
	2.8	0.675	2.905
	2.6	0.639	3.163
	2.4	0.601	3.526

表 13－14(续)

桩顶约束情况	桩的换算埋深 ah	V_m	V_x
固接	4.0	0.926	0.940
	3.5	0.934	0.970
	3.0	0.967	1.028
	2.8	0.990	1.055
	2.6	1.018	1.079
	2.4	1.045	1.095

注:1. 铰接(自由)的 V_m是桩身的最大弯矩系数,固接的 V_m是被顶的最大弯矩系数。
2. 当 $ah>4$ 取 $ah=4.0$。

(5)对于混凝土护壁的挖孔桩,计算单桩水平承载力时,其设计桩径取护壁内直径。

(6)当桩的水平承载力由水平位移控制,且缺少单桩水平静载试验资料时,可按下式估算预制桩、钢桩、桩身配筋率不小于0.65%的灌注桩单桩水平承载力特征值:

$$R_{ha} = 0.75\frac{a^3 EI}{v_x}x_{0a} \tag{13-36}$$

式中 x_{0a}——桩顶允许水平位移;

v_x——桩顶水平位移系数,按表13.14取值,取值方法同 V_m。

(7)验算永久荷载控制的桩基的水平承载力时,应将上述②～⑤方法确定的单桩水平承载力特征值乘以调整系数0.80;验算地震作用桩基的水平承载力时,宜将按上述②～⑤方法确定的单桩水平承载力特征值乘以调整系数1.25。

【例4－2】某受压灌注桩桩径为1.2 m,桩端入土深度为20 m,桩体配筋率0.6%,桩顶铰接桩顶竖向压力标准值 $N_k=5\ 000$ kN,桩的水平变形系数 $\alpha=0.301\ m^{-1}$,桩体换算截面积 $A_n=1.2\ m^2$,换算截面受拉边缘的截面模量 $Wo=0.2\ m^3$,桩体混凝土抗拉强度设计值 $f_t=1.5\ N/mm^2$,计算单桩水平承载力特征值。

解 对于圆形截面,取桩截面模量塑性系数 $\gamma_m=2$,桩的换算埋深 $ah=0.301\times20=6.02>4.0$,查表13－14得桩体最大弯矩系数 $V_m=0.768$,则

$$\begin{aligned}R_{ha} &= \frac{0.75\alpha\gamma_m f_t W_0}{v_M}(1.25+22\rho_g)\left(1\pm\frac{\xi_n\cdot N}{\gamma_m f_t A_n}\right)\\&= 0.75\times\frac{0.301\times2\times1.5\times10^3\times0.2}{0.768}\times(1.25+22\times0.006)\times\left(1+\frac{0.5\times5\ 000}{2\times1.5\times10^3\times1.2}\right)\\&= 411.9(\text{kN})\end{aligned}$$

第七节 桩基沉降验算

一、桩基沉降变形指标

(一)桩基沉降变形可用下列指标表示

(1)沉降量。

(2)沉降差。

(3)整体倾斜:建筑物桩基础倾斜方向两端点的沉降差与其距离之比值。

(4)局部倾斜:墙下条形承台沿纵向某一长度范围内桩基础两点的沉降差与其距离的比值。

(二)计算桩基沉降变形时,桩基变形指标应按下列规定选用

(1)由于土层厚度与性质不均匀、荷载差异、体型复杂、相互影响等因素引起的地基沉降变形,对于砌体承重结构应由局部倾斜控制。

(2)对于多层或高层建筑和高耸结构应由整体倾斜值控制。

(3)当其结构为框架、框架－剪力墙、框架－核心筒结构时,还应控制柱(墙)之间的差异沉降。

二、桩基沉降变形允许值

建筑桩基沉降变形允许值,应按表13－15的规定采用。

表13－15　建筑桩基沉降变形允许值

变形特征		允许值
砌体承重结构基础的局部倾斜		0.002
各类建筑相邻柱(墙)基的沉降差: (1)框架、框架－剪力楠、框架－核心筒结构 (2)砌体墙填充的边排柱 (3)当基础不均匀沉降时不产生附加应力的结构		 0.002l_0 0.000 7l_0 0.005l_0
单层排架结构(柱距为6 m)桩基的沉降量/mm		120
桥式吊车轨面的倾斜(按不调整轨道考虑) 纵向 横向		 0.004 0.003
多层和高层建筑的整体倾斜	$Hg \leqslant 24$ $24 < Hg \leqslant 60$ $60 < Hg \leqslant 100$ $Hg > 100$	0.004 0.003 0.0025 0.002
高耸结构桩基的整体倾斜	$Hg \leqslant 20$ $20 < Hg \leqslant 50$ $50 < Hg \leqslant 100$ $100 < Hg \leqslant 150$ $150 < Hg \leqslant 200$ $200 < Hg \leqslant 250$	0.008 0.006 0.005 0.004 0.003 0.002
高耸结构基础的沉降量/mm	$Hg \leqslant 100$ $100 < Hg \leqslant 200$ $200 < Hg \leqslant 250$	350 250 150
体型简单的剪力墙结构	—	200

注:l_0为相邻柱(墙)二测点间距离,Hg为自室外地面算起的建筑物高度,m。

三、桩基沉降计算

(一)桩中心距不大于6倍桩径的桩基

对于桩中心距不大于6倍桩径的桩基,其最终沉降量计算可采用等效作用分层总和法。等效作用面位于桩端平面,等效作用面积为桩承台投影面积,等效作用附加压力近似取承台底平均附加压力。等效作用面以下的应力分布采用各向同性均质直线变形体理论。计算桩基任一点最终沉降量可用角点法按下式计算:

$$s = \psi \cdot \psi_e \cdot s' = \psi \cdot \psi_e \cdot \sum_{j=1}^{m} p_{0j} \sum_{i=1}^{n} \frac{z_{ij}\bar{a}_{ij} - z_{(i-1)j}\bar{a}_{(i-1)j}}{E_{si}} \quad (13-37)$$

式中 s——桩基最终沉降量,mm;

s'——采用布辛奈斯克解,按实体深基础分层总和法计算出的桩基沉降量,mm;

ψ——桩基沉降计算经验系数,当无当地可靠经验时可按表13-16采用,对于采用后注浆施工工艺的灌注桩,桩基沉降计算经验系数应根据桩端持力土层类别,乘以0.7(砂、砾、卵石)~0.8(黏性土、粉土)折减系数;饱和土中采用预制桩(不含复打、复压、引孔沉桩)时,应根据桩距、土质、沉桩速率和顺序等因素,乘以1.3~1.8(挤土效应系数),土的渗透性低,桩距小,桩数多,沉降速率快时取大值;

ψ_e——桩基等效沉降系数,可按式(13-41)、式(13-42)确定;

m——角点法计算点对应的矩形荷载分块数;

p_{0j}——第j块矩形底面在荷载效应准永久组合下的附加压力,kPa;

n——桩基沉降计算深度范围内所划分的土层数;

E_{si}——等效作用面以下第i层土的压缩模量,MPa,采用地基土在自重压力至自重压力加附加压力作用时的压缩模量;

z_{ij}、$z_{(i-1)j}$——桩端平面第j块荷载作用面至第t层土、第$(i-l)$层土底面的距离,m;

$\bar{a}_{ij}$、$\bar{a}_{(i-1)j}$——桩端平面第j块荷载计算点至第i层土、第$(i-1)$层土底面深度范围内平均附加应力系数。

表13-16 桩基沉降计算经验系数ψ

$\bar{E}_s$/Mpa	≤10	15	20	35	≥50
ψ	1.2	0.9	0.65	0.50	0.40

注:1. $\bar{E}_s$为沉降计算深度范围内压缩模量的当量值,可按下式计算:$\bar{E}_s = \sum A_i / \sum \frac{A_i}{S_i}$,式中$A_i$为第i层土附加压力系数沿土层厚度的积分值,可近似按分块面积计算。

2. ψ可根据$\bar{E}_s$内插取值。

计算矩形桩基中点沉降时,桩基沉降量可按下式简化计算:

$$s = \psi \cdot \psi_e \cdot s' = 4 \cdot \psi \cdot \psi_e \cdot p_0 \sum_{i=1}^{n} \frac{z_i\bar{a}_i - z_{(i-1)}\bar{a}_{(i-1)}}{E_{si}} \quad (13-38)$$

式中 p_0——在荷载效应准永久组合下承台底的平均附加压力;

$\bar{a}_i$、$\bar{a}_{(i-1)}$——平均附加应力系数;

桩基沉降计算深度 z_n 应按应力比法确定,即计算深度处的附加应力 σ_z 与土的自重应力 σ_c 应符合下列公式要求:

$$\sigma_z \leqslant 0.2\sigma_c \tag{13-39}$$

$$\sigma_z = \sum_{j=1}^{m} a_j p_{0j} \tag{13-40}$$

式中 a_j——附加应力系数。

桩基等效沉降系数 ψ_e 可按下列公式简化计算:

$$\psi_e = C_0 + \frac{n_b - 1}{C_1(n_b - 1) + C_2} \tag{13-41}$$

$$n_b = \sqrt{n \cdot B_c / L_c} \tag{13-42}$$

式中　n_b——矩形布桩时的短边布桩数,当布桩不规则时可按式(13－43)近似计算,$n_b > l$;$n_b = 1$ 时,可式(13－45)至式(13－49)计算;

C_0、C_1、C_2——根据群桩距径比 s_a/d、长径比 l/d 及基础长宽比 L_c/B_c 确定;

L_c、B_c、n——分别为矩形承台的长、宽及总桩数。

当布桩不规则时,等效距径比可按下列公式近似计算:

$$圆形桩\ s_a/d = \sqrt{A}/(\sqrt{n} \cdot d) \tag{13-43}$$

$$方形桩\ s_a/d = 0.886\sqrt{A}/(\sqrt{n} \cdot d) \tag{13-44}$$

式中　A——桩基承台总面积;

B——方形桩截面边长。

计算桩基沉降时,应考虑相邻基础的影响,采用在加原理计算;桩基等效沉降系数可按独立基础计算。当桩基形状不规则时,可采用等效矩形面积计算桩基等效沉降系数,等效矩形的长宽比可根据承台实际尺寸和形状确定。

(二)单桩、单排桩、疏桩基础

对于单桩、单排桩、桩中心距大于6倍桩径的疏桩基础的沉降计算应符合下列规定:

(1)承台底地基土不分担荷载的桩基。桩端平面以下地基中由基桩引起的附加应力,按考虑桩径影响的明德林解附录计算确定。将沉降计算点水平面影响范围内各基桩对应力计算点产生的附加应力叠加,采用单向压缩分层总和法计算土层的沉降,并计入桩身压缩 s_e。桩基的最终沉降量可按下列公式计算:

$$s = \psi \sum_{i=1}^{n} \frac{\sigma_{zi}}{E_{si}} \Delta z_i + s_e \tag{13-45}$$

$$\sigma_{zi} = \sum_{j=1}^{m} \frac{Q_j}{l_j^2}[a_j I_{p,ij} + (1 - a_j) I_{s,ij}] \tag{13-46}$$

$$s_e = \xi_e \frac{Q_j l_j}{E_c A_{ps}} \tag{13-47}$$

(2)承台底地基土分担荷载的复合桩基。将承台底土压力对地基中某点产生的附加应力按布辛奈斯克解计算,与基桩产生的附加应力叠加,采用与(1)相同方法计算沉降。其最终沉降量可按下列公式计算:

$$s = \psi \sum_{i=1}^{n} \frac{\sigma_{zi} + \sigma_{zci}}{E_{si}} \Delta z_i + s_e \tag{13-48}$$

$$\sigma_{zci}=\sum_{k=1}^{u}a_{ki}\cdot p_{c,k} \tag{13-49}$$

式中 m——以沉降计算点为圆心,0.6 倍桩长为半径的水平面影响范围内的基桩数;

n——沉降计算深度范围内土层的计算分层数。分层数应结合土层性质,分层厚度不应超过计算深度的 0.3 倍;

σ_{zi}——水平面影响范围内各基桩对应力计算点桩端平面以下第 i 层土 1/2 厚度处产生的附加竖向应力之和。应力计算点应取与沉降计算点最近的桩中心点;

σ_{zci}——承台压力对应力计算点桩端平面以下第 i 计算土层 1/2 厚度处产生的应力。可将承台板划分为 u 个矩形块,可按角点法计算;

Δz_i——第 i 计算土层厚度,m;

E_{si}——第 j 计算土层的压缩模量,MPa,采用土的自重压力至土的自重压力加附加压力作用时的压缩模量;

Q_j——第 j 桩在荷载效应准永久组合作用下,桩顶的附加荷载,kN;当地下室埋深超过 5 m 时,取荷载效应准永久组合作用下的总荷载为考虑回弹再压缩的等代附加荷载;

l_J——第 j 桩桩长,m;

A_{ps}——桩身截面面积;

a_j——第 j 桩总桩端阻力与桩顶荷载之比,近似取极限总端阻力与单桩极限承载力之比;

$I_{p,ij}$、$I_{s,ij}$——分别为第 j 桩的桩端阻力和桩侧阻力对计算轴线第 i 计算土层 1/2 厚度处的应力影响系数;

E_c——桩身混凝土的弹性模量;

$p_{c,k}$——第 k 块承台底均布压力,可按 $P_{ck}=\eta_{c,k}\cdot f_{ak}$ 取值,其中 $\eta_{c,k}$ 为第 k 块承台底板的承台效应系数,按表 13-12 确定;f_{ak} 为承台底地基承载力特征值;

a_{ki}——第 k 块承台底角点处,桩端平面以下第 i 计算土层 1/2 厚度处的附加应力系数;

s_e——计算桩身压缩;

ξ_e——桩身压缩系数。端承型桩,取 $\xi_e=1.0$;摩擦型桩,当 $l/d\leqslant 30$ 时,取 $\xi_e=2/3$;$l/d\geqslant 50$ 时,取 $\xi_e=1/2$;介于两者之间可线性插值;

ψ——沉降计算经验系数,无当地经验时,可取 1.0。

对于单桩、单排桩、疏桩复合桩基础的最终沉降计算深度 z_n,可按应力比法确定,即 z_n 处由桩引起的附加应力 σ_z、由承台土压力引起的附加应力 σ_{zc} 与土的自重应力 σ_c 应符合下式要求:

$$\sigma_z+\sigma_{zc}=0.2\sigma_c \tag{13-50}$$

第八节 桩基础与承台设计

与浅基础一样,桩基础的设计也应符合安全、合理、经济的要求。对桩和承台来说,应具有足够的强度、刚度和耐久性;对地基来说,要有足够的承载力和不产生过量的变形。考虑到桩基相应于地基破坏的极限承载力甚高,大多数桩基的首要问题在于控制沉降量。

一、设计步骤

(1)收集设计资料,包括建筑物类型、规模、使用要求、荷载情况、建筑场地的岩土工程勘察报告等。

(2)选择桩型,并确定桩的断面形状及尺寸、桩端持力层及桩长等基本参数和承台埋深。

(3)确定单桩承载力,包括竖向抗压、抗拔和水平承载力等。

(4)确定群桩的桩数及布桩,并按布桩、建筑平面及场地条件确定承台类型及尺寸。

(5)桩基承载力及变形验算,包括竖向及水平承载力、沉降或水平位移等,对有软弱下卧层的桩基,尚需验算软弱下卧层的承载力。

(6)桩基中各桩受力与结构设计,包括各桩桩顶荷载分析、内力分析以及桩身结构构造设计等。

(7)承台结构设计,包括承台的抗剪、抗弯、抗冲切和抗裂等强度设计及结构构造等。

桩基础设计需要满足上述两种极限状态的要求,若上述设计步骤中不满足这些要求,应修改设计参数甚至方案,直至全部满足各项要求方可停止设计工作。

二、设计资料收集

设计桩基之前必须具备以下资料:建筑物类型及规模、岩土工程勘察报告、施工机具和技术条件、环境条件及当地桩基工程经验。勘查任务书和勘察报告应符合勘查规范的一般规定和桩基工程的专门勘察要求。其中,关于详细勘察阶段的勘探点布置,应按下列要求考虑:

(1)勘探点的间距。对于承载桩和嵌岩桩,主要根据桩端持力层顶面坡度决定,点距一般为 12 ~ 24 m。当相邻两勘探点揭露出的层面坡度大于 10% 时,应根据具体工程条件适当加密勘探点。对于摩擦型桩,点距一般为 20 ~ 30 m,但遇到土层的性质或状态在水平向的分布变化比较大,或存在可能对成桩不利的土层时,应适当加密勘探点。复杂地质条件的柱下单桩基础应按桩列线布置勘探点,并宜逐桩设点。

(2)勘探深度。取 1/3 ~ 1/2 的勘探孔为控制性孔,且对安全等级为一级的建筑场地至少有两个,安全等级为二级的建筑桩基至少有两个。控制性孔应穿透桩端平面以下 3 ~ 5 m,嵌岩桩钻孔应深入持力层至少 3 ~ 5 倍桩径。当持力岩层较薄时,部分钻应钻穿持力岩层。岩溶地区应查明岩洞、溶沟、溶槽和石笋等的分布情况。在勘探深度范围内的每一地层,均应进行室内试验或原位测试,以提供设计所需的参数。

三、桩型、桩长和截面的选择

桩基设计的第一步就是根据结构类型及层数、荷载情况、地层条件和施工能力,选桩型(预制桩或灌注桩)、桩的截面尺寸和长度、桩端持力层。

桩型的选择是桩基设计的最基本环节之一,应综合考虑建筑物对桩基的功能要求、土层分布及物理性质、桩施工工艺以及环境等方面因素,充分利用各桩型的特点来适应建筑物在安全、经济及工期等方面的要求。

根据土层竖向分布特征,结合建筑物的荷载和上部结构类型等条件,选择桩端持力层,应尽可能使桩支承在承载力相对较高的坚实土层上,采用嵌岩桩或端承桩。当坚硬土层埋藏很深时，则宜采用摩擦桩基，桩端应尽量达到低压缩性、中等强度的土层上。

由桩端持力层深度可初步确定桩长，为提高桩的承载力和减小沉降，桩端全断面必须进入持力层一定的深度，对黏性土、粉土，进入的深度不宜小于2倍桩径；对砂类土不宜小于1.5倍桩径；对碎石类土不宜小于1倍的桩径。当存在软弱下卧层时，桩端以下硬持力层厚度不宜小于$3d$。对于嵌岩桩，嵌岩深度应综合荷载、上覆土层、基岩、桩径、桩长诸因素确定；对于嵌入倾斜的完整和较完整岩的全断面深度不宜小于$0.4d$且不小于0.5 m，倾斜度大于30%的中风化岩，宜根据倾斜度及岩石完整性适当加大嵌岩深度；对于嵌入平整、完整的坚硬岩和较硬岩的深度不宜小于$0.2d$，且不应小于0.2 m。

此外，同一建筑物应避免同时采用不同类型的桩，否则应用沉降缝分开。同一基础相邻的桩低标高差，对于非嵌岩端承桩不宜超过相邻桩的中心距，对于摩擦型桩，在相同土层中不宜超过桩长的1/10。

在确定桩的类型和桩端持力层后，可相应决定桩的断面尺寸，并初步确定承台底面标高，以便计算单桩承载力。一般情况下，主要从结构要求和方便施工的角度来选择承台深度。季节性冻土上的承台埋深，应根据地基土的冻胀性考虑，并应考虑是否需要采取相应的防冻害的措施，膨胀土的承台，其埋深选择与此类似。

四、桩的数量和桩位布置

(1)桩的根数。根数主要受到荷载量级、单桩承载力及承台结构强度等方面的影响。桩数确定的基本要求是满足单桩及群桩的承载力。确定单桩承载力设计值R之后，可估算桩数。

当桩基为轴心受压时，桩数n应满足下式要求：

$$n \geqslant \frac{F+G}{R} \tag{13-51}$$

式中　F——作用于桩基承台顶面的竖向力设计值，kN；

G——承台及承台上土的自重设计值，kN。

当桩基偏心受压时，一般先按轴心受压估出桩数，然后按偏心荷载大小将桩数增加10%～20%。这样定出的桩数也是初步的，最终要依据总承载力与变形、单桩受力，以及承台结构强度等要求决定。承受水平荷载的桩基在确定桩数时，还应满足对桩的水平承载力的要求。此时，可以取各单桩水平承载力之和作为桩基的水平承载力设计值。这样做通常是偏于安全的。

(2)桩的中心距。桩的间距(中心距)一般采用3～4倍桩径。桩的间距过大，承台体积增加，造价提高；间距过小，桩的承载力不能充分发挥，且给施工造成困难。桩的最小中心距应符合表13-17的规定。对于大面积桩群，尤其是挤土桩，桩的最小中心距宜按表13-17列值适当加大。

表13-17　桩的最小中心距

土类与成桩工艺	排数不少于3排且桩数不少于9根的摩擦型桩桩基	其他情况
非挤土灌注桩	$3.0d$	$3.0d$
部分挤土桩	$3.5d$	$3.0d$

表 13－17(续)

挤土桩	非饱和土	4.0d	3.5d
	饱和黏性土	4.5d	4.0d
钻、挖孔扩底桩		2D 或 D+2.0 m(当 D>2 m)	1.5D 或 D+1.5 m(当 D>2 m)
沉管夯扩、钻孔挤扩桩	非饱和土	2.2D 且 4.0d	2.0D 且 3.5d
	饱和黏性土	2.5D 且 4.5d	2.2D 且 4.0d

注:1. d 为园桩直径或方桩边长,D 为扩大端设计直径;

2. 当纵横向桩距不相等时,其经小中心距应满足“其他情况”一栏的规定;

3. 当为端承型桩时,非挤土灌注桩的“其他情况”一栏可减小至 2.5d。

(3)桩在平面上的布置。桩在平面上布置成方形(或矩形)网格或三角网格形式的条形基础下的桩,可采用单排或双排布置也可采用不等距的排列。

为了使桩基中各桩受力比较均匀,群桩横截面的中心应与荷载合力的作用点重合或接近。当作用在承台底面的弯矩较大时,应增加桩基横截面的惯性矩。对柱下单独桩基和整片式桩基,宜采用外密内疏的布置方式;对横墙下桩基,可在外纵墙之外布设 1 ~ 2 根“探头”桩。

在有门洞的墙下布桩时,应将桩设置在门洞的两侧。梁式或板式承台下的群桩,布置桩时应注意使梁、板中的弯矩尽量减小,即多布设在柱、墙下使上部荷载尽快传递给桩基。

为了节省承台用料和减少承台施工的工作量,在可能的情况下,墙下应尽量采用单排桩基,柱下的桩数也应尽量减小。一般来说,桩数较少而桩长较大的摩擦桩,无论在承台的设计和施工方面,还是在提高群桩的承载力以及减小桩基沉降量方面,都比桩数多而桩长小的桩基优越。

五、承台设计计算

桩基承台可分为柱下独立承台、柱下墙下承台,以及筏形承台和箱形承台。承台设计包括选择承台的材料及强度等级、形状及尺寸、进行承台结构承载力计算,并使其满足一定要求。

(一)构造要求

承台的平面尺寸一般由上部结构、桩数及布桩形式决定的。通常,墙下桩基做成条形承台梁;柱下桩基宜采用板式承台(矩形或三角形)。

承台的最小宽度不应小于 500 mm,承台边缘至桩中心的距离不宜小于桩的直径或边长,且边缘挑出部分不应小于 150 mm,这主要是为了满足桩顶嵌固及冲切要求。对于条形承台梁边缘挑出部分不应小于 75 mm,这主要是考虑墙体与条形承台的相互作用可增强结构的整体刚度,并不会产生桩体对承台的冲切破坏。

为满足承台的基本刚度、桩与承台的链接等构造需要,条形承台和柱下独立承台的最小厚度为 300 mm。筏形和箱形承台的厚度应满足整体刚度、施工条件及防水要求。对于桩布置于墙下或基础梁下的情况,承台板厚度不宜小于 250 mm,且板厚度与计算区最小跨度之比不宜小于1/20。

承台、混凝土强度等级不宜小于C20,纵向钢筋的混凝土保护层厚度不宜小于70 mm,当有混凝土垫层时不应小于40 mm。

承台的配筋除满足计算要求外,还应符合下列规定:柱下独立桩基承台的受力钢筋应通长配置,矩形承台板宜双向均匀配置,钢筋直径不宜小于$\varphi10$,间距应满足100~200 mm,对于三桩承台,钢筋应均匀配置,最里面三根钢筋相交围成的三角形,应位于柱截面范围以内;承台梁的纵向主筋不宜小于$\varphi12$,架立筋直径不宜小于$\varphi10$,箍筋直径不宜小于$\varphi6$;承台板的分布构造钢筋可采用$\varphi12$,间距150~200 mm,考虑到整体弯矩的影响,纵横两方向的支座钢筋应有1/3~1/2,且配筋率不小于0.15%,贯通全跨配置,跨中钢筋应按计算配筋率全部连通。

(二)承台结构承载力计算

各种承台均应按《混凝土结构设计规范》(GB 50010—2010)进行受弯、受冲切、受剪切和局部受压承载力计算。下面主要介绍柱下多桩承台的计算。

1.受弯计算

桩基承台应进行正截面受弯承载力计算。柱下独立桩基承台的正截面弯矩设计值可按下列规定计算:

(1)两桩条形承台和多桩矩形承台弯矩计算截面取在柱边和承台变阶处;可按下列公式计算:

$$M_x = \sum N_i y_i \tag{13-52}$$

$$M_y = \sum N_i x_i \tag{13-53}$$

式中 M_x、M_y——分别为绕X轴和绕Y轴方向计算截面处的弯矩设计值;

x_i、y_i——垂直Y轴和X轴方向自桩轴线到相应计算截面的距离;

N_i——不计承台及其上土重,在荷载效应基本组合下的第i基桩或复合基桩竖向反力设计值。

(2)三桩承台的正截面弯矩值应符合下列要求:

①等边三桩承台,其弯矩计算如下:

$$M = \frac{N_{\max}}{3}\left(s_a - \frac{\sqrt{3}}{4}c\right) \tag{13-54}$$

式中 M——通过承台形心至各边边缘正交截面范围内板带的弯矩设计值;

$N_{\max}$——不计承台及其上土重,在荷载效应基本组合下三桩中最大基桩或复合基桩竖向反力设计值;

S_a——桩中心距;

C——方柱边长,圆柱时$c=0.8d$(d为圆柱直径)。

②等腰三桩承台,其弯矩计算如下:

$$M_1 = \frac{N_{\max}}{3}\left(s_a - \frac{0.75}{\sqrt{4-a^2}}c_1\right) \tag{13-55}$$

$$M_2 = \frac{N_{\max}}{3}\left(a\,s_a - \frac{0.75}{\sqrt{4-a^2}}c_2\right) \tag{13-56}$$

式中　M_1、M_2——分别为通过承台形心至两腰边缘和底边边缘正交截面范围内板带的弯矩设计值；

s_a——长向桩中心脏

α——短向桩中心距与长向桩中心距之比，当 α 小于0.5时，应按变截面的二桩承台设计；

c_1、c_2——分别为垂直于、平行于承台底边的柱截面边长。

箱形承台和筏形承台的弯矩宜考虑地基土层性质、基桩分布、承台和上部结构类型和刚度，按地基一桩一承台一上部结构共同作用原理分析计算。对于箱形承台，当桩端持力层为基岩、密实的碎石类土、砂土且深厚均匀时，或当上部结构为剪力墙，或为框架－核心筒结构且按变刚度调平原则布桩时，箱形承台底板可仅按局部弯矩作用进行计算。对于箱形承台，当桩端持力层深厚坚硬、上部结构刚度较好，且柱荷载及柱间距的变化不超过20%时，或当上部结构为框架－核心筒结构且按变刚度调平原则布桩时，可仅按局部弯矩作用进行计算。

柱下条形承台梁的弯矩可按弹性地基梁（地基计算模型应根据地基土层特性选取）进行分析计算。当桩端持力层深厚坚硬且桩住轴线不重合时，可视桩为不动铰支座，按连续梁计算。砌体墙下条形承台梁，可按倒置弹性地基梁计算弯矩和剪力。对于承台上的砌体墙，尚应验算桩顶部位砌体的局部承压强度。

2. 受冲切计算

桩基承台厚度应满足柱（墙）对承台的冲切和基桩对承台的冲切承载力要求。冲切破坏锥体应采用自柱（墙）边或承台变阶处至相应桩顶边缘连线所构成的锥体，锥体斜面与承台底面的夹角不应小于45°。

（1）桩基承台受柱（墙）冲切。桩基承台受柱（墙）冲切承载力可按下列公式计算：

$$F_l \leqslant \beta_{hp} \beta_0 u_m f_t h_0 \tag{13-57}$$

$$F_l = F - \sum Q_i \tag{13-58}$$

$$\beta_0 = \frac{0.84}{\lambda + 0.2} \tag{13-59}$$

式中　F_l——不计承台及其上土重，在荷载效应基本组合下作用于冲切破坏锥体上的冲切力设计值；

f_t——承台混凝土抗拉强度设计值；

β_{hp}——承台受冲切承载力截面高度影响系数，当 $h \leqslant 800$ mm 时，β_{hp} 取1.0；$h \geqslant 2\ 000$ mm 时，β_{hp} 取0.9，其间按线性内插法取值；

u_m——承台冲切破坏锥体一半有效高度处的周长；

h_0——承台冲切破坏锥体的有效高度；

β_0——柱（墙）冲切系数；

λ——冲跨比，$\lambda = a_0/h_0$，a_0 为柱（墙）边或承台变阶处到桩边水平距离；当 $\lambda < 0.25$ 时，取 $\lambda = 0.25$；当 $\lambda > 1.0$ 时，取 $\lambda = 1.0$；

F——不计承台及其上土重，在荷载效应基本组合作用下柱（墙）底的竖向荷载设计值；

$\sum Q_i$——不计承台及其上土重，在荷载效应基本组合下冲切破坏锥体内各基桩或复合基桩的反力设计值之和。

(2)柱下矩形独立承台受柱冲切。对于柱下矩形独立承台受柱冲切，其冲切承载力可按下列公式计算：

$$F_1 \leqslant 2[\beta_{0x}(b_c + a_{0y}) + \beta_{0y}(h_c + a_{0x})]\beta_{hp} f_t h_0 \qquad (13-60)$$

式中 β_{0x}、β_{0y}——由式(13.59)求得，$\lambda_{0x} = a_{0x}/h_0$，$\lambda_{0y} = a_{0y}/h_0$；$\lambda_{0x}$、$\lambda_{0y}$均应满足0.25~1.0的要求；

h_c、b_c——分别为x、y方向的柱截面的边长；

a_{0x}、a_{0y}——分别为x、y方向柱边离最近桩边的水平距离。

(3)柱下矩形独立阶形承台受上阶冲切。对于柱下矩形独立阶形承台受上阶冲切，其冲切承载力可按下列公式计算：

$$F_1 \leqslant 2[\beta_{1x}(b_1 + a_{1y}) + \beta_{1y}(h_1 + a_{1x})]\beta_{hp} f_t h_{10} \qquad (13-61)$$

式中 β_{1x}、β_{1y}——由式(13.59)求得，$\lambda_{1x} = a_{1x}/h_{10}$，$\lambda_{1y} = a_{1y}/h_{10}$；$\lambda_{1x}$、$\lambda_{1y}$均应满足0.25~1.0的要求；

h_1、b_l——分别为x、y方向承台上阶的边长；

a_{1x}、a_{1y}——分别为x、y方向承台上阶边离最近桩边的水平距离。

对于圆柱及圆桩，计算时应将其截面换算成方柱及方桩，即取换算柱截面边长$b_c = 0.8d_c$(d_c为圆柱直径)，换算桩截面边长$b_p = 0.8d$(d为圆桩直径)。

对于柱下两桩承台，宜按受弯构件($l_0/h < 5.0$. $l_0 = 1.15l_n$，l_n为两桩净距)计算受弯、受剪承载力，不需要进行受冲切承载力计算。

(4)冲切破坏锥体以外的基桩冲切。对位于柱(墙)冲切破坏锥体以外的基桩，需计算承台受基桩冲切的承载力。

①四桩以上(含四桩)承台受角桩冲切，其冲切承载力可按下列公式计算：

$$N_1 \leqslant [\beta_{1x}(c_2 + a_{1y}/2) + \beta_{1y}(c_1 + a_{1x}/2)]\beta_{hp} f_t h_0 \qquad (13-62)$$

$$\beta_{1x} = \frac{0.56}{\lambda_{1x} + 0.2} \qquad (13-63)$$

$$\beta_{1y} = \frac{0.56}{\lambda_{1y} + 0.2} \qquad (13-64)$$

式中 N_1——不计承台及其上土重，在荷载效应基本组合作用下角桩(含复合基桩)反力设计值；

β_{1x}、β_{1y}——角桩冲切系数；

a_{1x}、a_{1y}——从承台底角桩顶内边缘引45°冲切线与承台顶面相交点至角桩内边缘的水平距离；当柱(墙)边或承台变阶处位于该45°线以内时，则取由柱(墙)边或承台变阶处与桩内边缘连线为冲切锥体的锥线；

h_0——承台外边缘的有效高度；

λ_{1x}、λ_{1y}——角桩冲跨比，$\lambda_{1x} = a_{1x}/h_0$，$\lambda_{1y} = a_{1y}/h_0$，其值均应满足0.25~1.0的要求。

②三桩三角形承台受角桩冲切，其冲切承载力可按下列公式计算：

底部角桩：

$$N_1 \leqslant \beta_{11}(2c_1 + a_{11})\beta_{hp}\tan\frac{\theta_1}{2} f_t h_0 \qquad (13-65)$$

$$\beta_{11} = \frac{0.56}{\lambda_{11} + 0.2} \qquad (13-66)$$

顶部角桩：

$$N_l \leqslant \beta_{12}(2c_2 + a_{12})\beta_{hp}\tan\frac{\theta_2}{2}f_t h_0 \tag{13-67}$$

$$\beta_{12} = \frac{0.56}{\lambda_{12} + 0.2} \tag{13-68}$$

式中　λ_{11}、λ_{12}——角桩冲跨比，$\lambda_{11} = a_{11}/h_0$，$\lambda_{12} = a_{12}/h_0$，其值均应满足 0.25 ~ 1.0 的要求；

a_{11}、a_{12}——从承台底角桩顶内边缘引 45°冲切线与承台顶面相交点至角桩内边缘的水平距离；当柱（墙）边或承台变阶处位于该 45°线以内时，则取由柱（墙）边或承台变阶处与桩内边缘连线为冲切锥体的锥线。

③箱形、筏形承台受内部基桩冲切，冲切包括受基桩的冲切及受桩群的冲切两部分。

受基桩的冲切承载力，可按下列公式计算：

$$N_l \leqslant 2.8(b_p + h_0)\beta_{hp}f_t h_0 \tag{13-69}$$

受桩群的冲切承载力，可按下列公式计算：

$$\sum N_{li} \leqslant [\beta_{0x}(b_y + a_{0y}) + \beta_{0y}(c_x + a_{0x})]\beta_{hp}f_t h_0 \tag{13-70}$$

式中　β_{0x}、β_{0y}——由式（13-59）求得，其中 $\lambda_{0x} = a_{0x}/h_0$，$\lambda_{0y} = a_{0y}/h_0$，其值均应满足 0.25 ~ 1.0 的要求；

N_l、$\sum N_{li}$——不计承台和其上土重，在荷载效应基本组合下，基桩或复合基桩的净反力设计值、冲切锥体内各基桩或复合基桩反力设计值之和。

3. 受剪计算

柱（墙）下桩基承台，应分别对柱（墙）边、变阶处和桩边连线形成的贯通承台的斜截面的受剪承载力进行验算。当承台悬挑边有多排基桩形成多个斜截面时，应对每个斜截面的受剪承载力进行验算。

（1）承台斜截面受剪承载力。承台斜截面受剪，受剪承载力可按下列公式计算：

$$V \leqslant \beta_{hs}\alpha f_t b_0 h_0 \tag{13-71}$$

$$\alpha = \frac{1.75}{\lambda + 1} \tag{13-72}$$

$$\beta_{hs} = \left(\frac{800}{h_0}\right)^{1/4} \tag{13-73}$$

式中　V——不计承台及其上土自重，在荷载效应基本组合下，斜截面的最大剪力设计值；

f_t——混凝土轴心抗拉强度设计值；

b_0——承台计算截面处的计算宽度；

h_0——承台计算截面处的有效高度；

α——承台剪切系数，按式（13-72）确定；

λ——计算截面的剪跨比，$\lambda_x = a_x/h_0$，$\lambda_y = a_y/h_0$，此处，a_x、a_y 为柱边（墙边）或承台变阶处至 y、x 方向计算一排桩的桩边的水平距离，当 $\lambda < 0.25$ 时，取 $\lambda = 0.25$；当 $\lambda > 3$ 时，取 $\lambda = 3$；

β_{hs}——受剪切承载力截面高度影响系数；当 $h_0 < 800$ mm 时，取 $h_0 = 800$ mm；当 $h_0 > 2\,000$ mm 时，取 $h_0 = 2\,000$ mm；其间按线性内插法取值。

（2）阶梯形承台变阶处。对于阶梯形承台，应分别在变阶处及柱边处进行斜截面受剪承载力计算。计算变阶处截面的斜截面受剪承载力时，其截面有效高度均为 h_{10}，截面计算宽度分别为 b_{y1}，和 b_{x1}。计算柱边截面的斜截面受剪承载力时，其截面有效高度均为

$h_{10}+h_{20}$，截面计算宽度分别为

$$b_{y0}=\frac{b_{y1}\cdot h_{10}+b_{y2}\cdot h_{20}}{h_{10}+h_{20}} \tag{13-74}$$

$$b_{x0}=\frac{b_{x1}\cdot h_{10}+b_{x2}\cdot h_{20}}{h_{10}+h_{20}} \tag{13-75}$$

(3)锥形承台变阶处。对于锥形承台，应对变阶处及柱边处两个截面进行受剪承载力计算，截面有效高度均为 h_0，截面的计算宽度分别为

$$b_{y0}=\left[1-0.5\frac{h_{20}}{h_0}\left(1-\frac{b_{y2}}{b_{y1}}\right)\right]b_{y1} \tag{13-76}$$

$$b_{x0}=\left[1-0.5\frac{h_{20}}{h_0}\left(1-\frac{b_{x2}}{b_{x1}}\right)\right]b_{x1} \tag{13-77}$$

(4)砌体墙下条形承台梁。砌体墙下条形承台梁配有箍筋，但未配弯起钢筋时，斜截面的受剪承载力可按下式计算：

$$V\leqslant 0.7f_t bh_0+1.25f_{yv}\frac{A_{sv}}{s}h_0 \tag{13-78}$$

式中 V——不计承台及其上土自重，在荷载效应基本组合下，计算截面处的剪力设计值；

A_{sv}——配置在同一截面内箍筋各肢的全部截面面积；

S——沿计算斜截面方向箍筋的间距；

f_{yv}——箍筋抗拉强度设计值；

b——承台梁计算截面处的计算宽度；

h_0——承台梁计算截面处的有效高度。

砌体墙下承台梁配有箍筋和弯起钢筋时，斜截面的受剪承载力可按下式计算：

$$V\leqslant 0.7f_t bh_0+1.25f_y\frac{A_{sv}}{s}h_0+0.8f_yA_{sb}\sin a_s \tag{13-79}$$

式中 A_{sb}——同一截面弯起钢筋的截面面积；

f_y——弯起钢筋的抗拉强度设计值；

a_s——斜截面上弯起钢筋与承台底面的夹角。

(5)柱下条形承台梁。柱下条形承台梁当配有箍筋但未配弯起钢筋时，其斜截面的受剪承载力可按下式计算：

$$V\leqslant\frac{1.75}{\lambda+1}f_t bh_0+1.25f_y\frac{A_{sv}}{s}h_0 \tag{13-80}$$

式中 λ——计算截面的剪跨比，$\lambda=a/h_0$，a 为柱边至桩边的水平距离；当 $\lambda<1.5$ 时，取 $\lambda=1.5$；$\lambda>3$ 时，$\lambda=3$。

4. 局部受压计算

对于柱下桩基，当承台混凝土强度等级低于柱或桩的混凝土强度等级时，应验算柱下或桩上承台的局部受压承载力。

第九节　桩基础设计实例

某框架结构办公楼柱下拟采用预制钢筋混凝土桩基础。框架柱的矩形截面边长为 $b_c=450$ mm，$h_c=600$ mm。预制桩的方形截面边长为 $b_p=400$ mm，桩长 15 m。相应于荷载

效应标准组合时,作用于柱底(标高为 −0.50 m)的荷载为:$F_k = 3\ 040$ kN,$M_k = 160$ kN·m(作用于长边方向),$H_k = 140$ kN。已确定单桩竖向承载力特征值 $R_a = 540$ kN。承台混凝土强度等级取 C25($f_t = 1\ 270$ kPa),配置 HRB335 级钢筋($f_y = 300\ \text{N/mm}^2$)试设计该桩基础。

【解】桩的类型和尺寸已选定,桩身结构设计从略。

(1)初步确定桩数。暂不考虑承台及回填土重,按照试算法计算偏心受压时所需桩数 n:

$$n > 1.1\frac{F_k}{R_a} = 1.1 \times \frac{3\ 040}{540} = 6.2(\text{根})$$,暂取 6 根。

(2)桩住的布置及初选承台尺寸。查表 13.16,桩距 $s = 3.0b_p = 3 \times 400 = 1\ 200(\text{mm})$。

根据承台的构造要求:边桩中心至承台边缘的距离不应小于桩的直径或边长,且桩的外边缘至承台边缘的距离不应小于 150 mm。取边桩中心至承台边缘的距离为 400 mm。

承台长边:$\alpha = 2 \times (400 + 1\ 200) = 3\ 200(\text{mm})$

承台短边:$b = 2 \times (400 + 600) = 2\ 000(\text{mm})$

暂取承台埋深为 1.4 m,承台高度 0.9 m. 桩顶伸入承台 50 mm,钢筋保护层取 70 mm,则承台有效高度为:$h_0 = 900 - 70 = 830(\text{mm})$

(3)计算桩顶荷载。取承台及其上回填土的平均重度 $\gamma_G = 20\ \text{kN/m}^3$

$$G_k = \gamma_G Ad = 20 \times 3.2 \times 2.0 \times 1.4 = 179.2(\text{kN})$$

桩顶平均竖向力

$$N_k = \frac{F_k + G_k}{\text{n}} = \frac{3040 + 179.2}{6} = 536.5(\text{kN}) < R_a = 540\ \text{kN}$$

$$N_{k\min}^{k\max} = N_k \pm \frac{(M_k + H_k)x_{\max}}{\sum x_i^2} = 536.5 \pm \frac{(160 + 140 \times 0.9) \times 1.2}{4 \times 1.2^2} = 536.5 \pm 59.6$$

$$= \begin{cases} 596.1(\text{KN}) < 1.2\,R_a = 648(\text{KN}) \\ 476.9(\text{KN}) > 0 \end{cases}$$

竖向承载力满足要求。

桩顶平均水平力

$$Hik = \frac{H_k}{n} = \frac{140}{6} = 23.3(\text{kN})$$

其值远小于按照公式估算的单桩水平承载力特征值($R_{Ha} \approx 60$ kN),可以。

相应于荷载效应基本组合时,作用于柱底的荷载设计值为

$$F = 1.35F_k = 1.35 \times 3\ 040 = 4\ 104(\text{kN})$$

$$M = 1.35M_k = 1.35 \times 160 = 216(\text{kN} \cdot \text{m})$$

$$H = 1.35H_k = 1.35 \times 140 = 189(\text{kN})$$

扣除承台和其上填土自重后的桩顶竖向力设计值:

$$N = \frac{F}{n} = \frac{4\ 104}{6} = 684(\text{kN})$$

$$N_{k\min}^{k\max} = N_k \pm \frac{(M_k + H_k)\ x_{\max}}{\sum x_i^2} = 684 \pm \frac{(216 + 189 \times 0.9) \times 1.2}{4 \times 1.2^2}$$

$$= 684 \pm 80.4 = \begin{cases} 764.4(\text{kN}) \\ 603.6(\text{kN}) \end{cases}$$

(4)承台计算。

①承台冲切承载力验算。

a. 柱对承台的冲切验算:

冲切力 $F_1 = F - \sum N_i = 4\ 104$ kN

受冲切承载力截面高度影响系数β_{hp}的计算:

$$\beta_{hp} = 1 - \frac{1-0.9}{2\ 000-800} \times (900-800) = 0.992$$

冲垮比 λ 与系数β_0的计算:

$$\lambda_{0x} = \frac{a_{0x}}{h_0} = \frac{700}{830} = 0.843(<1.0)$$

$$\lambda_{0y} = \frac{a_{0y}}{h_0} = \frac{175}{830} = 0.211(<0.25),取\ 0.25$$

$$\beta_{0x} = \frac{0.84}{\lambda_{0x}+0.2} = \frac{0.84}{0.843+0.2} = 0.805$$

$$\beta_{0y} = \frac{0.84}{\lambda_{0y}+0.2} = \frac{0.84}{0.25+0.2} = 1.867$$

$2[\beta_{0x}(b_c + a_{0y}) + \beta_{0y}(h_c + a_{0x})]\beta_{hp} f_t h_0$

$= 2 \times [0.805 \times (0.45 + 0.175) + 1.867 \times (0.6 + 0.7)] \times 0.992 \times 1\ 270 \times 0.83$

$= 6\ 134(\text{kN}) > F_1 = 4\ 104$ kN(满足)

b. 角桩对承台的冲切验算:

$C_1 = C_2 = 0.6$ m, $a_{1x} = a_{0x} = 0.7$ m, $\lambda_{lx} = \lambda_{0x}$, $a_{1y} = a_{0y} = 0.175$ m, $\lambda_{1y} = \lambda_{0y}$

$$\beta_{1x} = \frac{0.56}{\lambda_{1x}+0.2} = 0.537$$

$$\beta_{1y} = \frac{0.56}{\lambda_{1y}+0.2} = 1.224$$

$[\beta_{1x}(c_2 + a_{1y}/2) + \beta_{1y}(c_1 + a_{1x}/2)]\beta_{hp} f_t h_0$

$= [0.537 \times (0.6 + 0.175/2) + 1.244 \times (0.6 + 0.7/2)] \times 0.992 \times 1\ 270 \times 0.83$

$= 1\ 621$ kN(满足)

②承台受剪切承载力计算。受剪切承载力截面高度影响系数β_{hs}的计算:

$$\beta_{hs} = \left(\frac{800}{h_0}\right)^{1/4} = 0.991$$

对于斜截面 $\lambda_x = \lambda_{0x} = 0.843$(介于 0.25 ~0.3)

剪切系数 $a = \dfrac{1.75}{\lambda+1} = 0.950$

$\beta_{hs} a f_t b_0 h_0 = 0.991 \times 0.95 \times 1\ 270 \times 2.0 \times 0.83 = 1\ 985(\text{kN}) > 2\text{N}_{max}$

$= 2 \times 764.4 = 1\ 528.8(\text{kN})$(满足)

对于斜截面 $\lambda_y = \lambda_{0y} = 0.211(<0.25)$,取 $\lambda_y = 0.25$

剪切系数 $a = \dfrac{1.75}{\lambda+1} = 1.4$

$\beta_{hs} a f_t b_0 h_0 = 0.991 \times 1.4 \times 1\ 270 \times 3.2 \times 0.83$

$= 4\ 680\ \text{kN} > 3N_{max} = 3 \times 684 = 2\ 052(\text{kN})$(满足)

③承台受弯承载力计算。

$M_x = \sum N_i y_i = 3 \times 684(0.6 - 0.6/2) = 615.6(\text{kN} \cdot \text{m})$

$A_s = \dfrac{M_x}{0.9 f_y h_0} = 3\ 433.7(\text{mm}^2)$

选用 23φ14，$A_s = 3\ 540\ \text{mm}^2$，沿平行于 y 轴方向均匀布置。

$M_y = \sum N_i y_i = 2 \times 764.4 \times (1.2 - 0.6/2) = 1\ 375.9(\text{kN} \cdot \text{m})$

$A_s = \dfrac{M_x}{0.9 f_y h_0} = 6\ 139.7(\text{mm}^2)$

选用 17φ22，$A_s = 6\ 462\ \text{mm}^2$，沿平行于 x 轴方向均匀布置。

第十四章　沉 井 基 础

第一节　沉井基础概述

沉井是一柱体形井筒状的结构物。它利用人工或机械方法清除井孔内的土石,依靠自身质量或主要依靠自身质量克服井壁摩阻力后逐节下沉至设计标高,再浇筑混凝土封底并填塞井孔,成为一个整体基础。1968 年 12 月竣工的南京长江大桥,1999 年竣工的江阴长江大桥就采用了沉井基础。

沉井的特点是埋置深度可以很大(如日本采用壁外喷射高压空气施工,井深超过 200 m),没有理论上的限制;整体性强,稳定性好,具有较大的承载面积,能承受较大的垂直和水平荷载。另外,沉井既可作为基础,又可作为施工时的挡土和挡水围堰构造物,施工工艺简便,技术稳妥可靠,无须特殊专业设备,并可作为补偿性基础,避免过大沉降,保证基础稳定性。因此,沉井在深基础或地下结构中应用较为广泛,如可作为桥梁墩台基础、地下泵房、水池、油库、矿用竖井、大型设备基础,高层和超高层建筑物基础等。

沉井基础的缺点是施工工期较长;对于粉、细砂类土,在井内抽水时易发生流沙现象,造成沉井倾斜;沉井下沉过程中遇到大孤石、树干或井底岩层表面时会造成倾斜过大,也会增加施工的难度,使得沉井基础的稳定性不好。上述情况应尽量避免采用沉井基础。是再选用沉井基础,要对地质条件进行详细勘察,并根据经济合理、施工可行的原则进行分析比较后确定。一般在下列情况可以采用沉井基础:

(1)上部荷载较大,稳定性要求高。而且表层地基土的容许承载力不足。一定深度下有较好的持力层,不宜采用扩展基础;沉井基础和其他深基础相比在经济上较为合理(如南京长江大桥)。

(2)在深水大河或山区河流中,土层虽然好,但河流冲刷作用大或土层内卵石较大,不利于桩基施工,此时可采用沉井基础。

(3)岩层表面较平坦且覆盖层较薄,但河水较深,采用扩展基础围堰有困难时,可采用浮运沉井。

第二节　沉井类型及基本构造

一、沉井类型

(一)沉井施工方法分类

(1)一般沉井。其为在工程基础设计位置上直接现浇制作的沉井。当强度达到设计要求时,在井孔内挖土使其下沉。当基础位于浅水串时,可先在水中筑岛,后在岛上筑井下沉。

(2)浮运沉井。其为先在岸边制成可以漂浮于水上的底节空壁沉井,待浮运就位后,上面接高井壁,灌水下沉的沉井。当水深较深、水流速度较大或有碍通航、人工筑岛有困难时可采用浮运沉井。

(二)按沉井平面形状分类

沉井常用的平面形状有圆形、矩形和圆端形等。对于平面尺寸较大的沉井,为改善结构受力条件,便于均匀取土下沉,可在沉井中设置纵向或横向隔墙,使沉井由单孔变成双孔或多孔。

(1)圆形沉井。圆形沉井在下沉过程中易控制方向。其在使用抓泥斗,挖土时要比其他类型的沉井更能使刃脚均匀地支承在土层上。在均匀侧压力的作用下,井壁只受轴向力作用。当侧压力不均匀时.弯曲应力较小。其与上部结构连接难度大,与水流方向正交或斜交均有利。

(2)矩形沉井。矩形沉井制造简单,基础受力有利,能配合墩台(或其他结构物)底面的平面形状,可充分利用地基承载力,便于与上部结构连接。其四角一般做成圆角,以减小井壁摩阻力和取土清孔的困难。矩形沉井在侧压力的作用下井壁会受到较大的挠曲力矩;在流水中阻水系数较大,冲刷较严重。

(3)圆端形沉井。圆端形沉井控制下沉、受力条件、阻水冲刷情况均较矩形沉井有利,但制造较复杂。

(三)按沉井立面形状分类

按沉井立面形状有竖直式、倾斜式、台阶式等。

(1)竖直式沉井。竖直式沉井又称为柱形沉井,在下沉过程中,井壁受周围土体约束较均衡,下沉过程中不易发生倾斜,井壁接长较简单,施工方便,模板重复利用率高,但井壁侧阻力较大,当土体密实、下沉深度较大时.下部易出现悬空现象,从而造成井壁拉裂,故一般用于入土不深、土质较松软或自重较大的情况。

(2)倾斜式及台阶式沉井。沉井外壁做成倾斜式或台阶式,可以减小土与井壁的摩阻力,抵抗侧压力性能好,但下沉时易发生倾斜,施工较复杂,消耗模板多,多用于沉井下沉深度大、土质较密实且要求沉井自重不太大的情况。通常,倾斜式沉井井壁坡度为 1/50 ~ 1/20,台阶式沉井井壁的台阶宽度为 100 ~ 200 mm。

(四)按沉井制作材料分类

(1)混凝土沉井。混凝土抗压强度高而抗拉强度低,宜做成小尺寸的圆形沉井,井壁厚度足够时也可制作成圆端形或矩形沉井。其适用于覆盖层较松软的地质条件,下沉深度不大(4 ~ 7 m)的软土层。

(2)钢筋混凝土沉井。钢筋混凝土沉井的抗压强度高,抗拉强度较高,可以制作大型沉井。其下沉深度可以很大(达数十米以上),当下沉深度不大时,可将底节沉井或刃脚部分做成钢筋混凝土结构,上部井壁用混凝土。浮运沉井用钢筋混凝土制作时,采用薄壁结构。这些都在桥梁工程中得到了广泛的应用。

(3)竹筋混凝土沉井。沉井在下沉过程中受力较大因而需配置钢筋,一旦完工后就不会承受太大的拉力。因此,在我国南方产竹地区可以采用耐久性差但抗拉性能好的竹筋代替部分钢筋。我国南昌赣江大桥等曾采用这种沉井,在沉井分节接头处及刃脚内仍用钢筋。

(4)钢沉井。钢沉井具有强度高、刚度大、质量轻、易拼装、施工速度快等优点,一般用于制作浮运沉井,但用钢量大,成本高,国内较少采用。

二、沉井基本构造

(一)沉井的轮廓尺寸

沉井的平面形状及尺寸常取决于墩(台)底面尺寸、地基土的承载力及施工要求。采用矩形沉井时,为保证下沉的稳定性,沉井的长宽比不宜大于3。若上部结构的长宽比较为接近,可采用方形或圆形沉井。沉井棱角处宜做成圆角或钝角;顶面襟边宽度应根据沉井施工容许偏差而定,不应小于沉井全高的1/50,且不应小于0.2 m,浮运沉井不应小于0.4 m。如沉井顶面需设置围堰,其襟边宽度根据围堰构造还需加大,以满足安装墩台身模板的需要。建筑物边缘应尽可能支承于井壁或顶板支承面上。对井孔内不以混凝土填实的空心沉井,不允许结构物边缘全部置于井孔位置。

沉井的高度必须根据上部结构、水文地质条件及各土层的承载力等定出墩底标高和沉井基础底面的埋置深度后确定。高沉井应分节制造和下沉,每节高度不宜大于5 m。当底节沉井在松软土层中下沉,每节高度还不应大于沉井宽度的80%。若底节沉井高度过高,沉井过重,将会给制模、筑岛时的岛面处理、抽除垫木下沉带来困难。

(二)沉井的一般构造

沉井一般由井壁、刃脚、隔墙、井孔、凹槽、封底混凝土和顶盖板等部分组成。如采用助沉措施,还应在井壁中预埋一些助沉所需的管组。

(1)井壁。井壁是沉井的主要结构,形成沉井的外形尺寸,在下沉过程中,起挡土、挡水及利用自重克服土与井壁间摩阻力下沉的作用。当沉井施工完毕后,井壁就成为传递上部荷载的基础或基础的一部分。沉井接高时,可根据沉井整体构造和施工要求分节预制下沉,节高一般不宜大于5 m,底节沉井可适当加长。

井壁厚度根据强度,下沉需要的重力和便于取土、清基而定,一般为800~1 500 mm,最薄不宜小于400 mm。钢筋混凝土薄壁沉井及钢制薄壁浮运沉井的井壁厚度不受此限制。井壁的混凝土等级不应低于C20。

(2)刃脚。刃脚是井壁下端形如楔状的部分,其作用是利于沉井自重切土下沉。刃脚受力复杂、集中,要有足够的强度和刚度,混凝土强度等级不应低于C25。当地质构造简单、下沉过程中无障碍物时,采用普通刃脚;当下沉深度较大,需穿过坚硬的土层或岩层时,用型钢制成刃脚钢尖;当沉井穿过密实土层时,可采用钢筋加固并包以型钢的刃脚。

刃脚底面(踏面)的宽度一般不大于200 mm,软土可适当放宽。若下沉深度大,土质较硬,刃脚底面应用型钢(角钢或槽钢)加强,以防刃脚损坏。刃脚内侧斜面与水平面夹角不宜小于45°。刃脚高度视井壁厚度、便于抽除垫木而定,一般不小于1.0 m。当沉井需要下沉至稍有倾斜的岩石上时,在掌握岩层高低差的情况下,可将刃脚制成与岩石倾斜度相适应的高低刃脚。

(3)隔墙。沉井平面尺寸较大时，应在沉井内设置隔墙。其作用是加强沉井的刚度，缩小井壁跨度，减小井壁的挠曲应力，同时，可把沉井分成若干个取土井，便于掌握挖图位置和速度，以控制下沉的方向。隔墙间距一般要求不大于 5 m，厚度一般比井壁小 200 ~ 400 mm。

为增强隔墙与刃脚的连接，一般在隔墙与刃脚连接处设置垂直埂肋。隔墙底面距离刃脚踏面的高度既应考虑支承刃脚悬臂，使其与水平方向上的封闭框架共同起作用，又不会使隔墙底面下的土搁住沉井，妨碍下沉。此高度一般不小于 0.5 m。对于排水下沉的沉井，为方便施工，宜在隔墙下部设过人孔。

(4)井孔。井孔是挖土、取土的工作场所和通道，其平面尺寸的大小应根据取土方法、施工要求而定。采用抓泥斗挖土时，井孔最小直径(或边长)不宜小于 3 m。井孔在布置上必须对称于沉井轴线，以便对称均匀挖土和取土，保证沉井的安全下沉。

(5)凹槽。一般在沉井外壁内侧距离刃脚踏面一定高度(一般为 2 m)处做一水平糟状结构，称为凹槽。其深度为 150 ~ 250 mm，高度约为 1.0 m。其作用是使封底混凝土与井壁较好地结合，将封底混凝土底面反力更好地传递给井壁。当井孔准备用混凝土或圬工填实时，也可不设凹槽。

(6)封底混凝土。当沉井下沉到设计标高清基后，便在刃脚踏面以上至凹槽处浇筑混凝土形成封底。封底可防止地下水涌入井内，其底面承受地基土和水的反力。封底混凝土顶面应高出刃脚根部不小于 0.5 m，并浇筑到凹槽上端，其厚度可由应力验算确定，根据经验也可取为不小于井孔最小边长的 1.5 倍。封底混凝土强度等级不宜低于 C25，对于岩石地基可降为 C20。

(7)顶盖板。沉井井孔内是再需要填实、填什么材料应根据沉井受力和稳定性的要求来确定。在严寒地区，低于冻结线 0.25 m 以上部分必须用混凝土或圬土填实。有时为节省混凝土、圬土数量或为减轻基础自重，在井孔内可不填充任何材料，做成空心沉井，或仅填以砂砾，并在井顶设置钢筋混凝土顶盖板。其上修筑墩台身，用以承托上部结构传递下来的荷载。顶盖板厚度一般为 1.5 ~ 2.0 m。钢筋配置由计算确定。

(8)预埋管组。当预估沉井下沉阻力较大无法正常下沉时，可采用如泥浆润滑套、射水法和空气幕法等助力下沉措施。此时应按助沉设计要求在井壁内预埋管组，并在井壁外侧设置射水嘴或气龛。

(三)浮运沉井的构造

浮运沉井可分为不带气筒和带气筒两种。不带气筒的浮运沉井多用钢、木、钢丝网水泥等材料制作，薄壁空心，具有构造简单、施工方便、节省钢材等优点，适用于水不太深、流速不大、河床较平、冲刷较小的自然条件。为增加在水中的自浮能力，还可做成带临时性井底的浮运沉井，浮运就位后灌水下沉，同时接筑井壁，当到达河床后打开临时性井底，再按一般沉井施工。

当水深流急、沉井较大时，通常可采用带气筒的浮运沉井。其主要由双壁钢沉井底节、单壁钢壳、钢气筒等组成。双壁钢沉井底节是一个可自浮于水中的壳体结构，底节以上的井壁采用单壁钢壳，既可防水，又可作为接高时灌注沉井外圈混凝土模板的一部分。钢气筒为沉井提供所需浮力，同时，在悬浮过程中可通过充气、放气调节使沉井上浮、下沉或校正偏斜等。当沉井落至河床后,切除气筒即为取土井孔。

三、组合式沉井

当采用低桩承台时围水挖基浇筑承台困难,而采用沉井又因岩层倾斜较大、沉井范围内地基土软硬不均且水深较大不能实现时,可采用沉井－桩基的混合式基础,即组合式沉井。施工时,先将沉井下沉至预定标高,浇筑封底混凝土和承台,再在井内预留孔位处钻孔灌注成桩。该组合式沉井结构即可围水挡土,又可作为钻孔桩的护筒和桩基的承台。

第三节　沉 井 施 工

沉井基础施工之前,除要掌握基础所在位置处的地质层,查明其地质构造、土质层次、深度特性外,还要了解水文气象资料,以便制定切实可行的沉井下沉方案,对附近构造物采取有效的防护措施。

一、旱地上沉井施工

旱地沉井施工相对来说比较容易,当工程所在地是旱地或岸滩,施工期间无地表水且土质较好时,可采用此方法。

(一)平整场地、铺设垫木

施工前,要求施工场地平整、干净。若天然地面土质较硬,则只需将地表杂物清除并整平,就可在其上制造沉井,否则应换土或铺填不小于0.5 m后夯实的砂或砂砾垫层,以防止沉井在海凝土浇筑之处因地面沉降不均产生裂缝。若地下水位较低,为减小下沉深度,可开挖基坑制作沉井,但坑底应高出地下水位0.5～1.0 m。

沉井自重较大,刃脚与地基土接触面积小,会产生应力集中现象,故应在刃脚踏面处对称铺设垫木以加大支撑面积,使沉井,质量在垫木下产生的压应力不大于100 kPa,以此确定垫木尺寸。布置时应考虑抽垫方便。垫木一般为枕木或方木(200 mm×200 mm),其下垫一层厚约0.3 m的砂,垫木间间隙用砂填实(填到半高既可)。

(二)制作第一节沉井

首先应支立模板,要求模板和支撑具有足够的强度和较好的刚度。内隔墙与井壁连接处的垫木应连成整体,底模应支撑在垫木上,以防产生不均匀沉降而导致开裂。在刃脚位置处放上刃脚角钢,竖立内模,绑扎钢筋,再立外模浇筑第一节沉井。混凝土浇筑时应对称、均匀地一次性连续浇筑完毕。

(三)拆模及抽除垫木

当沉井混凝土强度等级达到设计强度的70%时可拆除模板,达到设计强度后方可抽除垫木。抽除时,应分区、依次、对称、同步地将垫木向沉井外抽出。其顺序为:先内隔墙,再短边,最后长边。长边下垫木隔一根抽一根,以固定垫木为中心,由远而近地对称抽除,最后抽除固定垫木,并随抽随用砂土回填捣实,以免沉井开裂、移动或偏斜。

（四）挖土下沉

沉井下沉施工可分为排水下沉与不排水下沉两种。主与沉井穿过的土层较稳定，不会因排水而产生大量流沙时，可采用排水下沉。排水下沉常采用人工挖土，适用于土层渗水不大且排水时不会产生涌土或流沙的情况。人工挖土可使沉井均匀下沉，易于清除井内障碍物，但应有安全措施。不排水下沉时，可使用空气吸泥机、抓泥斗、水力吸石筒、水力吸泥机等除土。通过黏土、胶结层除土困难时，可采用高压射水破坏土层。由于吸泥机是连泥带水一起吸出井外，故需要经常向井内加水以维持井内水位高出井外水位1～2 m，以避免产生流沙现象。

沉井正常下沉时，应自中间向刃脚处均匀、对称除土；排水下沉时，应严格控制设计支承点处土的清除，并随时注意沉井正位，保持竖直下沉，无特殊情况时不宜采用爆破施工。

（五）接高沉井

当第一节沉井下沉至一定深度（井顶露出地面不小于0.5 m或露出水面不小于1.5 m）时，应停止挖土下沉，接筑下一节沉井。接筑前刃脚不得掏空，并应尽量纠正第一节沉井的倾斜．以保持井位正确，使第二节沉井竖向轴线与第一节轴线相重合，然后凿毛顶面、立模，最后对称、均匀浇筑混凝土，待强度达到设计要求后再拆模继续下沉。两节沉井混凝土施工接缝处应清洗凿毛，按设计要求布置接缝处锚固钢筋。

（六）基底检验和处理

沉井沉至设计标高后，应检验基底地质情况是否与设计相符。排水下沉时，可直接检验、处理；不排水下沉时，应进行水下检查、处理，必要时取样鉴定。同时，进行沉降观测，直到满足设计要求为止。

进行基底检验时，要求整平且无浮泥。基底为岩层时，岩面残留物应清除干净，清理后有效面积不得小于设计要求；基底遇到倾斜岩层时，应将表面松软岩层或风化岩层凿去，并尽量整平，将沉井刃脚的2/3以上嵌搁在岩层上，嵌入深度最小处不宜小于0.25 m，其余未到岩层的刃脚部分可用袋装混凝土等填塞缺口。刃脚以内井底岩层的倾斜回应凿成台阶或榫槽，井壁、隔墙及刃脚与封底混凝土接触处的泥污应予以清除。

（七）沉井封底

基底检验合格后应及时封底。对于排水下沉的沉井，在清基时如渗水量上升速度不大于6 mm/min，可采用普通混凝土封底；若渗水量大于上述规定时，宜采用水下、混凝土的刚性导管法进行封底。

在灌注封底混凝土过程中如发生故障或对封底施工质量有疑虑时，应进行相关检查鉴定（如钻孔取芯）。

（八）井孔填充和顶板浇筑

封底混凝土达到设计强度后，按设计规定进行井孔填充。如井孔中不填料或仅填砾石，则沉井顶部需要浇筑钢筋混凝土顶板，且应保持无水施工。

二、水中沉井施工

水中沉井施工主要有两种方法，一是沉井位于洗水或可能被水淹没的岸滩处时，其水流速度不大，水深较浅，可用水中筑岛的方法；二是对位于深水中的沉井，当人工筑岛有困难时，可采用浮运沉井施工。

（一）水中筑岛

当水深小于3 m，流速不大于1.5 m/s时，可采用砂或砾石在水中筑岛，周围用草袋围护，水深或流速加大时，可采用围堰防护筑岛；当水深较大（通常小于15 m）或流速较大时，宜采用钢板桩围堰筑岛。

对人工筑岛的要求如下：

（1）岛面应高出最高施工水位0.5 m以上，有流冰时应再适当加高。

（2）筑岛平面尺寸应满足沉井制作及抽垫木等施工要求。无围堰筑岛时，一般需在沉井周围设置不小于2 m宽的护道；有围堰筑岛时，围堰与井壁外缘距离 $b \geqslant H\tan(45° - \varphi/2)$，且不小于2 m（$H$ 为筑岛高度，φ 为砂在水中的内摩擦角）。

护道宽度在任何情况下不应小于1.5 m，如实际采用的护道宽度 $b < H\tan(45° - \varphi/2)$ 时，则应考虑沉井重力等对围堰所产生的侧压力影响。

（3）筑岛材料应用透水性好、易于压实的砂土或碎石土等，且不应含有影响岛体受力及抽垫下沉的块体。岛面及地基承载力应满足设计要求。

无围堰筑岛情况下，临水面坡度一般可采用1∶3～1∶1.75。有围堰筑岛时应防止围堰漏土，以免沉井制造和下沉过程中引起岛面沉降变形，危及沉井安全。

（4）筑岛施工时，还应考虑筑岛压缩流水断面、加大流速和提高水位后对岛体稳定性的影响。筑岛完成后就造就了旱地施工条件，之后的施工方法同旱地沉井施工。

（二）浮运沉井

位于深水中的沉井（如大于10 m）可采用浮运沉井。浮运沉井可采用空腔式钢丝网水泥薄壁沉井、钢筋混凝土薄壁沉井、钢壳沉井、装配式钢筋混凝土薄壁沉井，以及带临时井底的沉井、带气筒的沉井等，使其在水中可以漂浮。施工时，用船只将其拖运到设计位置，再逐步将混凝土或水灌入空体内增加自重，使其徐徐沉入水底，采用不排水挖土下沉。

为方便施工，在岸边地形条件允许的情况下，尽量在岸边搭设沉井施工平台就地预制。沉井的底节可采用滑道、起重机具、涨水自浮、浮船等方法下水。下水后接高前，应向沉井内灌水或从气筒内排气，使沉井入水深度增加到沉井接高所要求的深度。在灌注混凝土的过程中，同时，向井外排水或向气筒内补气，以维持沉井入水深度不变。在沉井浮运、下沉的任何时间，露出水面的高度均不应小于1 m，并应考虑预留放浪高度或设计放浪措施。

三、泥浆润滑套和空气幕下沉沉井施工

当沉井深度很大、井侧土质较好时，井壁与土层间的摩阻力很大。若采用增加井壁厚度或压重等办法受限时，通常可设置泥浆润滑套和空气幕来减小井壁摩阻力。

（一）泥浆润滑套下沉沉井施工

泥浆润滑套下沉沉井施工是借助泥浆泵和输送管道将特制的泥浆压人沉井外壁与土层之间，在沉井外围形成有一定厚度的泥浆层。该泥浆层可把土与井壁隔开，并可起润滑作用，从而可大大降低沉井下沉中的摩阻力（可降低至 3 ~ 5 kPa，一般黏性土为 25 ~ 50 kPa），减少井壁圬工数量，加速沉井下沉，并具有良好的稳定性。

选用的泥浆原料（膨润土、水、化学处理剂）及配合比应保证泥浆具有良好的固壁性、触变性和肢体率。泥浆原料配合比和泥浆各项指标应符合相关规范的规定。

泥浆润滑套的构造主要包括储浆台阶、压浆管、射口挡板及地表围圈。储浆台阶多设在距刃脚底面 2 ~ 3 m 处。对面积较大的沉井，台阶可设在底节与第二节接缝处。台阶的宽度就是泥浆润滑套的厚度，一般宜为 100 ~ 200 mm。

压浆管可分为内管（厚壁沉井）和外管（薄壁沉井）两种，通常用 $\varphi38$ ~ $\varphi50$ 的钢管制成，沿井周边每 3 ~ 4 m 布置一根。要保证压浆管路畅通无阻。

压浆管的射口处应设置防护，射出的泥浆不得直接冲刷土壁，以免土壁局部塌落堵塞射浆口。射口挡板可用角钢或钢板弯制，置于每个泥浆射出口处，固定在井壁台阶上。

泥浆润滑套应设地表围圈防护，其作用是防止沉井下沉时土壁塌落，为沉井下沉过程中新产生的空隙补充泥浆，以及调整各压浆管出浆的不均衡。其宽度与沉井台阶相同，高度为 1.5 ~ 2.0 m，顶面高出地面或岛面 0.5 m，上加顶盖以防土石落入或流水冲蚀。地表围圈外围应回填不透水土，分层夯实。

沉井下沉时应及时补充泥浆，泥浆面不得低于地表围圈底面，同时，应使沉井内外水位相近或井内水位略高，以避免翻砂、涌水破坏泥浆润滑套。待沉井下沉至设计标高以后，应设法破坏泥浆润滑套，排除泥浆；或用水泥砂浆置换泥浆，以恢复和增大井壁摩阻力。

泥浆润滑套下沉沉井施工速度快，在细、粉砂中效果更为显著；可以有效减轻沉井自重，甚至可以采用薄壁轻型沉井；下沉稳定；倾斜小，容易纠偏；在旱地或浅滩上应用效果较好。该法不宜用于卵石、砾石土层。

（二）空气幕下沉沉井施工

空气幕下沉沉井施工是一种减小下沉时井壁摩阻力的有效方法。它通过向沿井壁四周预埋的气管中压入高压气流，气流由喷气孔射出，在水下形成气泡，再沿沉井外壁上升，在沉井周围形成一空气帐幕（即空气幕），使外壁周围土体松动或液化、摩阻力减小，从而可促使沉井顺利下沉。

空气幕下沉沉井在构造上增加了一套压气系统，该系统由气斗、井壁中的气管、压缩空气机、储气筒以及输气管路等组成。

（1）气斗是指沉井外壁上的凹槽及槽中的喷气孔。凹槽的作用是保护喷气孔，使喷出的前 *J* 压气流有一扩散空间，然后较均匀地沿井壁上升，形成气幕。气斗的设置应以布设简单、不易堵塞、便于喷气扩散为原则，目前多用棱锥形（150 mm × 50 mm）。喷气孔直径为 1 mm，气斗上喷气孔数量应依每个气斗所作用的有效面积确定。其按等距离分布，上下交错排列，刃脚底面以上 3 m 左右范围内可不设，以防止压气时引起翻砂。

（2）井壁内的预埋管可分为环形管与竖管，喷气孔设在环形管上，也可以只设竖管，喷气孔设在竖管上，可根据施工设备条件和实际情况确定，但管尾端均应有防止砂粒堵塞喷气孔的储砂筒设施。预埋管采用内径为 25 mm 的硬质聚氯乙烯管。水平喷气管连接各层气斗，每 1/4 或 1/2 周设一根，以便纠偏；每根竖管连接两根水平管，并伸出井顶。

（3）压缩空气机应具有设计要求的风压和风量。风压应大于最深喷气孔处的水压力加送风管路损耗，一般可按最深喷气孔处理论水压的 1.4～1.6 倍考虑，并尽量使用压缩空气机的最大值。风量可按喷气孔总数及每个喷气孔单位时间内所耗风量计算；地面风管应尽量减少弯头、接头，以降低气压损耗。为稳定风压，在压缩空气机与井外送气管件间应设置必要数量的储气筒。

（4）在整个下沉过程中，应先在井内除土，消除刃脚下土的抗力后再压气，但不得过分除土而不压气。一般除土面低于刃脚 0.5～1.0 m 时，即应压气下沉。压气时间不宜过长，每次一般不超过 5 min。压气顺序应先上后下，以形成沿沉井外壁上喷的气流。

（5）停气时应先停下部气斗，而后依次向上，最后停上部气斗，并应缓慢减压，不得将高压空气突然停止，以防止造成瞬时负压，使喷气孔内吸入泥沙而被堵塞。

（6）空气幕下沉沉井施工适用于砂类土、粉质土及黏质土地层。其优点是施工设备简单，经济效果较好，下沉中容易控制，可以进行水下施工，不受水深限制. 下沉完毕后土对井壁的摩阻力可基本恢复，从而避免了泥浆润滑套下沉摩阻力不易恢复的缺点。对于卵石土、砾类土及风化岩等地层，不宜使用空气幕下沉沉井。

四、沉井施工的事故处理

（一）沉井偏斜

1. 沉井发生偏斜的原因

（1）土岛水下部分由于水流冲淘或板桩漏土，造成岛面一侧土体松软；或井下平面土质软硬不均，使沉井下沉不均。

（2）未按规定操作程序对称抽除垫木或未及时填砂夯实，下沉除土不均匀，井内底面高差过大。

（3）排水下沉沉井内除土时大量翻砂，或刃脚下遇软土夹层，掏空过多，沉井突然下沉。

（4）刃脚一侧或一角被障碍物搁住，未及时发现和处理；排水下沉时没有按设计要求设置支承点。

（5）井内弃土堆压在沉井外一侧，或河床高低相差过大，偏侧土压使沉井产生水平位移。

2. 沉井偏斜、位移及扭转的纠正方法

纠正沉井偏斜和位移时，可按下列规定处理：

（1）纠偏前应分析原因，然后采取相应措施，如有障碍物应首先排除。

（2）纠正偏斜时，一般可采取除土、压重，顶部施加水平力或刃脚下支垫等方法进行。对空气幕下沉沉井可采取侧压气纠偏。

（3）纠正位移时，可先除土，使沉井底面中心向墩位设计中心倾斜，然后在对侧除土，使沉井恢复竖直。如此反复进行，使沉井逐步移近设计中心。

（4）纠正扭转时，可在一对角线两角除土，在另外两角填土，借助于刃脚下不相等的土压力所形成的扭矩使沉井在下沉过程中逐步纠正其扭转角度。

在沉井基础实际施工过程中，偏斜纠正办法会联合采用多种方法。施加水平力纠正偏斜严重的沉井是最常用的方法，而水平力大小的控制是一个关键问题。

（二）沉井难沉

沉井下沉困难主要是由于沉井自身质量克服不了井壁摩阻力，或刃脚下遇到大的障碍物所致。遇到难沉情况时，应根据具体情况采取适当的措施，一般依靠增加沉井自重和减小井壁摩阻力两种方法来解决，以提高下沉系数。

（1）增加沉井自重。可提前浇筑上一节沉井来增加沉井自重，或在沉井顶上压重物（如钢轨、铁块或沙袋等）迫使沉井下沉。对于不排水下沉的沉井，可以抽出井内的水以增加沉井下沉系数，但应以保证井底不产生流沙为前提。

（2）减小沉井外壁的摩阻力。设计上可以将沉井设计成阶梯形、钟形，或在施工中尽量使外壁光滑，也可在井壁内埋设高压射水管组，利用高压水流软化井壁附近的土，且使水流沿井壁上升润滑井壁。若因刃脚下土层阻力过大造成难沉，则可挖出刃脚下的土；如遇大块石等障碍物，施工必要时可以用小型爆破消除，这时需要专业爆破人员进行指导施工。

对于下沉较难的沉井，为了减小井壁摩阻力，还可以采用前面介绍的泥浆润滑套或空气幕下沉沉井的方法。

（三）沉井突沉

在软弱土层中井壁摩阻力较小，刃脚下土被挖除后沉井支承被削弱，或排水过多、挖土太深、出现溯流等，常发生沉井突沉，使沉井产生较大的倾斜或超沉。此时必须采取措施控制沉井的下沉速度。工程中，常采用将沉井外壁设计成倒锥形，井壁顶部设悬挑梁或钢翼架，刃脚底部设置横梁，改变刃脚外形等方法。

（四）流砂

发生流砂时，土体完全丧失承载力，不但会造成施工困难，严重时甚至会导致基础坍塌，上部结构因地基被掏空而下沉、倾斜。当采用不排水下沉时，沉井内外水压相平衡可阻止流沙的产生。当沉井所处位置的地质情况和施工条件较好时，可采用井点降水施工方法，此方法应用广泛。

第四节　沉井设计与计算

沉井的设计与计算是根据上部结构特点、荷载大小及水文和地质情况，结合沉井的构造要求及施工方法，拟订出沉井的埋深、高度、分节、平面形状和尺寸、井孔大小及布置、井壁厚度、封底混凝土和顶板厚度等。沉井既是建筑物的基础，又是施工过程中挡土、挡水的结构物，设计计算内容包括沉井在使用阶段作为整体深基础的设计与计算和施工中各结构部分可能处于的最不利受力状态的验算。

一、沉井作为整体深基础的设计与计算

当沉井基础埋置深度在地面线或局部冲刷线以下不足5 m时，可按刚性扩展基础验算。当 $ah \leqslant 2.5$，$h > 5.0$ m时，可按刚性深基础进行整体验算。

考虑侧壁土体弹性抗力时，通常可做如下基本假定：

(1)地基土为弹性变形介质，水平向地基系数随深度成正比增加(即 m 法)。

(2)不考虑基础与土之间的黏着力和摩阻力。

(3)沉井基础与土的刚度之比视为无穷大，在横向力作用下只发生转动而无挠曲变形。在水平力和弯矩作用下，基础的转动会使土体产生弹性土抗力(包括侧面和底面)。这种土抗力产生的反弯矩将抵消一部分外荷载作用的总力矩，而使基底的应力分布比不考虑土抗力时要均匀得多。实践证明，这完全符合刚性深基础的受力状况。

(一)非岩石地基上刚性深基础的计算

非岩石地基上刚性基础的计算，包括沉井在风化岩层内和岩面上的情况。

1. 基本原理

利用力的叠加和等效作用原理，将结构原来复杂的受力状态转换为两种简单的受力状态进行计算，即在中心竖向力 F_v(其值为 $F+G$)的作用，基底应力均匀分布；将水平力和弯矩作用转换为基底以上高度为 λ 处的水平力作用。

2. 水平力作用高度 λ 的计算

当沉井基础收到水平力 F_H和偏心竖向力的共同作用时，可将其等效为距离基底作用高度为 λ 处的水平力 F_H，即

$$\lambda = \frac{F_{ve} + F_{Hl}}{F_H} = \frac{\sum M}{F_H} \qquad (14-1)$$

式中 $\sum M$——地面线或局部冲刷线以上所有水平力、弯矩、竖向偏心力对基础底面重心的总弯矩。

3. 水平力作用下地基应力的计算

在水平力作用下沉井将绕位于地面线(或局部冲刷线)z_0深度处的 A 点转动 ω 角。地面下深度 z 处沉井基础产生的水平位移 Δx 和土的侧面水平压应力σ_{zx}分别为

$$\Delta x = (z_0 - z)\tan\omega \qquad (14-2)$$

$$\sigma_{zx} = \Delta x \cdot C_z = C_z(z_0 - z)\tan\omega \qquad (14-3)$$

式中 z_0——转动中心 A 与地面间的距离，m；

C_z——深度 z 处水平向的地基系数，kN/m^3，$C_z = mz$，m 为地基土的比例系数，kN/m^4。

将 C_z值代入式(14-3)中得：

$$\sigma_{zx} = mz(z_0 - z)\tan\omega \qquad (14-4)$$

即基础侧面水平压应力沿深度呈二次抛物线变化

若考虑到基础底面处竖向地基系数 C_0不变，则基底压应力图形与基础竖向位移图相似，即

$$\sigma_{d/2} = C_0\,\delta_1 = C_0\,\frac{d}{2}\tan\omega \qquad (14-5)$$

式中 C_0——基础底面处竖向地基系数，kN/m^3，其值为 $m_0 h$，且不得小于 $10m_0$，m_0为基底处地基土的比例系数，kN/m^4；

d——基底宽度或直径，m。

上述各式中，z_0和 ω 为两个未知数，可建立两个平衡方程求解，即

$$\sum x = 0 \Rightarrow F_H - \int_0^h \sigma_{zx} b_1 d_z = F_H - b_1 m \tan \omega \int_0^h z(z_0 - z) d_z = 0 \tag{14-6}$$

$$\sum M = 0 \Rightarrow F_H h_1 + \int_0^h \sigma_{zx} b_1 d_z - \sigma_{d/2} W_0 = 0 \tag{14-7}$$

式中　b_1——基础计算宽度；

W_0——基底的截面模量。

联立以上两方程求解可得：

$$Z_0 = \frac{\beta b_1 h^2(4\lambda - h) + 6d W_0}{2\beta b_1 h(3\lambda - h)} \tag{14-8}$$

$$\tan \omega = \frac{6 F_H}{Amh} \tag{14-9}$$

其中，$A = \dfrac{\beta b_1 h^3 + 18 W_0 d}{2\beta(3\lambda - h)}$，$\beta = \dfrac{C_h}{C_0} = \dfrac{mh}{m_0 h} = \dfrac{m}{m_0}$，$\beta$ 为深度 h 处沉井侧面的水平地基系数与沉井底面的竖向地基系数的比值。

将此代入上述各式，可得：

$$\sigma_{zx} = \frac{6 F_H}{Ah} z(z_0 - z) \tag{14-10}$$

$$\sigma_{d/2} = \frac{3d F_H}{A\beta} \tag{14-11}$$

4. 应力验算

（1）基底应力验算。当有竖向荷载 F_N 及水平力 F_H 同时作用时，基底边缘处的压应力为：

$$\sigma_{max} = \frac{F_N}{A_0} + \frac{3d F_H}{A\beta}, \sigma_{mix} = \frac{F_N}{A_0} - \frac{3d F_H}{A\beta} \tag{14-12}$$

式中　A_0——基础底面积。

（2）基础侧面水平压应力验算。当基础在外力作用下产生位移时，在深度 z 处基础一侧产生主动土压力强度 p_a，而被挤压一侧土会受到被动土压力强度 p_p，任意深度处桩对土产生的水平压力均应小于其极限抗力，以土压力表达为

$$\sigma_{zx} = p_p - p_a \tag{14-13}$$

考虑上部结构类型及荷载作用情况不同影响，式（14－13）中引入 η_1、η_2 和系数得：

$$\sigma_{zx} = \eta_1 \eta_2 (p_p - p_a) \tag{14-14}$$

式中　η_1——取决于上部结构类型的系数，对于静定结构，$\eta_1 = 1$，对于超静定结构，$\eta_1 = 0.7$；

η_2——恒载对基础底面童心所产生的弯矩 M_g 在总弯矩 M 中所占百分比的系数。

$$\eta_2 = 1 - 0.8 \frac{M_g}{M} \tag{14-15}$$

式中　M_g——结构重力对基础底面重心产生的弯矩；

M——全部荷载对基础底面重心产生的总弯矩。

由郎金土压力理论，作用于基础侧面的被动土压力和主动土压力强度分别为：

$$\left.\begin{aligned}p_p &= \gamma z\tan^2(45^\circ + \frac{\varphi}{2}) + 2\cot(45^\circ + \frac{\varphi}{2})\\ p_p &= \gamma z\tan^2(45^\circ + \frac{\varphi}{2}) + 2\cot(45^\circ + \frac{\varphi}{2})\end{aligned}\right\} \quad (14-16)$$

根据实验,可知最大水平压应力大致出现在 $z = h/3$ 和 $z = h$ 处。将考虑的这些值代入式(14-14),便有下列不等式:

$$\sigma_{\frac{b}{3}x} \leqslant \eta_1\eta_2 \frac{4}{\cos\varphi}(\frac{\gamma h}{3}\tan\varphi + c) \quad (14-17)$$

$$\sigma_{hx} \leqslant \eta_1\eta_2 \frac{4}{\cos\varphi}(\gamma h\tan\varphi + c) \quad (14-18)$$

式中 $\sigma_{\frac{b}{3}x}$——相应于 $z = h/3$ 深度处的土横向抗力;

σ_{hx}——相应于 $z = h$ 深度处的土横向抗力,h 为基础的埋置深度。

(3)基础截面弯矩计算。对于刚性桩,需要验算桩体界面强度并配筋,还需要计算距离地面线或局部冲刷线以下 z 深度处基础截面上的弯矩,其值为:

$$M_z = F_H(\lambda - h - z) - \int_0^z \sigma_{zx} b_1 (z - z_1) d_z = F_H(\lambda - h - z) - \frac{F_H b_1 z^3}{2hA}(2z_0 - z) \quad (14-19)$$

5. 墩台顶面的水平位移基础在水平力和力矩作用下,墩台顶面会产生水平位移 δ

它由地面处的水平位移 $z_0\tan\omega$、地面到墩台顶范围 h_1 内的水平位移 $h_1\tan\omega$、在 h_1 范围位移内墩台台身弹性挠曲变形引起的墩台顶水平位移 δ_0 三部分组成。

$$\delta = z_0\tan\omega + h_1\tan\omega + \delta_0 \quad (14-20)$$

考虑到转角一般均很小,令 $\tan\omega = \omega$ 不会产生大的误差,同时由于基础的实际刚度并非无穷大,而刚度对墩台的水平位移是由影响的,故需考虑实际刚度对地面水平位移的影响及地面处转角的影响,用系数 K_1 及 K_2 表示。K_1、K_2 是 ah、λ/h 的函数,其值可按表 14-1 查用。因此,式(14-20)可写成:

$$\delta = (z_0 K_1 + K_2 h_1)\omega + \delta_0 \quad (14-21)$$

或对支承在岩石地基上的墩台顶面水平位移为

$$\delta = (K_1 h + K_2 h_1)\omega + \delta_0 \quad (14-22)$$

设计桥梁墩台时,除应考虑基础沉降外,往往还需要检验由于地基变形和墩台身的弹性水平变形所产生的墩台顶丽的弹性水平位移。

现行规范中规定墩台顶面的水平位移 δ 应符合下列要求:$\delta \leqslant 5.0\sqrt{L}$,单位为 mm。式中 L 为相邻墩台间的最小跨度,单位为 m,当跨度 $L < 25$ m 时,L 按 25 m 计算。

表 14-1 系数 K_1、K_2 值

ah	系数	λ/h				
		1	2	3	5	∞
1.6	K_1	1.0	1.0	1.0	1.0	1.0
	K_2	1.0	1.1	1.1	1.1	1.1

表 14－1(续)

ah	系数	λ/h				
		1	2	3	5	∞
1.8	K_1	1.0	1.1	1.1	1.1	1.1
	K_2	1.1	1.2	1.2	1.2	1.3
2.0	K_1	1.1	1.1	1.1	1.1	1.2
	K_2	1.2	1.3	1.4	1.4	1.4
2.2	K_1	1.1	1.2	1.2	1.2	1.2
	K_2	1.2	1.5	1.6	1.6	1.7
2.4	K_1	1.1	1.2	1.3	1.3	1.3
	K_2	1.3	1.8	1.9	1.9	2.0
2.6	K_1	1.2	1.3	1.4	1.4	1.4
	K_2	1.4	1.9	2.1	2.2	2.3

注：当 $ah<1.6$ 时，$K_1=K_2=1.0$，$a=\sqrt[5]{\frac{m\,b_1}{EI}}$。

（二）基底嵌入基岩中刚性深基础的计算

1. 计算要点

若基底嵌入基岩内，在水平力和竖直偏心荷载作用下，可以认为基底不产生的旋转中心 A 与基底中心相吻合，即 $z_0=h$。

基础在转动时，在基底嵌入基岩处有一水平阻力 P。由于 P 对基底中心轴的力臂很小，故一般可忽略 P 对 A 点的力矩，但需验算力 P 作用在嵌固处基础的抗剪强度。

2. 水平力作用下地基应力的计算

当基础有水平力 F_{H} 作用时，地面下 z 深度处产生的水平位移 Δx 和土的横向抗力 σ_{zx} 分别为：

$$\Delta x = (h-z)\tan\omega \tag{14-23}$$

$$\sigma_{zx} = mz\Delta x = mz(h-z)\tan\omega \tag{14-24}$$

基底边缘处的竖向应力为：

$$\sigma_{d/2} = C_0\frac{d}{2}\tan\omega = \frac{mhd}{2\beta}\tan\omega \tag{14-25}$$

上述公式中只有一个未知数 ω，建立一个弯矩平衡方程便可解出 ω 值。

$$\left.\begin{aligned}&\sum M_{\mathrm{A}}=0\\&F_{\mathrm{H}}(h+h_1)-\int_0^h\sigma_{zx}\,b_1(h-z)\,d_z-\sigma_{d/2}W_0\end{aligned}\right\} \tag{14-26}$$

解上式得：

$$\tan\omega=\frac{F_H}{mhD} \tag{14-27}$$

$$D = \frac{b_1 \beta h^3 + 6Wd}{12\lambda\beta}$$

将 tan ω 代入式(14－24)和式(14－25)中,得:

$$\tan\omega = (h-z)z\frac{F_H}{hD} \tag{14-28}$$

$$\sigma_{d/2} = \frac{F_H d}{2\beta D} \tag{14-29}$$

3.应力验算

(1)基底应力验算。

$$\sigma_{\max} = \frac{N}{A_0} + \frac{F_H d}{2\beta D}, \sigma_{\min} = \frac{N}{A_0} - \frac{F_H d}{2\beta D} \tag{14-30}$$

(2)基础侧面水平压应力验算。最大水平压应力位于 $h/2$ 处:

$$\sigma_{\frac{h}{2}x} \leqslant \eta_1\eta_2\frac{4}{\cos\varphi}(\frac{\gamma h}{2}\tan\varphi + c) \tag{14-31}$$

(3)基础截面弯矩的计算。

$$M_z = F_H(\lambda - h + c) - \frac{b_1 F_H z^3}{12Dh}(2h - z) \tag{14-32}$$

(4)嵌固处水平阻力的计算。

根据 $\sum x = 0$,可以求出嵌固处未知的水平阻力 P 。

$$P = \int_0^h \sigma_{zx} b_1 d_z - F_{\mathrm{H}} = F_{\mathrm{H}}(\frac{b_1 h^2}{6D} - 1) \tag{14-33}$$

二、结构计算

沉井下受力状况随着整个施工及营运进程而变化。因此,沉井的结构强度必须满足各阶段不利受力情况的要求。针对沉井各部分在施工过程中的最不利受力情况,可拟订出相应的计算图式,然后计算截面应力,进行必要的配筋,以保证井体结构在施工各阶段中的强度和稳定。沉井结构在施工过程中主要需进行下列验算。

(一)沉井自重下沉验算

沉井下沉是靠在井孔内不断取土,在沉井重力作用下克服四周井壁与土的摩阻力、刃脚底面土的阻力实现的。在设计时,应首先确定沉井在自身重力作用下能否顺利下沉。

$$K = \frac{G}{R} \geqslant 1.15 \times 1.25 \tag{14-34}$$

式中 K——下沉系数;

G——沉井自重;

R——沉井底端地基总反力 R_r 与侧面总摩阻力 R_f 之和。

对于 R_f 的计算,可假定单位面积摩阻力沿深度呈梯形分布:距地面 5 m 范围内呈三角形分布,以下为常数,$R_r = u(h - 2.5)q$。

当不能满足上述要求时:

(1)可加大井壁厚度或调整取土井孔尺寸;

(2)若为不排水下沉,达到一定深度后改用排水下沉;

(3)添加压重或射水助沉;

(3)采取泥浆润滑套或空气幕下沉沉井施工等措施。

(二)底节沉井竖向挠曲验算

底节沉井抽除垫木时,可将支承垫木确定在沉井受力最有利的位置处,使沉井在支点处产生的负弯矩与跨中产生的正弯矩基本相等或相近。在下沉过程中沉井支点位置按排水和不排水两种情况分别考虑。

(1)排水除土下沉。排水除土下沉挖土时可认为控制,将沉井的最后支承点控制在最有利位置处,使支点和跨中所产生的弯矩绝对值大致相等。对矩形和圆端形沉井,若沉井长宽比大于1.5,支点可设在长边,支点的间距等于长边边长的70%;圆形沉井支承在两条相互垂直直径与圆周相交的4个支点上。以此验算沉井自重所引起的井壁顶部或底部混凝土的抗拉强度。

(2)不排水除土下沉。机械挖土时,刃脚下支点无法控制,沉井下沉过程中可能出现的最不利支承为:对矩形和圆端形沉井,因除土不均将导致沉井支承于四角(两角)成为一简支梁,跨中弯矩最大,沉井下部竖向开裂,此时要验算刃脚底面混凝土的抗拉强度;也可能因孤石等障碍物使沉井支承于壁中,形成悬臂梁支点处对应的沉井顶部产生竖向开裂,此时要验算井壁顶部混凝土的抗拉强度。圆形沉井则可能会出现支承于直径上两个支点的情况。

(三)沉井刃脚的受力计算

沉井在下沉过程中,刃脚有时切入土中,有时悬空,是沉井受力最大、最复杂的部分。竖向分析时,可近似地将刃脚看作是固定于刃脚根部处的悬臂梁,根据刃脚内外侧作用力的不同可能向外或向内挠曲;在水平面上,则视刃脚为一封闭的水平框架,在水、土压力作用下将发生弯曲变形。因此,作用在刃脚侧面上的水平力可视为由两种不同的构件即悬臂梁和1框架来共同承担。挂变形协调关系,可导出刃脚竖向悬臂分配系数a和刃脚水平框架分配系数β为

$$a = \frac{h_K^4}{h_K^4 + 0.05L_1^4} \leqslant 1.0 \tag{14-35}$$

$$\beta = \frac{L_2^4}{h_K^4 + 0.05L_2^4} \leqslant 1.0 \tag{14-36}$$

式中　L_1、L_2——支承于隔墙间的井壁最大和最小计算跨度;

h_K——刃脚斜面部分的高度。

上述公式仅适用于内隔墙底面高出刃脚底不超过0.5 m或大于0.5 m但有垂直埂肋的情况。否则全部水平应力由刃脚竖向悬臂作用承担,即$a=1.0$,刃脚不起水平框架作用,但需按构造布置水平钢筋,以承受一定的正、负弯矩。

1. 刃脚作为悬臂梁计算其竖直方向的弯曲强度

计算时一般可取单位宽度井壁,将刃脚视为固定在井壁上的悬臂梁,分别按刃脚向外和向内挠曲两种最不利情况进行分析。

(1)刃脚向外挠曲。沉井下沉过程中,刃脚内侧切人土中深约1.0 m时,在地面或水面

以上还露出一定高度或井壁全部浇筑后有一定的外露高度。此时，刃脚受井孔内土体的横向压力，在刃脚根部水平截面上产生最大的向外弯矩。

刃脚外侧的土、水压力合力 p_{e+w}：

$$p_{e+w} = \frac{p_{e_2+w_2} + p_{e_3+w_3}}{2} h_K \tag{14-37}$$

式中 $p_{e_2+w_2}$——作用在刃脚根部处的土、水压力强度之和，$p_{e_2+w_2} = e_2 + \omega_2$；

$p_{e_3+w_3}$——刃脚底面处土、水压力强度之和，$p_{e_3+w_3} = e_3 + \omega_3$。

p_{e+w}作用点位置（离刃脚根部距离 y）为：

$$y = \frac{h_K}{3} \cdot \frac{2p_{e_3+w_3} + p_{e_2+w_2}}{p_{e_3+w_3} + p_{e_2+w_2}} \tag{14-38}$$

作用在刃脚外侧的计算侧土压力和水压力的总和不应大于静水压力的 70%，否则按 70% 的静水压力计算。

作用在井壁外侧单位宽度上的摩阻力为

$$T = q h_K \tag{14-39}$$

$$T = 0.5E \tag{14-40}$$

式中 E——刃脚外侧主动土压力合力，$E = (e_2 + e_3) h_K / 2$。

为偏于安全，使刃脚土反力最大，井壁摩阻力应取式（14－39）至式（14－40）中的较小值。

土的竖向反力 R_v：

$$R_v = G - T_0 \tag{14-41}$$

式中 G——沿井壁周长单位长度沉井的自重，水下部分应考虑水的浮力。

若将 R_v分解为作用在踏面下土的竖向反力 R_{v1}和刃脚斜面下土的竖向反力 R_{v2}，且假定 R_{v1}为均匀分布、强度为 σ 的合力，R_{v2}为三角形分布、最大强度为 σ 的合力，水平反力 R_H呈三角形分布，则根据力的平衡条件可导得各反力值为：

$$R_{v1} = \frac{2a}{2a + b} R_v \tag{14-42}$$

$$R_{v2} = \frac{b}{2a + b} R_v \tag{14-43}$$

$$R_H = R_{v2} \tan(\theta - \delta) \tag{14-44}$$

式中 a——刃脚踏面宽度；

b——切入土中部分刃脚斜面的水平投影长度；

θ——刃脚斜面的倾角；

δ——土与刃脚面间的外摩擦角，一般可取 $\delta = \varphi$。

刃脚单位宽度自重为

$$g = \frac{t + a}{2} h_K \gamma_K \tag{14-45}$$

式中 t——井壁厚度；

γ_K——钢筋混凝土刃脚的重度，不排水施工时应扣除浮力。作用在刃脚外侧摩阻力的计算方法与计算井壁外侧摩阻力 T 的方法相同，但取两式中的较大值，其目的是使刃脚弯矩最大。

求出以上各力的数值、方向及作用点后，根据几何关系可求得各力对刃脚根部中心轴的力臂，从而求得总弯矩 M_0、竖向力 N_0及剪力 Q，即

$$M_0 = M_{e+w} + M_T + M_{Rv} + M_{RH} + M_g \tag{14-46}$$

$$N_0 = R_v + T + g \tag{14-47}$$

$$Q = p_{e+w} + R_H \tag{14-48}$$

其中 M_{e+w}、M_T、M_{Rv}、M_{RH}及 M_g分别为土、水压力合力 p_{e+w}，刃脚底部外侧摩阻力 T，反力 R_v，横向力 R_H及刃脚自重 g 对刃脚根部中心轴的弯矩，且刃脚部分各水平力均应按规定考虑分配系数 a。

求得 M_0、N_0及 Q 后就可验算刃脚根部应力，并计算出刃脚内侧所需竖向钢筋用量。一般刃脚钢筋截面面积不宜小于刃脚根部截面面积的 0.1%，且竖向钢筋应伸入根部以上 $0.5L_1$（L_1为支承于隔墙间的井壁最大计算跨度）。

(2)刃脚向内挠曲。当沉井沉到设计标高，刃脚下土体挖空而尚未浇筑混凝土时，刃脚可视为根部固定在井壁上的悬臂梁，以此计算最大弯矩。

作用在刃脚上的力有刃脚外侧的土压力、水压力、摩阻力以及刃脚自身的重力。各力的计算方法同前，但水压力的计算应注意实际施工情况。为偏于安全，若不排水下沉时，井壁外侧水压力以 100% 计算，井内水压力取 50%，也可按施工中可能出现的水头差计算；若排水下沉时，不透水土取静水压力的 70%，透水土按 100% 计算。计算所得各水平外力同样应考虑分配系数 a，再由外力计算出对刃脚根部中心轴的弯矩、竖向力及剪力，以此求得刃脚外壁钢筋用量。其配筋构造要求与向外挠曲时相同。

2. 刃脚作为水平框架计算其水平方向上的弯曲强度

当沉井下沉至设计标高，刃脚下土已挖空但未浇筑封底混凝土时，刃脚所受水平压力最大，处于最不利状态。此时可将刃脚视为水平框架，作用于刃脚上的外力与计算刃脚向内挠曲时相同，但所有水平力应乘以分配系数 β，以此求得水平框架的控制内力，再配置框架所需水平钢筋。

作用在矩形沉井上的最大弯矩 M、轴向力 N 及剪力 Q 可按下列公式近似计算：

$$M = \frac{q\,l_1^2}{16} \tag{14-49}$$

$$N = \frac{q\,l_2}{2} \tag{14-50}$$

$$Q = \frac{q\,l_1}{2} \tag{14-51}$$

式中　q——作用在刃脚框架上的水平均布荷载；

l_l、l_2——沉井外壁的最大和最小计算跨径。

计算出控制截面上的弯矩 M、轴向力 N 和剪力 Q 后，可根据内力设计刃脚的水平钢筋。为便施工，不必按正负弯矩将钢筋弯起，而按正负弯矩的弯腰布置成内、外两圈钢筋。

（四）井壁受力计算

1. 井壁竖向拉应力验算

当沉井被四周土体摩擦阻力所嵌固而刃脚下的土已被挖空时，井壁上部可能被土层夹住，井壁下部处于悬空状态。此时应验算井壁接缝处的竖向抗拉强度，假定接缝处混凝土

不承受拉力而由接缝处的钢筋承受。

(1)等截面井壁。假定作用于井壁上的摩阻力呈倒三角形分布,在地面处摩阻力最大,而刃脚底面处为0。沉井自重为 G,入土深度为 h,则距刃脚底面 x 深度处断面上的拉力 S_x 为

$$S_x = \frac{Gx}{h} - \frac{G x^2}{h^2} \tag{14-52}$$

并可导得井壁内最大拉力 $S_{\max}$ 为:

$$S_{\max} = \frac{G}{4} \tag{14-53}$$

其位置在 $x = h/2$ 的断面上;当不排水下沉(设水位和地面齐平)时,$S_{\max} = 0.007G$。

(2)台阶形井壁。对于台阶形井壁,每段井壁变阶处均应进行计算,变阶处的井壁拉力为

$$S_x = G_{xk} - \frac{1}{2}uq_x x \tag{14-54}$$

$$q_x = \frac{x}{h}q_{\mathrm{d}}$$

若沉井很高,各节沉井接缝处混凝土所受的拉应力可由接缝钢筋承受,接缝钢筋按所在位置发生的拉应力设置。钢筋所受的拉应力应小于钢筋强度标准值的75%,并须验算钢筋的锚固长度。采用泥浆润滑套下沉的沉井,在泥浆润滑套内不会出现箍住现象,井壁也不会因自重而产生拉应力。

2. 井壁横向受力计算

当沉井沉至设计标高,刃脚下土已挖空而尚未封底时,井壁承受的水、土压力最大。此时应按水平框架分析内力,验算井壁材料强度,其计算方法与刃脚水平框架计算相同。这种水平弯曲验算分为如下两部分。

(1)刃脚根部以上高度等于井壁厚度的一段井壁。验算位于刃脚根部以上高度等于井壁厚度 t 的一段井壁。其除承受作用于该段的土、水压力外,还承受由刃脚悬臂作用传来的水平剪力(即刃脚内挠时受到的水平外力乘以分配系数 a)。另外,还应验算没节沉井最下端处单位高度井壁作为水平框架的强度,并以此控制该节沉井的设计,但作用于井壁框架上的水平外力仅为土压力和水压力,且不需乘以分配系数 β。

(2)其余段井壁。其余各段井壁的计算可按井壁断面的变化分成数段,取每一段中控制设计的井壁(位于每段最下端的单位高度井壁)进行计算。求得水平框架内截面的作用效应,并将水平筋布置在全段上。

采用泥浆润滑套下沉的沉井,若台阶以上泥浆压力(即泥浆相对密度乘以泥浆高度)大于上述土、水压力之和,为保证泥浆润滑套不被破坏,井壁压力应按泥浆压力计算。

采用空气幕下沉的沉井,在下沉过程中会受到土侧压力,根据试验沉井测量结果,压气时气压对井壁的作用不明显,可以略去不计,按普通沉井的有关规定计算。

(五)隔墙的计算

计算时,主要验算底节沉井内隔墙,根据隔墙与井壁的相对刚度来确定隔墙与井壁的连接。一般当 t_2 比 t_1 小很多,两者的抗弯刚度 $(t_2^3/l_2):(t_1^3/l_1)$ 相差很大时,可将隔墙视为两端铰支于井壁上的梁计算。当两者的抗弯刚度相差不大时,隔墙与井壁可视为固结梁来

计算。

其最不利受力情况是下部土已挖空，上节沉井刚浇筑而未凝固时。此时隔墙成为两端支承在井壁上的梁，承受两节沉井隔墙和模板等的质量。若底节隔墙强度不够，可布置水平向钢筋或在隔墙下夯填粗砂以承受荷载。

（六）封底混凝土及顶盖板计算

1. 封底混凝土的计算

封底混凝土在施工封底时主要承受的地基反力有：基底水压力和地基土的向上反力；空心沉井使用阶段封底混凝土需承受沉井基础所有最不利荷载组合引起的基底反力，若在井孔内填砂或有水时可扣除其质量。

封底混凝土的厚度一般比较大，可按下述方法计算并取其控制值。

(1)按受弯计算。将封底混凝土视为支承在凹槽或隔墙底面、刃脚斜面上的周边支承的双向板（矩形或圆端形沉井）或圆板（圆形沉井）进行计算，底板与井壁的连接一般按简直考虑。当连接可靠（由井壁内预留钢筋连接等）时，也可按弹性固定考虑。要求计算所得的弯曲拉应力小于混凝土板弯曲抗拉设计强度，具体计算可参考有关设计手册。

(2)按受剪计算。要进行沉井孔范围内封底混凝土沿刃脚斜面高度截面上的剪力验算。若不满足要求，应增加封底混凝土的厚度，以加大抗剪面积。

2. 钢筋混凝土顶盖板的计算

对于空心或井孔内填以砂砾石的沉井，井顶必须浇筑钢筋混凝土顶盖板，用以支承上部结构荷载。顶盖板厚度一般预先拟订，再进行配筋计算。计算时按支承在井壁和隔墙上承受最不利均布荷载的双向板或圆板考虑。

当墩身底面有相当大的部分支承在井壁上时，按只承受浇筑墩身混凝土的均布荷载来计算板的内力，同时，还应验算墩身承受全部最不利作用情况下支承墩身的井壁和隔墙的抗压强度。

当墩身底面全部位于井孔内时，除按前面第一种情况的规定计算外，还应按最不利作用组合验算墩身边缘处的抗剪强度。

第五节 其他深基础简介

随着生产的发展与工程建设的需要，深基础的应用越来越广泛。除桩基础、沉井基础外，还有墩基础和沉箱基础等。其主要特点是需采用特殊的施工方法解决基坑开挖、排水等问题，以减小对邻近建筑物的影响。

一、墩基础

墩基础是一种利用机械或人工在地基中开挖成孔后灌注混凝土形成的大直径桩基础。由于其截面尺寸较大，长度相对较短，粗大似墩，故称为墩基础。

墩基础一般采用一柱一墩，与桩基础作用相似。两者的主要区别在于：墩基础长细比较小，承载力高，荷载传递过程不同，采用明挖方式，施工方便，施工机具简单，施工时无噪声，速度快，元振动，并且容易探明是否已达到设计要求的持力层，必要时可做试验测定其物理特性，因而，被广泛用于各种工业与民用建筑工程、桥梁工程、煤矿建设等工程中。

根据工程地质和水文地质资料、施工设备及技术条件，经过经济合理和技术可行性论证后进行墩基础设计，其构造要求如下：

(1)墩基础一般设计为一柱一墩，墩身嵌入墩帽应不小于 100 mm。墩帽常采用方形截面，厚度不宜小于 350 mm，挑檐的宽度不宜小于 200 mm，墩基础主筋锚入墩帽内的长度不应小于 35 倍主筋直径。

(2)墩基础的混凝土强度等级不应低于 C20。钢筋保护层厚度不宜小于 35 mm，对于水下墩基础不宜小于 50 mm。

(3)根据内力计算配置墩身钢筋笼，当墩顶弯矩较小时，按构造设置。当墩身直径 800 mm $\leqslant d <$ 1 500 mm 时，最小配筋率为 0.2%；当 $d =$ 1 500 mm 时，最小配筋率不应大 0.2%。主筋直径不宜小于 14 mm，且不应少于 8 根。插入墩顶以下主筋全长不应小于墩长的 1/3 或 $3.5d$。

(4)墩底进入持力层的深度宜为墩身直径的 1 ~ 3 倍，尽量选择坚硬的岩层或土层作为持力层。

(5)由于是人工或机械挖孔，为提高承载力可采用扩底端。扩底端直径 D 与墩身直径 d 之比不应大于 3。

二、沉箱基础

(一)沉箱基础发展简史

1841 年，气压沉箱在法国问世。法国工程师 M. 特里热在采煤工程中为克服管状沉井下沉困难，把沉井的一段改装为气闸，成为沉箱，并提出了用管状沉箱建造水下基础的方案。1851 年，J. 赖特在英国罗切斯特梅德韦河上建桥时，首次下沉了深 18.6 m 的管状沉箱。1859 年，法国弗勒尔·圣德尼在莱茵河上建桥时，下沉了底面规格和基底相同的矩形沉箱，以后沉箱被广泛应用。

早期的沉箱多用钢铁制造，以后又相继出现了石沉箱、木沉箱、钢筋混凝土沉箱等。特大型的沉箱为 1878—1880 年法国土伦干船坞钢沉箱，其平面尺寸为 41 m × 144 m。下沉最深的沉箱为 1955 年位于密西西比河上、跨度 655 m 的管道悬索桥的沉箱，因其采用了在沉箱周围打深井抽水以降低地下水位的措施，使刃脚工作最低处在静水位以下达 44 m。

我国最先采用沉箱基础的是京山(北京一山海关)铁路滦河桥(1892—1894 年)。我国自行设计建造的浙赣(浙江一江西)铁路杭州钱塘汀桥(1935—1937 年)，也采用了沉箱下接桩基的联合基础。新中国成立后，有些桥梁如 1955 年建成的黎湛(黎塘一湛江)铁路贵县郁江桥也曾使用沉箱基础，但以后逐渐为管柱及其他基础所替代。

除上述气压沉箱外，还有一种被港口部门也称为沉箱的构筑物。其外形像一只有底无盖的箱子，因其不用压缩空气，故可称为无压沉箱。它用钢筋混凝土建造，只能在水小而不能在土中下沉，故它和气压沉箱不同，不能作为深基础。其一般多用在水流不急、地基或基床不受冲刷、地基沉降小、基础不需埋入土中或对沉降不敏感的构筑物中，如港口岸壁、码头、防波堤、灯塔等工程。

无压沉箱一般在岸边或船坞中制造，然后浮运就位，灌水和填充下沉，使之平稳沉到已整平的地基或抛石基床上。如箱内填砂石，则沉箱要做顶盖。基底土质较差时，也可先在水底挖一浅坑,打下若干基桩,在桩顶处灌筑水下混凝土承台,再将无压沉箱沉至已找平的承台面上,箱周下部也用水下混凝土进行围护。

(二)沉箱基础的构造

气压沉箱是一种无底的箱形结构,因为需要输入压缩空气来提供工作条件,故称为气压沉箱或简称沉箱。

沉箱由顶盖和侧壁组成,其侧壁也称为刃脚。顶盖留有孔洞,以安设向上接高的气筒(井管)和各种管路。气筒上端连以气闸。气闸由中央气闸、人用变气闸及料用变气闸(或进料筒、出土筒)组成。在沉箱顶盖上安装围堰或砌筑永久性外壁。顶盖下的空间称为工作室。

当把沉箱沉入水下时,在沉箱外用空气压缩机将压缩空气通过储气筒、油质分离器经输气管分别输入气闸和沉箱工作室,以把工作室内的水压出室外。之后工作人员就可经人用变气闸从中央气闸及气筒内的扶梯进到工作室内工作。人用变气闸的作用是通过逐步改变闸内的气压而使工作人员适应室内外的气压差,同时,又可防止由于人员出入工作室而导致高压空气外溢。

在沉箱工作室里,工作人员用挖土机具、水力机械(包括水力冲泥机、吸泥机)和其他机具挖除沉箱底下的土石,排除各种障碍物,使沉箱在其自重及其上逐渐增加的均工或其他压重作用下,克服周围的摩阻力及压缩空气的反力而下沉。沉箱下到设计标高并经检验、处理地基后,用圬土填充工作室,拆除气闸、气筒,这时沉箱就成了基础的组成部分。在其上面可在围堰的保护下继续修筑所需要的建筑物,如桥梁墩台,水底隧道,地下铁道及其他水工、港口构筑物等。

沉箱适用于以下情况:

(1)待建基础的土层中有障碍物,用沉井无法下沉,基桩无法穿透时。

(2)待建基础邻近有埋置较浅的建筑物基础,要求保证其地基的稳定和建筑物的安全时。

(3)待建基础的土层不稳定,无法下沉井或挖槽沉埋水底隧道箱体时。

(4)地质情况复杂,要求直接检验并对地基进行处理时。由于沉箱作业条件差,对人员健康有害,且工效低、费用大,加上人体不能承受过大气压,故沉箱入水深度一般控制在35 m以内,从而使基础埋深受到限制。因此,沉箱基础除遇到特殊情况外一般较少采用。

(三)沉箱基础施工

按其下沉地区的条件,沉箱的施工有陆地下沉和水中下沉两种方法。陆地下沉有地面无水时就地制造沉箱下沉和水不深时采取围堰筑岛制造沉箱下沉两种方法。沉箱下沉程序如下所述:

(1)沉箱制造。

(2)下沉准备工作。抽除垫木,支立箱顶圬工的模板;安装气筒和气闸等。

(3)挖土下沉。工人进入工作室后,必须严格按操作规程进行作业。进入工作室前,工人先待在人用变气闸内,逐渐增加气压,待压力与工作室内气压相等时才可开门进入工作室;在离开沉箱时按相反的顺序进行。沉箱开始下沉时下沉速度较快,为保持顶盖板到土面的净空不少于1.8 m,每次挖土不宜过深,以控制下沉速度,并应对称挖土,以防止沉箱倾斜。若由于土的摩擦力过大致使沉箱无法下沉，则可采用放气逼降法，即把工作室中的排气管打开，使室内气压骤减，相对提高沉箱的向下重力，就有可能克服土的摩擦力而下沉。注意放气时人应离开工作室。

(4)接长井管。

(5)沉箱下沉到设计标高后，进行基底土质鉴定和地基处理。

(6)填封工作室和升降孔。工作室内应填以强度等级不低于 C15 的混凝土或块石混凝土。混凝土的浇灌应由四周刃脚处开始，按同心圆一层层向中间填筑，接近顶盖板处应填以干硬性混凝土，并要振捣密实。最后，用 1∶1的稀水泥浆从升降孔内以不高于 400 kPa 的压力注入工作室，同时把室内排气管打开，直到注浆管的水泥浆不再下降为止。这时，室内一切缝隙均已被水泥浆填满，顶盖板与填充混凝土已完全密封。然后，撤除气闸和井管，把升降孔也一同用混凝土填死。

工作人员在高气压的条件下工作时，必须有一套严格的安全和劳动保护制度，包括对工作人员的体格检查制度、工作时间制度(气压越高，每班工作时间越短)以及工作人员进出沉箱时必须在人员变气闸内按规定时间逐渐变压的制度。如加压过快，会引起耳膛病；减压过快，则人体血液中吸收的氮气来不及全部排出，形成气泡积聚、扩张、堵塞. 从而引起严重的沉箱病。

参考文献

[1]周雪.市政工程环境影响的制度分析[D].南京:南京林业大学,2013.
[2]贾世泽,李飞,周冰.浅谈市政工程建设项目合同管理[J].市政技术,2016,34(03):191-193.
[3]姜鸿.市政工程总承包合同管理与实践[J].建筑技术开发,2018,45(14):72-74.
[4]褚雅莉.市政工程施工项目合同管理[J].科技资讯,2011(21):174.
[5]张亚.如何加强市政工程合同管理[J].住宅与房地产,2016(12):198.
[6]徐祖林.浅析桩筏基础设计[J].建材与装饰,2018(18):88-89.
[7]迟菲.箱形基础与筏形基础设计和选型管窥[J].门窗,2015(09):148.
[8]揣民昭,赵柏冬,张亚龙.砂土地基上箱形基础基底反力试验研究[J].沈阳大学学报(自然科学版),2012,22(4):8-10.
[9]李宁,王红霞.负摩阻力条件下桩基竖向承载力分析[J].黑龙江交通科技,2018(10):145-146.
[10]李志谦.砂土中桩底沉渣对摩擦桩及端承桩竖向承载力的影响研究[D].郑州:河南工业大学,2018.
[11]李卫鹏.考虑负摩阻力影响的桩土复合地基承载力计算[J].水科学与工程技术,2018(02):86-89.
[12]陈军良.考虑桩底沉渣旋挖灌注桩竖向承载力验算[J].中外建筑,2018(02):145-147.
[13]王安辉,章定文,刘松玉,等.水平荷载下劲性复合管桩的承载特性研究[J].中国矿业大学学报,2018,47(04):853-861.
[14]王中荣,郭海峰,尚晓.单桩水平静载荷试验参数取值问题探讨[J].电力勘测设计,2018(s1):95-103.
[15]施英.单桩水平承载力的计算与实测[J].结构工程师,2014,30(03):117-121.
[16]张松.基于沉降控制的桩基础试验研究分析[D].北京:中国建筑科学研究院,2017.
[17]王忠瑾.考虑桩—土相对位移的桩基沉降计算及桩基时效性研究[D].杭州:浙江大学,2013.
[18]董骜.建筑桩基沉降计算分析[J].安徽建筑,2018,24(05):205-206.
[19]张国春.关于市政工程招标控制价编制质量控制的一些探讨[J].河南建材,2018(06):193-194.
[20]陈太阳.市政工程给排水管道施工技术要点分析[J].河南建材,2018(06):280-281.
[21]丁明珠.市政工程施工质量控制措施探讨[J].居舍,2018(34):128.
[22]杨凯程.市政工程施工现场管理存在的问题与对策论述[J].居舍,2018(34):132.
[23]薛玉明.市政工程项目造价审核要点解析[J].中华建设,2018,162(11):76-77.
[24]米友军.市政工程围护结构的支撑体系施工及拆除作业[J].交通世界,2018,475(25):24-25.

[25]郭志坚,杨志强,乔海洋,等.浅谈市政工程与环境保护[J].绿色环保建材,2018,141(11):48,50.
[26]贾凤萍.市政工程施工技术优化的重要性分析[J].居舍,2018(33):79.
[27]王瑜.市政工程施工中关于项目管理的探讨[J].居舍,2018(33):128.
[28]徐沪阳.市政工程中道路排水管道施工技术要点的研究[J].科技风,2018,366(34):125,129.
[29]王超.市政工程给排水管道施工技术浅谈[J].居业,2018,130(11):129,132..
[30]喻龙.加强市政工程管理措施等方面的问题分析[J].居业,2018,130(11):146,149.
[31]赵鹏飞.市政工程施工中的安全管理问题及质量控制探讨[J].居业,2018,130(11):147,149.
[32]王刚亮.研究市政工程施工现场管理难点及改进措施[J].居业,2018,130(11):167,169..
[33]常佳斌.谈市政工程项目施工阶段的质量管理策略[J].居业,2018,130(11):171,173..
[34]张亮.市政工程施工管理存在的问题及对策[J].居业,2018(11):168,171.
[35]陈新武.关于地基工程施工质量验收的问题探讨[J].山西建筑,2018,44(33):60-61.
[36]王凯.市政工程中软弱地基的处理方法研究[J].山西建筑,2018,44(33):63-64.
[37]佘晓波.加强市政工程管理的问题及措施的研究[J].居舍,2018(32):142-143.
[38]沈鹏飞.市政工程前期工作管理信息系统的开发与应用[J].市政技术,2018,36(06):230-232.
[39]梁刚.对市政工程建设中的测量质量控制探讨[J].建材与装饰,2018,554(45):219-220.
[40]陈家骐.桩基础工程质量控制存在问题及对策[J].冶金丛刊,2018,28(12):178-179.
[41]孙晓燕.土建基础工程中的深基坑支护施工技术[J].山西建筑,2018,44(30):73-74.
[42]熊斐.土建工程地基基础工程施工技术分析[J].住宅与房地产,2018,513(28):208.
[43]苑金秒.关于地基基础工程施工技术探讨[J].工程建设与设计,2018,392(18):213-214.
[44]周绍华.土建工程地基基础工程施工技术的探讨[J].住宅与房地产,2018,512(27):198,207.
[45]马佳,张建光.环切法破桩头在桩基础工程中的应用[J].公路交通科技(应用技术版),2018,14(09):47-49.
[46]张文科.浅谈水文地质条件与地基基础处理方案的选择[J].价值工程,2018,37(30):176-177.
[47]李章银.地基基础工程质量问题基本特征分析[J].住宅与房地产,2018,510(25):43.
[48]米栋.基础工程的成本控制[J].科技经济导刊,2018,26(24):84.
[49]严再天.建筑基础工程深基坑支护施工技术[J].居舍,2018(23):99.
[50]李作伟.浅析建筑工程基础施工技术[J].价值工程,2018,37(24):210-211.
[51]李忠强.建筑工程土建施工中桩基础技术的应用[J].住宅与房地产,2018(21):239.
[52]李章银.地基基础工程施工技术与方法探讨[J].居舍,2018(19):69.
[53]沈莉.地下室桩基础工程抗拔桩设计要点探讨[J].居舍,2018(19):224.

[54]王广. 建筑地基基础工程施工技术[J]. 建材与装饰,2018(29):60.
[55]张阿晋. 我国地基与基础工程施工技术发展与展望[J]. 建筑技术,2018,49(06):569-572.
[56]金玉龙. 市政工程施工安全监理探讨[J]. 科技创新导报,2018,15(16):201,203.
[57]谭有华,邓大巍,陈泽凌. 水利水电建筑基础工程灌浆施工研究[J]. 内蒙古水利,2018(05):27-28.
[58]杨妮. 浅谈建筑施工中的深基坑支护技术及其应用[J]. 居业,2018(05):98-99.
[59]徐长杰. 钻孔后注浆灌注桩在工民建基础工程上的应用[J]. 西部探矿工程,2018,265(05):5-6,10.
[60]高庆辉. 桩基础施工中大口径钻探技术探讨[J]. 建设科技,2018,358(08):131-132.